国家出版基金项目
NATIONAL PUBLICATION FOUNDATION

"十三五"国家重点图书出版规划项目

智能制造
系列丛书

U0212056

工程物理系统建模
理论与方法

陈立平 周凡利 丁建完 著

THEORY AND METHOD
OF ENGINEERING PHYSICAL SYSTEM MODELING

清华大学出版社
北京

图书在版编目（CIP）数据

工程物理系统建模理论与方法/陈立平，周凡利，丁建完著.—北京：清华大学出版社，2022.5
（2024.3 重印）

（智能制造系列丛书）

ISBN 978-7-302-60566-9

Ⅰ．①工⋯　Ⅱ．①陈⋯ ②周⋯ ③丁⋯　Ⅲ．①工程物理学－系统建模　Ⅳ．①TB13

中国版本图书馆 CIP 数据核字（2022）第 064276 号

责任编辑：袁　琦
封面设计：李召霞
责任校对：赵丽敏
责任印制：曹婉颖

出版发行：清华大学出版社
　　　　　　网　　址：https：//www.tup.com.cn，https：//www.wqxuetang.com
　　　　　　地　　址：北京清华大学学研大厦 A 座　　**邮　　编**：100084
　　　　　　社 总 机：010-83470000　　　　　　　　**邮　　购**：010-62786544
　　　　　　投稿与读者服务：010-62776969，c-service@tup.tsinghua.edu.cn
　　　　　　质量反馈：010-62772015，zhiliang@tup.tsinghua.edu.cn
印 装 者：涿州市般润文化传播有限公司
经　　销：全国新华书店
开　　本：170mm×240mm　　**印　张**：17　　　　**字　　数**：338 千字
版　　次：2022 年 7 月第 1 版　　　　　　　　**印　　次**：2024 年 3 月第 4 次印刷
定　　价：65.00 元

产品编号：078886-01

智能制造系列丛书编委会名单

主　任：

周　济

副主任：

谭建荣　李培根

委　员（按姓氏笔画排序）：

王　雪	王飞跃	王立平	王建民
尤　政	尹周平	田　锋	史玉升
冯毅雄	朱海平	庄红权	刘　宏
刘志峰	刘洪伟	齐二石	江平宇
江志斌	李　晖	李伯虎	李德群
宋天虎	张　洁	张代理	张秋玲
张彦敏	陆大明	陈立平	陈吉红
陈超志	邵新宇	周华民	周彦东
郑　力	宗俊峰	赵　波	赵　罡
钟诗胜	袁　勇	高　亮	郭　楠
陶　飞	霍艳芳	戴　红	

丛书编委会办公室

主　任：

陈超志　张秋玲

成　员：

郭英玲	冯　昕	罗丹青	赵范心
权淑静	袁　琦	许　龙	钟永刚
刘　杨			

制造业是国民经济的主体，是立国之本、兴国之器、强国之基。习近平总书记在党的十九大报告中号召："加快建设制造强国，加快发展先进制造业。"他指出："要以智能制造为主攻方向推动产业技术变革和优化升级，推动制造业产业模式和企业形态根本性转变，以'鼎新'带动'革故'，以增量带动存量，促进我国产业迈向全球价值链中高端。"

智能制造——制造业数字化、网络化、智能化，是我国制造业创新发展的主要抓手，是我国制造业转型升级的主要路径，是加快建设制造强国的主攻方向。

当前，新一轮工业革命方兴未艾，其根本动力在于新一轮科技革命。21世纪以来，互联网、云计算、大数据等新一代信息技术飞速发展。这些历史性的技术进步，集中汇聚在新一代人工智能技术的战略性突破，新一代人工智能已经成为新一轮科技革命的核心技术。

新一代人工智能技术与先进制造技术的深度融合，形成了新一代智能制造技术，成为新一轮工业革命的核心驱动力。新一代智能制造的突破和广泛应用将重塑制造业的技术体系、生产模式、产业形态，实现第四次工业革命。

新一轮科技革命和产业变革与我国加快转变经济发展方式形成历史性交汇，智能制造是一个关键的交汇点。中国制造业要抓住这个历史机遇，创新引领高质量发展，实现向世界产业链中高端的跨越发展。

智能制造是一个"大系统"，贯穿于产品、制造、服务全生命周期的各个环节，由智能产品、智能生产及智能服务三大功能系统以及工业智联网和智能制造云两大支撑系统集合而成。其中，智能产品是主体，智能生产是主线，以智能服务为中心的产业模式变革是主题，工业智联网和智能制造云是支撑，系统集成将智能制造各功能系统和支撑系统集成为新一代智能制造系统。

智能制造是一个"大概念"，是信息技术与制造技术的深度融合。从20世纪中叶到90年代中期，以计算、感知、通信和控制为主要特征的信息化催生了数字化制造；从90年代中期开始，以互联网为主要特征的信息化催生了"互联网＋制造"；当前，以新一代人工智能为主要特征的信息化开创了新一代智能制造的新阶段。

这就形成了智能制造的三种基本范式，即：数字化制造（digital manufacturing）——第一代智能制造；数字化网络化制造（smart manufacturing）——"互联网＋制造"或第二代智能制造，本质上是"互联网＋数字化制造"；数字化网络化智能化制造（intelligent manufacturing）——新一代智能制造，本质上是"智能＋互联网＋数字化制造"。这三个基本范式次第展开又相互交织，体现了智能制造的"大概念"特征。

对中国而言，不必走西方发达国家顺序发展的老路，应发挥后发优势，采取三个基本范式"并行推进、融合发展"的技术路线。一方面，我们必须实事求是，因企制宜、循序渐进地推进企业的技术改造、智能升级，我国制造企业特别是广大中小企业还远远没有实现"数字化制造"，必须扎扎实实完成数字化"补课"，打好数字化基础；另一方面，我们必须坚持"创新引领"，可直接利用互联网、大数据、人工智能等先进技术，"以高打低"，走出一条并行推进智能制造的新路。企业是推进智能制造的主体，每个企业要根据自身实际，总体规划、分步实施、重点突破、全面推进，产学研协调创新，实现企业的技术改造、智能升级。

未来20年，我国智能制造的发展总体将分成两个阶段。第一阶段：到2025年，"互联网＋制造"——数字化网络化制造在全国得到大规模推广应用；同时，新一代智能制造试点示范取得显著成果。第二阶段：到2035年，新一代智能制造在全国制造业实现大规模推广应用，实现中国制造业的智能升级。

推进智能制造，最根本的要靠"人"，动员千军万马、组织精兵强将，必须以人为本。智能制造技术的教育和培训，已经成为推进智能制造的当务之急，也是实现智能制造的最重要的保证。

为推动我国智能制造人才培养，中国机械工程学会和清华大学出版社组织国内知名专家，经过三年的扎实工作，编著了"智能制造系列丛书"。这套丛书是编著者多年研究成果与工作经验的总结，具有很高的学术前瞻性与工程实践性。丛书主要面向从事智能制造的工程技术人员，亦可作为研究生或本科生的教材。

在智能制造急需人才的关键时刻，及时出版这样一套丛书具有重要意义，为推动我国智能制造发展作出了突出贡献。我们衷心感谢各位作者付出的心血和劳动，感谢编委会全体同志的不懈努力，感谢中国机械工程学会与清华大学出版社的精心策划和鼎力投入。

衷心希望这套丛书在工程实践中不断进步、更精更好，衷心希望广大读者喜欢这套丛书、支持这套丛书。

让我们大家共同努力，为实现建设制造强国的中国梦而奋斗。

周济

2019年3月

技术进展之快，市场竞争之烈，大国较劲之剧，在今天这个时代体现得淋漓尽致。

世界各国都在积极采取行动，美国的"先进制造伙伴计划"、德国的"工业 4.0 战略计划"、英国的"工业 2050 战略"、法国的"新工业法国计划"、日本的"超智能社会 5.0 战略"、韩国的"制造业创新 3.0 计划"，都将发展智能制造作为本国构建制造业竞争优势的关键举措。

中国自然不能成为这个时代的旁观者，我们无意较劲，只想通过合作竞争实现国家崛起。大国崛起离不开制造业的强大，所以中国希望建成制造强国、以制造而强国，实乃情理之中。制造强国战略之主攻方向和关键举措是智能制造，这一点已经成为中国政府、工业界和学术界的共识。

制造企业普遍面临着提高质量、增加效率、降低成本和敏捷适应广大用户不断增长的个性化消费需求，同时还需要应对进一步加大的资源、能源和环境等约束之挑战。然而，现有制造体系和制造水平已经难以满足高端化、个性化、智能化产品与服务的需求，制造业进一步发展所面临的瓶颈和困难迫切需要制造业的技术创新和智能升级。

作为先进信息技术与先进制造技术的深度融合，智能制造的理念和技术贯穿于产品设计、制造、服务等全生命周期的各个环节及相应系统，旨在不断提升企业的产品质量、效益、服务水平，减少资源消耗，推动制造业创新、绿色、协调、开放、共享发展。总之，面临新一轮工业革命，中国要以信息技术与制造业深度融合为主线，以智能制造为主攻方向，推进制造业的高质量发展。

尽管智能制造的大潮在中国滚滚而来，尽管政府、工业界和学术界都认识到智能制造的重要性，但是不得不承认，关注智能制造的大多数人（本人自然也在其中）对智能制造的认识还是片面的、肤浅的。政府勾画的蓝图虽气势磅礴、宏伟壮观，但仍有很多实施者感到无从下手；学者高谈阔论的宏观理念或基本概念虽至关重要，但如何见诸实践，许多人依然不得要领；企业的实践者们侃侃而谈的多是当年制造业信息化时代的陈年酒酿，尽管依旧散发清香，却还是少了一点智能制造的气息。有些人看到"百万工业企业上云,实施百万工业 APP 培育工程"时劲头十足,可真准备大干一场的时候,又仿佛云里雾里。常常听学者们言,CPS(cyber-physical systems,信息-物理系统)是工业 4.0 和智能制造的核心要素,CPS 万不能离开数字孪生体(digital twin)。可数字孪生体到底如何构建? 学者也好,工程师也好,少有人能够清晰道来。又如,大数据之重要性日渐为人们所知,可有了数据后,又如何分析? 如何从中提炼知识? 企业人士鲜有知其个中究竟的。至于关键词"智能",什么样的制造真正是"智能"制造? 未来制造将"智能"到何种程度? 解读纷纷,莫衷一是。我的一位老师,也是真正的智者,他说:"智能制造有几分能说清楚? 还有几分是糊里又糊涂。"

所以,今天中国散见的学者高论和专家见解还远不能满足智能制造相关的研究者和实践者们之所需。人们既需要微观的深刻认识,也需要宏观的系统把握;既需要实实在在的智能传感器、控制器,也需要看起来虚无缥缈的"云";既需要对理念和本质的体悟,也需要对可操作性的明晰;既需要互联的快捷,也需要互联的标准;既需要数据的通达,也需要数据的安全;既需要对未来的前瞻和追求,也需要对当下的实事求是……如此等等。满足多方位的需求,从多视角看智能制造,正是这套丛书的初衷。

为助力中国制造业高质量发展,推动我国走向新一代智能制造,中国机械工程学会和清华大学出版社组织国内知名的院士和专家编写了"智能制造系列丛书"。本丛书以智能制造为主线,考虑智能制造"新四基"[即"一硬"(自动控制和感知硬件)、"一软"(工业核心软件)、"一网"(工业互联网)、"一台"(工业云和智能服务平台)]的要求,由 30 个分册组成。除《智能制造:技术前沿与探索应用》《智能制造标准化》《智能制造实践》3 个分册外,其余包含了以下五大板块:智能制造模式、智能设计、智能传感与装备、智能制造使能技术以及智能制造管理技术。

本丛书编写者包括高校、工业界拔尖的带头人和奋战在一线的科研人员,有着丰富的智能制造相关技术的科研和实践经验。虽然每一位作者未必对智能制造有全面认识,但这个作者群体的知识对于试图全面认识智能制造或深刻理解某方面技术的人而言,无疑能有莫大的帮助。丛书面向从事智能制造工作的工程师、科研人员、教师和研究生,兼顾学术前瞻性和对企业的指导意义,既有对理论和方法的描述,也有实际应用案例。编写者经过反复研讨、修订和论证,终于完成了本丛书的编写工作。必须指出,这套丛书肯定不是完美的,或许完美本身就不存在,更何况智能制造大潮中学界和业界的急迫需求也不能等待对完美的寻求。当然,这也不能成为掩盖丛书存在缺陷的理由。我们深知,疏漏和错误在所难免,在这里也希望同行专家和读者对本丛书批评指正,不吝赐教。

在"智能制造系列丛书"编写的基础上,我们还开发了智能制造资源库及知识服务平台,该平台以用户需求为中心,以专业知识内容和互联网信息搜索查询为基础,为用户提供有用的信息和知识,打造智能制造领域"共创、共享、共赢"的学术生态圈和教育教学系统。

我非常荣幸为本丛书写序,更乐意向全国广大读者推荐这套丛书。相信这套丛书的出版能够促进中国制造业高质量发展,对中国的制造强国战略能有特别的意义。丛书编写过程中,我有幸认识了很多朋友,向他们学到很多东西,在此向他们表示衷心感谢。

需要特别指出,智能制造技术是不断发展的。因此,"智能制造系列丛书"今后还需要不断更新。衷心希望,此丛书的作者们及其他的智能制造研究者和实践者们贡献他们的才智,不断丰富这套丛书的内容,使其始终贴近智能制造实践的需求,始终跟随智能制造的发展趋势。

2019 年 3 月

从2001年正式启动多领域物理统一建模技术研究,从一个概念愿景到基本完整的理论算法体系,从理论算法到技术原型,从技术原型走向应用迭代,在国家重大创新工程的应用迭代中实现技术的产品化、产业化,系统智能设计与综合仿真系统MWORKS历经20年守望终于迎来了中国创新的时代。

作为先进设计技术的研发者,一直想梳理一下本领域的技术演进,但设计技术作为基础性综合学科,博大精深,若无全面、深厚的理论底蕴和工程实践积淀难以胜任,因此退而求其次,希望通过MWORKS的研究、开发与应用实践,阐明我们对设计学、设计技术的几点认知。

设计是约束满足问题,约束满足问题是人工智能的重要命题,因此,设计学研究是人工智能应用研究的重要范畴。

在计算技术高度发达的时代,设计学研究不能流于方法学,必须走向技术和工具创新。数字化设计技术是现代设计学的使能技术,是设计学、应用数学和信息科学多学科交叉融合的产物,承载着现代设计学的理念、方法,通过数学过程,以软件为存在形式,面向广泛应用提升设计的自动化、集成化和智能化的能力与水平。需求创新不断丰富现代设计学的内涵,信息技术的快速发展同时推动现代设计技术的创新与发展,但是建模、分析(仿真)、优化以及协同管理是不断发展的数字化设计技术的永恒不变的主题,智能设计是数字化设计发展的方向。

复杂产品是多学科综合集成系统,在机理上可抽象为能量流、物质流和信息流的融合。然而近40年来,以多个单领域建模分析工具的信息集成解决多学科融合问题的方法在理论上缺乏完备性、有瑕疵,发展不尽如人意,需要理论创新。

本书提出的工程物理系统原理包括机电液控等多学科原理,围绕能量流、物质流和信息流的链接机制、一类数学方程的融合以及统一求解的计算框架,全面介绍了国际多领域物理统一建模语言规范Modelica的编译、数学映射、指标约简、系统分治、计算程序自动生成与求解等关键技术,建立了基于统一表达、统一求解的知识自动化技术体系,以"画出系统构型、生成计算软件、体验系统性能"的方式实现了以知识(模型)为中心的一类工业软件自动创成的新范式,对于在中国创新时代发展新一代工业基础软件及应用生态有重要启迪意义。

　　最后借本书完成之际，感谢苏州同元软控信息技术有限公司的技术团队对本课题潜心 20 载的卓越贡献；感谢中国航天科技集团有限公司为本课题提供了大量工程应用迭代，让基础研究最终走入工程应用；感谢江苏省、苏州市及苏州工业园区为技术产品化、产业化提供了长期的政策、环境、人才及资金支持；特别感谢国家科技部"863"计划、重点研发计划对于本课题给予长期支持。

陈立平

2021 年 11 月 30 日于苏州独墅湖

Contents | **目录**

第 1 章

绪　　论

1.1　数字化设计概述

　　把握数字化设计的发展规律,既要了解现代设计学的总廓,又要了解计算科学、信息技术的发展。"数字化"是信息时代的普适技术特征,信息时代的现代设计即数字化设计。

　　数字化设计技术是现代设计学的使能技术,是工程设计学、应用数学、软件技术和信息科学多门学科进行交叉融合的产物,必定承载了现代设计学的理念、方法。通过数学过程,以软件为存在形式,面向广泛应用不断提升设计的自动化、集成化和智能化的能力与水平。

　　现代设计学作为工程学科的设计方法论,多学科综合性是其有别于"分科而学"的基础科学的重要特征。因此,给出权威的学术性、严谨的科学定义是很困难的,相反,通过若干侧面考察其特征,更有助于全面理解其内涵。数字化设计的特点主要有以下几个方面。

　　(1) 综合性。数字化设计是面向需求,综合应用基础学科发展成果的工程技术方法学。例如,在机械工程学科的研究过程中经常出现一种有趣的现象,当专注于某一专门问题研究时,常常会进入一个专门学科,如材料学、力学、几何学、电磁学、控制工程学等。因此,从事机械工程研究与实践往往需要不断地学习所涉及的相关学科。机械工程的学科综合性使得机械工程专业口径宽、适应性强,所以机械工程专业被称为"万金油"专业。

　　(2) 多样性。不同行业、不同领域产品需求和功能的差异性,相关的设计理论方法势必融入行业领域的业务特点,致使现代设计学呈现出多样性。

　　(3) 协同性。现代复杂产品开发往往是通过团队协作完成的。在传统的设计学研究中对协同性重视不足。但随着计算技术的发展,"网络化"为协同设计提供了基础支撑,协同性成为当今数字化设计研究的重要方向。

　　(4) 集成性。复杂机电产品是现代设计学的重点研究对象,从系统论的角度来看,机电产品由多领域物理(机、电、流、控、热等)功能部件总和而成,即模型集成。因此,当前功能模型的表达、集成、分析与优化成为现代设计学研究的热点。

（5）工具性。作为使能技术，在信息时代，数字化设计技术的创新通常会创生新的辅助设计软件系统。

需求创新不断丰富现代设计学的内涵，信息技术的快速发展同时推动现代设计技术的创新与发展，但是**建模、分析（仿真）、优化以及协同管理是不断发展的数字化设计技术永恒不变的主题**。

设计存在两个空间：几何空间和状态空间。在几何空间里，设计师开展几何建模，描绘产品的形状、结构；在状态空间中，设计师依据产品多领域、多学科的内在机理，刻画产品的行为、功能、性能。通过两个空间的协同、分析和迭代，最终满足产品需求，实现优化设计。因此建模、分析、优化、协同构成数字化设计的技术内涵和体系。

建模是数字化设计技术的重要内容，大致分为两类：几何（结构）建模和功能建模。前者系二维绘图、三维实体造型，即传统的 CAD(computer aided design)技术；后者是基于物理本构，建立能表达对象功能、性能的模型。从数学上讲，前者处于纯粹的几何空间，后者处于多维的状态空间。

建模特别是功能建模的实质，是将对象的物理特性映射为数学问题——一组数学方程，分析与仿真的内核即是方程的求解。虽然工程的数学描述磅礴、复杂，但从数学形式上是可以穷举的，如代数方程、微分方程、偏微分方程、离散方程及其组合。所以，大规模、稳健、快速的数学求解是数字化设计的关键基础技术。设计的最终目的是优化，优化设计的基础是建模和分析，数字化设计的发展必然会不断出现各类优化设计技术，如参数优化、尺寸优化、形状优化、拓扑优化等。

20 世纪 50 年代以来，计算机技术的迅速发展已经为工程设计、分析和优化技术带来全面的变革。计算机硬件、计算技术、应用数学、力学、计算机图形学、软件等技术的不断结合、融合推动着设计理念、理论、方法、技术，特别是工具的进步。设计理论研究、新技术应用空前繁荣。

20 世纪 90 年代以前以 C3P(CAD/CAE/CAM/PDM)为代表的计算机辅助设计工具 CAX 在工业界得到广泛普及，产生了巨大的经济效益和社会效益，"数字化"作为时代技术特征初露端倪。C3P 首次用计算机取代人完成产品开发过程中机械、烦琐、重复的绘图、计算和例程管理类工作，大大提高了产品开发效率，但由于学科的融合度较低，各类设计工具更多地表现为单一学科技术的软件化，其相互集成亦是以软件接口实现所谓的数据集成或信息集成。

因此，以 C3P 为代表的计算机辅助设计工具对更高层次、涉及多学科复杂问题的设计活动如概念设计、系统方案设计、系统综合分析、系统优化设计等缺乏有效的技术支撑。

针对这些不足，20 世纪 90 年代以来，计算机辅助设计更多地强调了基于多体系统(multibody system)的复杂机械产品系统动态设计、基于多学科协同(multi-discplines collaborative)集成框架的优化设计、基于多领域物理建模技术(multi-domain physical unified modeling)可重用机、电、液、控数字化功能样机分析的研究与开发,并逐步形成新一代技术和平台工具;在设计管理方面,已形成产品生命周期管理(product lifecycle management,PLM)技术。上述技术特征可归结为 M3P。可以说,多学科、多领域的融合是 20 世纪 90 年代以来数字化设计技术的主线。

复杂产品与系统是多领域物理的综合集成,是多学科协同设计的产物。进入 21 世纪以来,日趋复杂的工业产品与系统已呈现智能化发展态势,多领域物理(机、电、液、热)产品与多学科、多领域、软硬件广泛深度融合的技术发展趋势被学界归纳为信息物理系统(cyber-physical systems,CPS)。CPS 成为未来智能产品、智能工业、智能社会的基础、共性的技术特征。

信息物理融合的多学科复杂性给数字化设计技术带来了全新挑战,同时也为数字化设计技术的全面创新创造了历史性机遇。

1.2　计算机科学技术的发展对设计技术的影响

工程技术是多学科综合技术,有明显的时代性。数字化设计是以计算机为载体、以 IT 应用为表现形式的关于工程设计的技术,IT 技术的发展必将推动数字化设计技术的发展,为此有必要从 IT 技术的时代性考察数字化设计的发展趋势。

自 20 世纪 50 年代起,计算机技术的迅速发展以前所未有的方式不断地推动社会基础技术的进步。计算机技术的发展可以用 4I 概括,即交互(Interactive)、智能(Intelligence)、集成(Integration)和互联网(Internet),4I 可大致对应计算机技术发展的 4 个阶段。50—60 年代,计算科学的研究重点之一是提高计算机的易用性,因此"交互性"在此阶段出现的频度很高,并影响了相关技术的发展,如同时期的交互式绘图技术、虚拟现实技术等;60—70 年代是人工智能研究的高峰期;70—80 年代,计算机硬件领域的大规模、超大规模集成电路以及软件领域的信息集成研究,使得"集成"成为那个时期的技术特征;之后的互联网乃至物联网时代使得计算机技术彻底影响并改变了人类的生活方式和思想方式。计算机技术的发展在不同的阶段也影响了现代设计学与技术的研究,如交互式设计、智能设计、集成设计、计算机集成制造系统(computer integrated manufacturing system,CIMS)、基于互联网的协同设计等。

21 世纪,人类社会已步入信息物理融合的时代,所谓软件无处不在、芯片无处不在,软硬件高度集成的时代。IT 各技术时代均有其显著的技术特征和时代标签。

通过考察美国 AutoDesk 公司的 AutoCAD 的发展历程,可以窥见 IT 技术推动数字化设计技术发展之一斑。早在 20 世纪 80 年代初,与当时众多的二维 CAD 软件一样,AutoCAD 只是微机 DOS 平台下的交互式二维电子绘图板,在集成化、智能化设计需求的驱动下,AutoCAD 较早嵌入了曾经被誉为人工智能语言的 LISP,形成其宿主语言 AutoLISP。用户可以根据自身业务需要,开发相应的应用模块,如特定产品的参数化绘图等,使得 AutoCAD 从当时的诸多二维绘图系统中脱颖而出,在工业界得到迅速普及。而后随着 C 语言的发展和普及,AutoCAD 在 20 世纪 80 年代末引入以 C 语言为宿主语言的二次开发技术 ADS,进一步提升了平台的开放性,工程领域专业人员采用 ADS 技术,开发了大量的专业应用,AutoCAD 开始从二维交互式绘图系统成为支持二维应用的通用平台。20 世纪 90 年代初,Windows 操作平台出现,面向对象的设计、编程和软件架构技术成为新的技术制高点,AutoDesk 公司再次把握了 IT 技术时代发展的机遇,采用面向对象技术重构了平台架构,以 C++为宿主语言,推出了面向对象运行时开发技术 ObjectARX (object autocad runtime extension),至此,AutoCAD 以其良好的开放性和集成性成为功能强大的通用软件平台,AutoDesk 也因此成为国际十大软件公司中的唯一工程软件公司。ObjectARX 具备完整的面向对象特征,是非 IT 专业人员学习、掌握 C++技术的良好范本。

"资源可重用、系统可重构"是 CPS 时代 IT 技术的重要理念标签,IT 界围绕这一理念开展了具有时代特征的新技术研究与应用,如面向服务(业务、模型)的架构 (service-oriented architecture, SOA)、模型驱动的设计 (model-driven design, MDD)、模型驱动的代码自动生成技术等。在嵌入式时代,机电产品的系统复杂性进一步提高,表现为机、电、液、控等多领域物理高度集成与融合,复杂机电产品的创新亟待新理念、新方法和新的技术手段。

1.3　人工智能与数字化设计技术创新

从认知科学的角度,人类以陈述式(declarative)的方式描述客观事物(知识),以过程式的方式演绎、推理、解算客观事物内在机理。计算机本体只是严格按照人类设定的指令序列自动计算的过程式的机器,不具有智能。如何基于陈述式的方式描述客观事物,替代人类,实现客观事物内在机理的自动演绎、推理、解算,是人工智能技术的最终目的。因此,实现人工智能(AI)便成为计算机科学的重要方向之一。

计算机形式化表达,从指令执行过程式语言发展到以约束满足问题的陈述式语言,是人工智能技术的重要成果。陈述式表达是人工智能语言的基本特征。后者仅描述事实和规则,无关计算机的执行序列,强调基于客观事实的自动推理求解;而前者则相反,依赖于算法式的规程人工编制实现演绎、推理和解算,其实质是计算机执行指令集。

陈述式的理论基础为一阶逻辑谓词和约束满足问题。因此在计算机领域,围绕规则的陈述式表达研究出现了逻辑谓词语言,如 LISP、Prolog 等,围绕约束问题的陈述式表达研究出现了基于方程的语言,如 VHDL-AMS、Verilog、Modelica、Simscape 等。在 20 世纪 70—80 年代,人工智能研究以通用问题求解器(general problem solver,GPS)为命题,开展了大量理论和应用研究,许多领域专家系统(expert system,ES)就是以逻辑谓词语言为宿主语言。日本在其智能计算机研究计划中甚至明确以 Prolog 为操作系统宿主语言。虽然通用问题的求解研究并未取得可与人脑智能媲美的理论突破,但其派生的技术成果的确推动了软件技术的发展,使得软件更加灵巧、聪明(smart)。

过程式表达语言在相当长的时期内,始终占据计算机程序语言的主导地位。从机器语言、汇编语言、高级语言、结构语言到面向对象的 C++ 和 Java 语言均属此类。陈述式被认为更接近智能技术,因而陈述式表达和过程式表达成为考量一个系统是否更灵巧的基本度量。

按照人工智能研究的观点,设计问题本质上是一个约束满足问题(constraint satisfaction problem,CSP),即给定功能、结构、材料及制造等方面的约束描述,求得设计对象的细节,所以引入人工智能新技术是不断地提高数字化设计自动化、智能化的重要技术手段。

CAD 原意为计算机辅助设计,具有丰富的内涵,尽管首先提出 CAD 概念的美国学者 Sutherland 在其具有里程碑意义的 Sketchpad(又名机器人绘图员)研究中已经将计算机辅助设计的概念定位于约束满足问题,但由于 CAD 技术是以计算机辅助二维绘图、三维造型工具在工业界得到普及的,在"先入为主"的传统思维的惯性作用下,当下 CAD 的设计属性被淡化,CAD 更多地被定格为计算机辅助绘图(computer aided drafting)。

事实上,源于人工智能重要分支——约束满足问题研究的几何约束求解引擎创新地发展了"灵巧"的 CAD 参数化建模技术,推动了 CAD 普及。约束满足问题的基础理论方法对广泛的数字化设计技术提供了智能技术支撑。

1.4　功能建模技术综述

约束满足问题的几何建模应用推动了几何设计技术的智能化发展。在功能建模领域,以约束满足问题为基础的基于方程的陈述式建模语言,同样为功能建模仿真带来了一次里程碑意义的创新。

在逆向设计中,虽然功能建模仿真没有得到应有的重视,未将其纳入产品设计流程,但是在强调创新的正向设计中,功能建模仿真将贯穿整个设计流程。

数字化设计技术随着不同领域、不同行业的软件化发展,繁衍出众多软件系统,但依照空间属性和问题的数学特征可以归纳为"两门四类"。

由于几何空间的数学单纯性,几何门类建模可简要地分为二维建模类和三维建模类。状态空间是领域开放的空间,包含所有机理的数学描述,不同的数学问题的求解方法不同,导致在不同的领域、不同行业的功能建模技术种类繁多。按照机理数学方程的特征,功能建模技术分为两大类:数学形式表现为代数、微分、微分代数方程以及离散事件方程的集中参数类,以及数学形式表现为偏微分方程的分布式参数类。由于集中参数类建模分析在应用上通常对应于系统分析阶段,称为系统分析类。分布式参数类方程通常采用有限元技术实施计算,因此也称为有限元分析类。

随着全球经济竞争的日益加剧,越来越多的企业竞相采用计算机建模仿真技术,来优化产品设计、减少产品开发成本和缩短产品开发周期。然而,随着科学技术的高速发展,新产品层出不穷,产品结构与功能日趋复杂,诸如汽车、机器人、航空航天器等现代高科技产品通常是集机械、电子、液压、控制等多个学科领域子系统于一体的复杂大系统。多领域(multi-domain)耦合已成为现代复杂产品的一个显著特征。多学科交叉融合已成为现代产品设计的发展趋势。为优化复杂产品的设计,得到复杂产品整体性能准确的仿真结果,必然涉及多领域的协同仿真。

在最近 30 年中,研究人员虽然成功地开发出了许多成熟的商用建模仿真分析工具,并已在机械、电子、控制等领域中进行了许多成功的应用,但是,伴随着新产品、新技术的不断涌现,这些工具已经无法满足复杂产品的多领域协同仿真,主要表现如下。

(1) 缺乏统一标准的异构专业仿真工具对多领域建模支持不足。如用于多体系统仿真的 ADAMS、DADS 与 SIMPACK,用于电路仿真的 SPICE、Saber 与 VHDL-AMS,用于化学过程仿真的 ASPEN Plus 与 SpeedUp,用于液压系统仿真的 Flowmaster,等等,它们虽然在各自特定的专业领域内功能强大,但对于来自其他领域的组件,描述能力相当有限。

(2) 采用过程式算法建模的通用仿真工具不适合物理建模。如 Simulink、ACSL 与 SystemBuild 等,它们均采用基于块图的建模思想,需要用户对模型方程进行手工推导和分解,然后建立对应的经过分解和变型的模型。所建立模型的拓扑结构和实际物理模型的拓扑结构相去甚远,而且模型组件的可重用性差,建模工作量大,不适合物理建模。

总的来说,当前主要面临如下 3 个方面的问题。

(1) 复杂多领域系统的高性能仿真是必不可少的,而当前盛行的方法无法应对多领域建模与仿真。

(2) 仿真对象越来越复杂,这要求系统建模必须主要是组合已有可重用模型,因而需要有一种更好的方法能够定义易于使用的可重用模型。

(3) 采用过程式建模方法很难构建真正的可重用模型。

工程物理系统是以机器人、飞机、飞船、汽车等现代机电产品为代表的复杂工程物理系统。随着工业实践和科学技术的发展,现代机电产品日趋复杂,通常是由机械、电子、液压、控制等不同领域子系统构成的复杂系统,而设计是现代机电产品制造产业链的上游环节和产品创新的源头。仿真已经与理论、实验一起成为人类认识世界的 3 种主要方式,基于仿真的分析与优化逐渐成为复杂工程系统设计的重要支撑手段。仿真的基础是建模,以建模和仿真为核心的虚拟功能样机已有贯穿于复杂工程系统设计全过程的趋势。

传统的单领域建模仿真工具不能胜任现代复杂工程系统整体性能分析与优化的任务,对相关的若干单领域工具的简单集成也不能从根本上满足多领域耦合系统设计的要求。由于复杂工程系统多领域一致建模与仿真的需求,近几年来,国际上对于多领域统一建模与仿真的理论和方法的研究发展迅速,并初步形成了以 Modelica 为代表的多领域统一建模规范语言,这些语言普遍支持面向对象、多领域统一、非因果陈述式表示以及连续-离散混合的建模方法,为解决复杂工程系统仿真中多领域耦合的问题开辟了新的道路,开始逐渐应用于工程实际,并且取得了良好的效果。

1.5 工程物理系统数字化设计的创新发展

1.5.1 工程物理系统多领域统一建模方法

工程物理系统多领域建模经历了从单一领域独立建模到多领域统一建模、连续域或离散域分散建模到连续-离散混合建模、过程式建模到陈述式建模、结构化建模到面向对象建模的发展阶段。目前,实际应用的多领域建模主要有以下几种方式:基于接口的多领域建模、基于图表示的多领域建模、基于物理建模语言的多领域统一建模。本节先简述工程物理系统多领域建模与仿真的发展历史及几种主要的建模方式,然后着重综述基于图与基于物理建模语言的多领域统一建模。

1. 工程物理系统多领域建模与仿真

1) 工程物理系统多领域建模与仿真发展概述

随着计算机技术在工程领域的深入应用,在 20 世纪 70—90 年代诞生了一批应用广泛的单领域建模仿真工具,在工程系统中常见的机械、电子、控制及能源与过程领域涌现出了一批有代表性的仿真软件。与此同时,物理建模语言蓬勃发展,先后出现了两代具有里程碑意义的物理建模语言,对于建模与仿真领域产生了深远影响。

在机械领域,以多体动力学为理论基础,先后出现了一批影响广泛的机械系统运动学与动力学仿真软件:美国爱荷华大学基于笛卡儿方法开发了 DADS,后来成为比利时 LMS 公司的 LMS. Motion;美国 MDI 公司基于笛卡儿类似方法开发了 ADAMS,后为美国 MSC 公司收购成为 MSC. ADAMS,目前应用最为广泛;德国宇航中心(DLR)开发了 SIMPACK,采用符号与数值求解结合的方法,广泛应用于航空航天领域；韩国 FunctionBay 公司开发的 RecDyn 后来居上，采用基于 ODAE 的解耦方法和广义递归方法，在链式系统求解方面具有独特优势。关于多体系统建模与仿真的综述可进一步参考有关文献。

在电子领域，通常采用某种仿真语言，比较著名的工具或语言包括用于模拟电路的 SPICE 和 Saber 及用于数字电路的 VHDL 和 Verilog。在 20 世纪 90 年代末期，VHDL 和 Verilog 分别扩展为 VHDL-AMS 和 Verilog-AMS，以支持模拟-数字混合电路仿真。在控制领域，一般采用基于框图的表示描述经典控制系统，影响比较广泛的工具包括美国 MathWorks 公司的 MATLAB/Simulink、美国 NI 公司的 MATRIXx、美国 MSC 公司的 MSC.EASY5 等。化学工程中的能源与过程系统仿真属于物理系统仿真的重要内容。英国伦敦帝国学院先后开发了 SPEED-UP 和 gPROMS，广泛应用于化学工程动态仿真；美国能源部组织开发了 ASPEN Plus，用于大型化工流程仿真。

在物理建模语言方面，第一个里程碑是 Strauss 于 1967 年提出的连续系统仿真语言 CSSL，它统一了当时多种仿真语言的概念和结构。CSSL 是一种过程式语言，支持框图、数学表达式及程序代码方式建模，以常微分方程（ODE）的状态空间形式作为数学表示。Mitchell 和 Gauthier 在 1976 年基于 CSSL 实现了 ACSL，ACSL 在 CSSL 基础上作了部分改进，在相当长时间内成为仿真事实标准。在 CSSL 之后，出现了一系列类似的物理建模语言，各具特点。欧洲仿真界于 1997 年综合上述多种物理建模语言提出了多领域统一建模语言 Modelica。Modelica 的出现是一个新的里程碑，它综合了先前多种建模语言的优点，支持面向对象建模、非因果陈述式建模、多领域统一建模及连续-离散混合建模，以微分方程、代数方程和离散方程为数学表示形式。Modelica 自诞生以来发展迅速，工程应用越来越广泛。1999 年，数字电路硬件描述语言 VHDL 被 IEEE（电气与电子工程师协会）扩展为 VHDL-AMS，从机制上为混合信号和多领域建模提供支持。

2）基于接口联合仿真的多领域建模与仿真

基于接口的多领域建模与仿真，是通过单领域仿真工具之间的接口，实现不同领域工具之间的联合仿真，从而提供多领域建模与仿真功能。联合仿真根据耦合程度可以分为 3 种类型：模型耦合、求解器耦合及进程耦合，不同类型的联合仿真求解调用模式不同。

基于接口通过联合仿真实现多领域建模仿真，目前工程中实际应用的有 3 种方式。

一是单领域工具之间提供针对性的接口实现联合仿真。例如，机械动力学仿真软件 ADAMS 提供了与控制仿真软件 MATLAB/Simulink 的进程耦合联合仿真接口，LMS 公司的 Motion、AMESim 与 MathWorks 公司的 MATLAB/Simulink 两两之间提供了不同耦合方式的联合仿真接口。这种方式可以在单领域仿真工具基础上实现有限领域的多领域建模与联合仿真，但其依赖于仿真工具本身是否相互提供了接口。

二是基于高层体系结构(high level of architecture,HLA)规范的联合仿真方式。HLA 是一个针对分布式计算仿真系统的通用体系结构,为仿真软件之间的集成与联合仿真提供了一个接口规范。HLA 于 2000 年被 IEEE 接受为标准(IEEE 1516—2000/1516. 1—2000/1516. 2—2000),到 2010 年相关标准有 IEEE 1516—2010/1516. 1—2010/1516. 2—2010/1516. 3—2003/1516. 4—2007。HLA 的定义包含 3 个内容:接口规范、对象模型模板(object model template,OMT)和规则。HLA 接口规范定义了 HLA 仿真器与运行时基础架构(run-time infrastructure,RTI)的交互方式,RTI 提供了一个程序库和一套与接口规范对应的应用程序接口(application programming interface,API);HLA 对象模型模板说明了仿真之间的通信信息内容及其文档格式;HLA 规则是为了符合标准仿真必须遵循的规则。HLA 可以基于规范的接口实现多领域建模与仿真,通常用于大型分布式仿真系统。

三是基于功能样机接口(functional mock-up interface,FMI)规范的联合仿真方式。欧洲仿真界在 MODELISAR 项目支持下于 2008—2011 年提出了 3 个接口规范:模型交换接口(FMI for model exchange)、联合仿真接口(FMI for co-simulation)及 PLM 接口(FMI for PLM)。其中,FMI 模型交换接口旨在规范仿真工具生成的动态系统模型 C 代码接口,使得其他仿真工具可以使用生成的模型 C 代码。FMI 模型交换接口支持微分、代数和离散方程描述的模型。FMI 联合仿真接口为不同仿真工具之间的联合仿真定义了接口规范,支持模型耦合、求解器耦合或进程耦合的联合仿真。相比 HLA,FMI 提供了一套轻量级的模型交换与联合仿真接口。

基于接口通过联合仿真可以在一定程度上实现多领域建模与仿真,但基于接口的方式存在以下问题:一是要求仿真工具必须提供相应的接口。不论是工具之间直接的联合仿真,还是基于 HLA 或 FMI 接口,要求仿真工具提供或实现相应的接口。二是联合仿真要求在建模时实现系统领域或模型之间的解耦。对于多领域耦合系统,这种处理可能影响模型的逼真度以及仿真系统的某些行为特性。三是联合仿真会显著降低仿真求解的效率与精度。特别是进程耦合方式的联合仿真,为了数据交互通常采用定步长求解,但这不利于工具处理模型中的离散事件,也不便于自动协调处理模型中快变部分与慢变部分,而且容易产生较大的累积数值误差,这经常导致联合仿真效率很低甚至仿真失败。

3) 基于图或物理建模语言的多领域统一建模与仿真

自 20 世纪 60 年代以来,以一种统一的表示方式实现不同领域物理系统的一致建模,是仿真界一直努力的方向。这个方向的发展可以分为两个大的阶段:前期是基于图的统一表示方式;后期是基于物理建模语言的统一表示方式。基于图的表示包括框图（block diagram）、键合图（bond graph）及线性图（linear graph）。多领域物理建模语言以 Modelica、VHDL-AMS、Simscape 等为代表，其中 Modelica 提供了兼容框图、键合图及线性图的表示方式。

2. 基于图的多领域统一建模方法

1）框图

以框图（block diagram）作为可视化表示方式。1976 年美国波音公司开发了 EASY5（现为美国 MSC 公司的 MSC.EASY5）；1985 年美国集成系统公司开发了 SystemBuild/MATRIXx（现为美国 NI 公司所有）；1991 年美国 MathWorks 公司开发了 MATLAB/Simulink（Simulink 原名 Simulab）；1993 年 Mitchell 和 Gauthier 为 ACSL 引入了图形化建模环境。框图成为控制系统可视化建模的常规方式，其他领域的物理系统也可以通过数学模型的因果分析表示为框图。在相当长的一段时间内，鉴于 MATLAB 在工程界的广泛应用，框图成为物理系统数学模型可视化的一种主要方式。

框图是基于经典控制理论，通过连接积分环节、加法环节、乘法环节等基本环节的输入输出来定义模型，可以认为是基于系统信号流的建模。在框图中，每个环节具有确定的输入输出，属于因果建模。框图可以表示各种常规连续系统或离散系统的数学模型，但不能直接反映除控制系统之外的物理系统的拓扑结构。框图建模要求用户熟悉物理系统的数学模型细节，基于框图的仿真不能直接处理代数环时，要求用户在建模时手工处理。

2）键合图

键合图（bond graph）最早由美国麻省理工学院的 Paynter H. M. 于 1961 年提出，之后 Karnopp D. C. 和 Rosenberg R. C. 将其发展为一种通用建模理论和方法。键合图是一种有向图，其中元件为结点，连接为功率键，功率键具有关联的势（effort）变量和流（flow）变量。功率键代表了模型元件之间的功率流，功率流是势变量和流变量的乘积。元件之间通过 0 结和 1 结连接，0 结表示基尔霍夫电流定律（Kirchhoff current law，KCL），1 结表示基尔霍夫电压定律（Kirchhoff voltage law，KVL）。键合图采用 4 种形式的广义变量：势、流、广义动量和广义位移，通过表征基本物理性能、描述功率变换和守恒基本连接的 9 种元件，再结合系统中功率流方向可以画出系统键合图模型并列出系统状态方程。

键合图通过 4 种广义变量和 9 种元件的结合，可以用于描述不同领域具有不同形式能量流的物理系统，常见领域对应的势变量与流变量如表 1-1 所示。键合图比较适合于连续过程建模，通过键合图可以进行基于功率的物理模型降阶，这对于简化模型具有重要价值。键合图对一维机械、电子、液压、热等领域模型的描述已经比较完善，但其不便于直接支持三维机械系统和连续-离散混合系统建模。通过扩展键合图表示，也可以支持三维机械建模和连续-离散混合建模。

表 1-1　键合图中不同领域势变量与流变量定义

领　　域	势　变　量	流　变　量
机械平动	力	速度
机械转动	力矩	角速度
电子	电压	电流
液压	压力	流速
热	温度	熵流

支持键合图表示的仿真工具有 20-SIM、CAMP-G、SIDOPS＋等，其中 SIDOPS＋支持非线性多维键合图模型，模型中可以同时包含连续和离散部分。比利时 LMS 公司的 Imagine.Lab AMESim 基于键合图理论支持机械、电子、液压、气压、热等多领域建模，并据此提供了基于能量的模型简化功能。

3）线性图

物理系统与线性图（linear graph）之间的关系最早由 Trent 和 Branin 于 20 世纪 50—60 年代揭示。与键合图类似，线性图通过穿越（through）变量和交叉（across）变量（也称为终端（terminal）变量）表示经过系统的能量流。线性图的边表示系统元件中能量流的存在，线性图的结点表示元件的终端。对于每一条边存在一个终端方程表示终端变量间的关系，一条或多条边及相关联的终端方程完全定义了元件的动态特性。通过合并存在物理连接的结点，独立元件的终端图可以组合成系统图。与键合图模型不同，线性图直接反映了物理系统的拓扑结构。线性图通过穿越变量和交叉变量实现了与领域无关的表示，可以用于多领域物理系统建模。常见领域对应的穿越变量与交叉变量如表 1-2 所示。线性图表示与 VHDL-AMS 仿真语言端口表示一致，构成了 VHDL-AMS 的潜在表示。

表 1-2　线性图中不同领域交叉变量与穿越变量定义

领　　域	交　叉　变　量	穿　越　变　量
机械平动	速度	力
机械转动	角速度	力矩
电子	电压	电流
液压	压力	流速
热	温度	熵流

线性图可以方便地用于三维机械系统建模，McPhee 在机械多体系统线性图建模方面进行了系列研究，奠定了线性图自动化建模的理论基础。通过引入分支坐标系和共轭树的概念，McPhee 给出了多体系统最少方程数的表示。加拿大 Maple 公司的多领域仿真软件 MapleSim 基于线性图理论提供了多体模型库。

与键合图相比，线性图更加直观，在三维机械系统方面具有更好的表达能力，但目前尚没有直接支持线性图的建模仿真工具。VHDL-AMS 采用与线性图理论一致的端口模式，并不直接支持线性图表示；MapleSim 基于线性图理论实现的多体模型库是采用与 Modelica 语言一致的组件图，线性图理论用于指导多体模型的方程生成。

3．基于物理建模语言的多领域统一建模方法

1) Modelica

1978 年瑞典的 Elmqvist 设计了第一个面向对象的物理建模语言 Dymola。Dymola 深受第一个面向对象语言 Simula 影响，引入了"类"的概念，并针对物理系统的特殊性作了"方程"的扩展。Dymola 采用符号公式操作和图论相结合的方法，将 DAE 问题转化为 ODE 问题，通过求解 ODE 问题实现系统仿真。到 20 世纪 90 年代，随着计算机技术与工程技术的发展，涌现了一系列面向对象和基于方程的物理建模语言，如 ASCEND[21]、Omola[22]、gPROMS[16]、ObjectMath[23]、Smile[24]、NMF[25]、U. L. M.[26]、SIDOPS+[27]等。上述众多建模语言各有优缺点，互不兼容，为此，欧洲仿真界从 1996 年开始致力于物理系统建模语言的标准化工作，在综合多种建模语言优点的基础上，借鉴当时最先进的面向对象程序语言 Java 的部分语法要素，于 1997 年设计了一种开放的全新多领域统一建模语言 Modelica。

Modelica 从原理上统一了之前的各种多领域建模机制，直接支持基于框图的建模、基于函数的建模、面向对象和面向组件的建模，通过基于端口与连接的广义基尔霍夫网络机制支持多领域统一建模，并且以库的形式支持键合图和 Petri 网表示。文献[44]对于键合图的研究、文献[57]对于线性图的研究都是基于 Modelica 实现的。Modelica 还提供了强大的、开放的标准领域模型库，覆盖机械、电子、控制、电磁、流体、热等领域，目前在标准库之外已经存在大量可用的商业库与免费库。

Modelica 是一个开放规范的计算机语言，现已成为物理系统多领域统一建模的事实标准，对建模、仿真以及 CAE 技术产生了重要影响。Modelica 语言规范和领域库的发展以及相关支持平台的综述详见 1.5.2 节。

2) VHDL-AMS

1999 年，IEEE 为了支持模拟和混合信号系统建模，在 VHDL 标准基础上通过扩展发布了 IEEE 1076.1—1999 标准（VHDL-AMS）。VHDL 是用于数字集成电路的标准硬件描述语言（IEEE 1076—2008）。VHDL-AMS[59-60]通过扩展的 DAE 表示支持连续系统建模，加上 VHDL 语言的并行执行过程支持，使得其支持连续-离散混合建模。VHDL-AMS 采用与线性图一致的端口抽象，从机制上可用于描述不同领域的物理系统，支持多领域统一建模。VHDL-AMS 语言的基本硬件抽象是设计实体，设计实体由实体（entity）声明描述接口，结构体（architecture）

描述行为,一个实体可以组合使用不同的结构体。

目前支持 VHDL-AMS 的仿真工具包括美国 Mentor Graphics 公司的 SystemVision、美国 Synopsys 公司的 Saber、美国 ANSYS 公司的 SIMPLORER、法国 Dolphin Integration 公司的 SMASH、法国 CEDRAT 集团公司的 Portunus、美国辛辛那提大学的 SEAMS[61] 等。

3) Simscape

Simscape 是 MathWorks 公司在 2007 年随同 MATLAB 2007a 推出的多领域物理系统建模和仿真工具。在 Simscape 之前,MATLAB 提供了类 C 的数学编程 m 语言和基于框图的可视化建模工具 Simulink,并存在大量不同行业领域的工具箱,但这些工具箱之间并未互通,而且其本质仍是将数学模型表示为基于信号的因果框图。

Simscape[62-63] 采用所谓物理网络的方法支持多领域物理系统建模。Simscape 受 Modelica 影响较深,其建模本质与 Modelica 一致。系统模型由元件、端口和连接组成。元件根据其物理特性可以具有多个端口,端口分为两种类型:物理保守端口和物理信号端口。物理保守端口具有关联的穿越变量和交叉变量。物理保守端口之间的连接表示能量流,物理信号端口之间的连接表示信号流。Simscape 包括两个部分:Simscape 语言和领域库。Simscape 语言采用与 Modelica 类似的结构与要素,考虑到了对于 MATLAB 本身的兼容性支持;Simscape 领域库目前包括 Foundation Library、SimDriveline、SimElectronics、SimHydraulics、SimMechanics 等,基础库中提供了电子、液压、电磁、一维机械、气压、热等领域的基本元件。

1.5.2　Modelica 语言的发展、工程应用与相关工具

Modelica 是一个开放的面向对象多领域物理系统的统一建模规范,规范包括 Modelica 语言规范(Modelica language specification,MLS)和 Modelica 标准库(Modelica standard library,MSL),由 Modelica 协会负责维护,在 Modelica 授权协议下可以自由使用。

Modelica
授权协议

目前,Modelica 已经被 Audi、BMW、Daimler、Ford、Toyota、VW、DLR、Airbus、ABB、Siemens、EDF 等不同行业公司所采用,广泛应用于汽车、航空、能源、电力、电子、机械、化学、控制、流体等行业或领域以及嵌入式系统的建模与仿真。

基于 Modelica 实现多领域工程物理系统的建模与仿真,需要有相应的平台工具提供建模、编译、求解及后处理功能。到目前为止,已经有许多工具可以完整地支持基于 Modelica 的建模与仿真。Modelica 支持工具列表如表 1-3 所示。

表 1-3　Modelica 支持工具列表①[91]

工　具	单位/组织	特　点
Dymola 2012②	原瑞典 Dynasim AB；现法国 Dassault Systèmes	具有完整的 Modelica 建模、编译、求解及后处理功能，全面支持 Modelica 3.2
LMS Imagine. Lab AMESim Rev10③	原法国 Imagine SA；现比利时 LMS International	一维多领域系统仿真集成平台，支持 Modelica 部分语义
MapleSim 5④	加拿大 Maplesoft	基于 Maple 和 Modelica 的多领域物理建模仿真工具，支持 Modelica 模型导入导出
MathModelica 2.1⑤	原瑞典 MathCore Engineering AB；现美国 Wolfram Research	基于 Mathematica 的 Modelica 仿真工具，提供建模、编译与仿真功能，支持 Modelica 大部分语义
Modelica SDK⑥	英国 Deltatheta	以 API 形式提供 Modelica 编译支持，部分支持 Modelica 规范
MOSILAB 4⑦	德国 Fraunhofer FIRST	提供变拓扑结构扩展支持的 Modelica 求解器，不完整支持 Modelica 规范，未公开发布
MWORKS 2.5⑧	中国苏州同元软控	具有完整的 Modelica 建模、编译、求解及后处理功能，完整支持 Modelica 2.2 及 3.2
SimulationX 3.4⑨	德国 ITI GmbH	提供 Modelica 建模、编译、求解及后处理功能，支持 Modelica 3.1 大部分语义
JModelica. org 1.5⑩	瑞典 Modelon AB	可扩展开源平台，提供 Modelica 和 Optimica 编译器，用于复杂动态系统优化、仿真与分析
Modelicac⑪	法国 INRIA；SIMPA 2 project	支持 Modelica 规范子集的免费编译器，用于免费软件 Scilab/Scicos
OpenModelica 1.8⑫	瑞典 Linköping University；Open Source Modelica Consortium	提供 Modelica 建模、编译与仿真功能的开源工具，支持 Modelica 3.2 大部分语义

① 表 1-3 中各工具版本号为截至 2011 年 9 月的数据。
② Dymola：http://www.dymola.com/。
③ AMESim：http://www.lmsintl.com/imagine-amesim-1-d-multi-domain-system-simulation。
④ MapleSim：http://www.maplesoft.com/products/maplesim/index.aspx。
⑤ MathModelica：http://www.mathcore.com/products/mathmodelica/。
⑥ Modelica SDK：http://www.deltatheta.com/products/modelicasdk/。
⑦ MOSILAB：http://www.mosilab.de/。
⑧ MWORKS：http://www.tongyuan.cc。
⑨ SimulationX：http://www.simulationx.com/。
⑩ JModelica.org：http://www.jmodelica.org/。
⑪ Scicos：http://www.scicos.org/。
⑫ OpenModelica：http://www.openmodelica.org/。

1.5.3 多领域统一模型的编译映射技术

基于多领域统一建模语言生成的模型,在仿真求解之前需要完成两个工作:模型编译和方程映射。模型编译是对模型代码同常规程序代码一样执行词法、语法和语义分析,这方面的理论基础是编译原理;方程映射是根据建模原理将模型代码翻译成可以求解的方程系统,这依赖于语言所遵循的建模理论。本节将以Modelica 为建模语言代表,综述多领域统一模型的编译映射技术。

1. 模型编译

计算机程序语言通常采用 BNF 或 EBNF 表示为形式化文法,然后由编译器将程序语言翻译为计算机可执行的目标代码。编译器从流程上可分为前端与后端[92],一般程序语言编译器的编译流程如图 1-1 所示[93]。Modelica 等物理建模语言的文法也采用 EBNF 表示,其编译器前端与一般程序语言一样,包括词法分析、语法分析、语义分析以及中间代码生成;由于物理系统建模的目的是对模型进行仿真求解,Modelica 编译器后端与一般程序语言不同,中间表示形式为平坦化方程系统,如图 1-2 所示[3]。

编译技术作为计算机基础技术,经过几十年的发展,已经比较成熟。编译的词法和语法分析已经形成完善的自动化生成方法,具有成熟的自动生成工具,例如Lex/Flex[94-95]、Yacc/Bison[96-97]、ANTLR[98] 等。至于语义分析,由于不同类型语言的语义差别较大,很多语义上下文相关,难以像词法和语法分析一样给出形式化的普遍描述,也难以形成实用的语义分析器自动生成工具,通常采用语法制导的语义分析[92],人工实现语义分析器。目前流行的函数式编程为语义分析自动化带来了新的曙光,基于函数式编程的自动语义分析成为当前研究热点。因此在编译器前端开发过程中,语义分析器的实现成为编译器前端开发的主要内容。

一方面,Modelica 是一种强类型语言[99],与一般程序语言相同,Modelica 需要进行常规语义分析,如类型检查、名字引用合法性判断等。另一方面,Modelica 是一种物理建模语言,提供了诸多支持物理建模的语义和机制,如多领域统一建模、陈述式与过程式建模、连续-离散混合建模、模型重用、模型诊断等[64],Modelica 编译器需要对这些特有语义进行分析和检查。再者,Modelica 需要进行方程映射生成模型的平坦化方程系统,语义分析需要为此提供足够信息。OpenModelica 尝试基于 RML 进行自动语义生成[100],JModelica 尝试基于 JastAdd 进行自动语义生成[101-103],但是由于 Modelica 语义机制复杂,采用自动语义难以完整表述Modelica 的全部语义,目前商用 Modelica 编译器仍是手工实现语义分析,主要任务是语义检查和方程映射,其占据了编译器前端开发的绝大部分工作量。

2. 方程映射

通过方程映射将模型代码翻译成可以求解的方程系统,其依据是该语言遵循

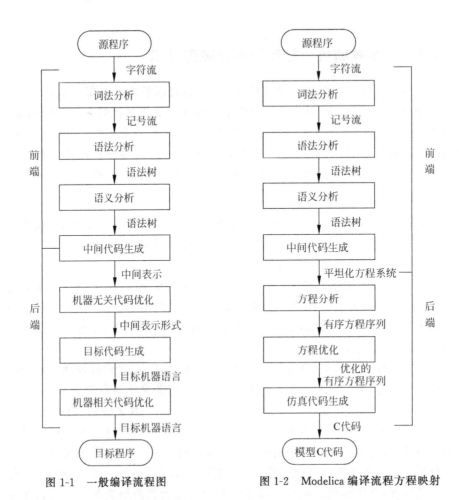

图 1-1　一般编译流程图　　　　图 1-2　Modelica 编译流程方程映射

的建模原理和采用的建模机制。Modelica 支持面向对象建模、非因果陈述式建模、多领域统一建模及连续-离散混合建模，兼容基于框图的信号建模与基于函数和算法的过程建模，通过基于端口与连接的广义基尔霍夫网络机制实现多领域统一建模，由方程和算法描述模型行为，提供继承（inheritance）、变型（modification）、重声明（redeclaration）、重载（overload）、隐式连接（outer/inner）、数组等机制支持模型多态与模型重用，提供单位检查、平衡模型等机制支持模型诊断，以微分方程、代数方程和离散方程为数学表示形式[64]。

　　Modelica 方程映射以 Modelica 模型为输入，输出模型方程系统，即平坦化混合数学模型。经过编译过程中的语义分析，将面向对象、陈述式、具有层次结构的 Modelica 文本模型，映射为平坦化的微分方程、代数方程和离散方程集合。方程映射与模型编译在阶段上难有明确的区分，一为目标一为手段，侧重点有所不同。目前尚未见到对于 Modelica 或其他物理建模语言的方程映射进行直接描述的相关文献。

1.5.4　多领域物理系统仿真求解技术

基于 Modelica 等多领域物理建模语言生成的模型,经过模型编译与方程映射得到的方程系统,对于系统级模型而言通常具有大规模、微分-代数耦合、连续-离散混合的特性,表示为大规模的微分方程、代数方程和离散方程集合。对于这种大规模的混合方程系统,难以直接求解,一般采取符号分析与数值求解相结合的方法[3,104]:首先通过方程系统结构分析与归约分治的符号处理实现问题规模的缩减,得到有序的方程集合序列,在此过程中对于高指标微分-代数方程(differential algebraic equation,DAE)需要进行符号指标缩减,并给出其完备的初始约束方程。然后对于有序的方程集合,针对其微分-代数耦合和连续-离散混合特性确定混合求解策略。最后结合常规的代数方程、常微分方程、微分-代数方程数值算法进行数值求解。

1. 多领域统一模型方程系统的符号缩减技术

1)方程系统结构分析与归约分治

Dulmage 和 Mendelsohn 提出的规范分解算法(D-M 算法)[105]可以实现方程系统的结构分析。D-M 算法是基于方程系统二部图的最大匹配,将方程系统分解为 3 个不同部分:过约束部分、欠约束部分和恰定部分。

方程系统归约分治可以采取两种方法:一是针对结构关联矩阵的下三角分块矩阵(block lower triangular,BLT)变换,通过矩阵行列交换,将结构关联矩阵变换为对角分块的下三角矩阵,从而给出有序的方程求解序列并识别出耦合方程集[3,106-109];二是基于二部图的图论方法[110],将二部图转为有向图,通过强连通分量析取[111-112]和拓扑排序[110],给出有序的方程求解序列并识别出耦合方程集[104,113]。这两种方法本质上是等价的,即通过强连通分量凝聚和拓扑排序实现方程系统归约分治的过程,也可以通过结构关联矩阵的下三角分块矩阵变换实现。

2)高指标 DAE 符号指标缩减

DAE 问题的微分指标是指为了将其转为显式常微分方程(ordinary differential equation,ODE)形式,需要对其全部或部分方程微分的最小次数进行分析[114]。如果 DAE 微分指标大于 1,则称其为高指标 DAE。DAE 问题不同于 ODE 问题,不能直接用常微分方程的数值方法求解[115]。DAE 变量之间存在隐藏约束,状态变量或其导数初值要求满足隐藏约束。目前通用的 DAE 求解算法,只能求解指标-1 问题或者特殊形式的较高指标问题。对于一般高指标 DAE 问题,需要将高指标问题转化为可直接数值求解的指标-1 或指标-0 问题,并补充隐藏约束方程。

一般高指标 DAE 问题指标缩减代表性的方法包括[104]:Gear 方法[116-117]、Pantelides 算法[118]及哑导方法[119]。**Gear 方法**是一种纯符号方法,它通过反复对其中的代数方程求微分最终将 DAE 问题转化为 ODE 问题。该方法虽然能彻底地实现指标约简,但符号处理量很大而且实现困难,需要进行一些不必要的微分。

Unger 等[120]基于布尔代数,采用面向变量的方法实现了简化的 Gear 算法。**Pantelides 算法**通过最小结构奇异子集检测判断所有需要微分的方程,并将原结构奇异的 DAE 问题转化为指标-1 或指标-0 问题。该方法的优点在于只需要微分必要的方程,不足之处是在某些特殊情况下可能漏掉部分需要微分的方程子集[118]。Mattson[119]在 Pantelides 算法基础上提出了**哑导方法**,通过在 Pantelides 算法指标缩减的过程中为每个生成的新方程引入新的相关变量作为哑导,从而得到与原 DAE 问题具有等价解集、增广且恰定的指标-1 问题。

如果通过指标缩减[116-118]将原 DAE 问题转化为 ODE 问题,那么得到的潜在 ODE 的解集大于原 DAE 的解集,在调用 ODE 数值算法时,数值解就会偏离代数约束,为了避免导致违约问题,通常需要采用所谓的约束稳定化技术[121]。为了彻底避免违约,可以在指标缩减时通过保留所有的原始方程及其连续导数来增广系统,以确保增广系统与原 DAE 问题具有等价的解集。结果是超定而相容的指标-1 系统,即 ODAE,为了消除超定,通常采用某种投影技术[122-124],但难以适用于一般形式的 DAE。哑导方法[119,125]是在 ODAE 基础上,通过在 Pantelides 指标缩减过程中为每个生成的新方程引入新的相关变量,克服 ODAE 方法的复杂性,将原 DAE 问题转化为增广且恰定的指标-1 问题。哑导方法具有简洁性、可靠性和普适性的特性,广泛应用于多领域物理建模语言生成的一般高指标 DAE 问题的指标缩减,但在复杂情况下,哑导方法需要考虑哑导选择和哑导切换的问题[119]。

3）高指标 DAE 相容初始化

DAE 问题的求解需要解决两个问题:相容初始化问题(initialization problem,IP)和初值问题(initial value problem,IVP)[126]。IP 要求根据一定初始信息,给出 DAE 在初始时刻的全部相容初值。IVP 则要求根据相容初值,计算 DAE 的变量从开始到终止时刻的动态值。对于一般形式高指标 DAE 的 IVP,没有通用的直接数值求解算法,一般是通过指标缩减,将 DAE 问题降为指标-1 问题或转化为 ODE 问题,再调用相应数值算法求解。

DAE 的 IP 比较复杂。如果不存在隐藏约束,如大多数指标-1 问题,可以同 ODE 一样给定状态变量或其导数的任意 n 个初始值,由初值系统求解全部相容初值。如果 DAE 系统结构奇异,则存在隐藏约束,需要选定独立的动态变量为其给定合适的初始值,由初值系统求解全部相容初值[126]。高指标 DAE 的 IP 的关键在于补充隐藏约束,并据此选定独立的动态变量赋初始值[127]。以 Pantelides 算法为代表的 DAE 指标结构分析算法,在 DAE 指标缩减过程中同时揭示了相容初始化隐藏约束。因此,高指标 DAE 的 IP 与指标缩减结构分析算法紧密关联。

著名的 Pantelides 算法正是为解决 DAE 的 IP 而提出的。由于该算法在某些特殊情况下可能漏掉部分需要微分的方程子集,Leimkuhler 等提出了针对指标-i 问题的纯数值初始化方法[128],Kröner 等在 Unger 的 Pantelides 算法和 Leimkuhler 算法基础上,提出了结构分析与数值微分相结合的初始化算法[129],但该算法由于结构分析或数值微分的不精确可能导致生成的初值系统具有严重的数值问题。与符号指标缩减方法类似,基于结构分析和哑导方法的相容初始化,可以比较理想地解决高指标 DAE 的 IP,但会由于哑导的引入导致问题规模出现一定程度的膨胀。

2. 多领域模型混合方程系统的混合求解策略

多领域模型混合方程系统的一般形式为混合 DAE 系统,混合 DAE 系统的基本求解策略是在连续 DAE 求解过程中检测和处理事件,离散事件处理可分为事件检测、事件定位、事件迭代和积分重启 4 个步骤。事件一般分为时间事件与状态事件,时间事件可以直接检测和定位,状态事件的检测与定位是混合 DAE 系统求解的要点之一,Carver、Ellison、Joglekar、Reklaitis、Preston、Berzins、Petzold 等为此提出了一系列策略,主要是基于零穿越函数的寻根机制检测状态事件[130-134]。但这种方法可能因穿越插值没有精确定位到事件时刻而导致重复的事件检测,即不连续性黏滞(discontinuity sticking)问题[135],也可能在偶数次越零或相切时因步长过大产生漏根现象。对于不连续性黏滞问题,Park 提出了 ε 策略避免重复事件检测[135]。对于漏根现象,Mao 通过为零穿越函数定义逻辑值以判断零穿越方向,从而减少漏根现象[136]。

3. 多领域模型耦合方程子集的数值求解技术

混合方程子集序列的求解最终归结为不同性质的耦合子集的求解,包括微分-代数方程、常微分方程、非线性代数方程(nonlinear algebraic equation,NLE)、线性代数方程(linear algebraic equation,LE)等耦合子集,需要调用相应的数值算法对混合方程子集进行联立求解。

一般形式的指标-1 DAE 问题可以直接求解,通常采用特定形式的线性多步方法或龙格-库塔方法。最常用的算法包有 DASSL[134]、DASPK[137]、RADAU5[138] 等。常微分方程求解算法比较成熟,针对普通 ODE 或刚性 ODE 问题都有一系列的线性多步方法和龙格-库塔方法可供选用,也可选用 DASSL 算法包进行求解。

非线性代数方程一般采用牛顿-拉夫森等拟牛顿方法求解。比较常用的算法包有 TRILINOS、MINPACK 等。线性代数方程通常采用高斯消元法或迭代法求解,小规模方程系统一般采用消元法的变形——矩阵分解方法进行求解。线性代数方程最经典的算法包为 LAPACK,其针对稠密或带状矩阵问题提供了高效的数值算法。

1.6　研究意义

信息物理融合 CPS 是信息高度发达的后工业化社会的共性技术特征,将引爆新一轮工业革命。软件是工业的未来,未来的工业软件必定采用全新的语境:工业、系统、软件、模型、标准,发展基于模型的理论、方法和工具。为此必须在基础支撑技术层面实现范式创新,创新发展新一代数字化设计技术,构建基于多领域物理统一建模规范语言 Modelica 的知识自动化工业软件创成与应用技术体系。

知识自动化技术体系是一类工业软件的范式创新,是中国工业系统数字化设计技术及软件创新发展的难得的历史性机遇。

工业软件是工业技术工具,应当用工业(物理的)方式而非 IT 算法方式去创造;工业思想方法即机理、本构、模块化、端到端集成及画图等;工业软件的应用者也应当是软件的创造者,创新的辅助设计技术应当支撑设计师在设计物理系统的同时,同步创成相关的计算分析程序。新一代工业软件应当具有模型可复用、系统易重构的技术特征,以适应复杂多变的工业个性化需求。

为了更好地实现多学科融合,须建立统御各学科原理的工程物理系统原理。工程物理系统集成是以组件端口连接集组而成的,端口连接的作用机理可归纳为能量流、物质流、信息流,“三流合一”是工程物理系统的基本原理。

基于统一模型表达的跨领域模型是以端到端的方式构建的全系统模型,实现多专业、多学科的流程协同与无缝集成。多领域物理统一建模技术研究正在不断推动知识自动化技术体系的发展,通过系统模型的数学自动映射,实现基于数学的模型集成,建立更具完备性的系统行为模型;通过对数学系统的自动分析和推理,结合基础数学算法,实现全系统功能样机的仿真分析;实现模型驱动的计算代码自动生成技术,提升嵌入式软件开发流程(模型在环、软件在环、硬件在环和快速控制原型)的自动化水平,为软件与物理工程师有效协同提供技术支撑。

随着复杂产品系统智能化(嵌入式应用软件)趋势的快速发展,相应的数字化研发方法和技术体系已成为制约因素。国际传统 CAD/CAE 或自动化技术厂商纷纷并购系统建模及软件自动化技术,着力打造设计分析仿真优化及软件自动生成一体化技术。

研究表明,对于集中参数多学科集成系统,可以建立基于模型的数学自动演绎体系,以端到端的模式实现系统数学体系的自动建立,进而自动生成系统计算程序,形成知识自动化技术体系。因此,基于统一模型的知识自动化技术体系以工业的、物理的方式(绘制系统构型)实现了“画出系统构型,生成计算程序,体验系统性能”的工业软件创造与应用的新模式,以“一画两得”支撑“两化融合”。

第2章

工程物理系统多领域统一建模与Modelica

2.1 概述

如 1.5 节所述,物理系统建模经历了从单一领域独立建模到多领域统一建模、连续域或离散域分散建模到连续-离散混合建模、过程式建模到陈述式建模、结构化建模到面向对象建模的发展阶段。进入 21 世纪以来,以多领域统一建模、连续-离散混合建模、陈述式非因果建模、面向对象建模为典型特征的直接物理建模支持,已经成为建模与仿真领域的重要发展方向,对 CAE 技术产生了深远影响。以 Modelica、VHDL-AMS 为代表的系统建模语言,以 MATLAB、Simscape 为代表的系统仿真工具,都在以不同形式提供直接物理建模的支持。

本章将在物理系统建模发展综述的基础上,归纳工程系统物理建模的典型特征及其原理,重点阐述物理系统多领域统一建模原理;并以面向对象的统一物理建模语言 Modelica 为例,介绍 Modelica 对于物理建模典型特征的支持。工程系统物理建模特征,尤其是多领域统一建模原理,为工程系统多领域统一模型的准则与源头,对其进行系统性归纳,可以初步建立多领域统一物理建模理论框架,并有助于理解多领域统一模型的模型编译与分析是求解关键问题的渊源所在。

2.2 工程系统物理建模

物理建模,在过程上为系统建模的首要步骤,指通过参数化的理想物理元件以一定拓扑结构形式描述真实的物理系统,由此得到物理模型。物理模型需要通过数学建模进一步转化为数学模型。

从建模方式上讲,物理建模是指与工程系统设计过程尽可能相近的建模方式,并且要求与工程师的设计习惯一致。这表示工程师在建模过程中不需要与数学方程打交道,只需要处理组件(即元件)和参数。通过面向对象建模、多领域统一建模、陈述式非因果建模及连续-离散混合建模等典型特征,可以有效支持直接物理建模。

2.2.1　物理组件的行为与结构

可以认为物理系统是由若干组件以一定结构形式连接构成的有机整体。组件是物理系统的基本要素,具有行为特性和层次结构,组件与组件连接构成系统。组件与组件之间的连接在物理上可以传递物质流、能量流和信息流,但在模型上一般只考虑能量流和信息流,物质流通常被信息流表示为传递中的数量关系。

每个组件具有参数、变量、行为和接口。组件参数表示物理元件相对固定的特性,如电阻元件的电阻值、机械部件的质量和惯性等。组件变量用于描述元件的物理属性,如电阻元件的电压与电流、机械部件的位置与受力等。组件行为是指元件的物理本构或约束关系,如电路欧姆定律、机械牛顿定律等。组件行为采用方程描述,具体的方程包括代数方程、常微分方程或偏微分方程。代数方程一般表示代数约束;常微分方程一般表示与时间相关的动态过程;偏微分方程一般表示与时间和空间相关或以场形式存在的动态过程。组件通常具有接口,可与其他组件连接构成更复杂的组件。

2.2.2　面向对象建模

面向对象建模(object-oriented modeling,OOM)的思想来源于面向对象编程(object-oriented programming,OOP)。对象(object)作为编程实体最早于20世纪60年代在Simula 67中引入,Simula 67是一种用于离散事件仿真的程序语言。面向对象编程的完整概念在20世纪70年代由Smalltalk引入,Smalltalk与Simula 67一脉相承,但其对象是完全动态的并引入了继承的思想。1978年瑞典的Elmqvist受Simula影响设计了第一个面向对象的物理建模语言Dymola。目前,面向对象建模已经成为物理建模的重要特征和支持手段。面向对象具有3个典型性质:封装性、继承性和多态性。

类与对象是面向对象建模的基本概念。类可以被认为是对一类事物的抽象,为类属;对象是类的实例,为具象。每个类可以具有数据与行为。数据主要指不同属性的变量,按可变性可以分为常量、参量与变量,按连续性和性质可以分为代数变量、状态变量与离散变量。类的行为通常采用方程描述,方程通过对变量施加不同性质的约束,从而使类通过变量在时间进程中表现出动态的行为。

(1) 封装。封装旨在控制对于数据的访问和隐藏行为实现的细节。面向对象编程通常将数据访问权限分为3个级别:公共(public)、保护(protected)和私有(private)。面向对象建模对于数据访问权限的支持,有利于隐藏模型细节,保护模型知识。此外,封装有利于提供稳定的对外接口,保证模型代码的模块化,提高模型的重用性。

(2) 继承。继承是面向对象建模中类与类之间的一种关系。继承的类称为子类、派生类,而被继承类称为父类、基类或超类。通过继承,使得子类具有父类的数据和行为,同时子类可以通过加入新的变量和方程建立新的类层次。

（3）多态。面向对象编程中的多态通常分为以下几类：子类型多态（subtype polymorphism）、参数多态（parametric polymorphism）、重载（overloading）和强制转换（coercion）。面向对象建模的多态性与面向对象编程有所不同，其更加侧重于基于多态方便地提供模型重用、类型衍生及方程灵活表示的能力。

2.2.3　多领域统一建模

物理系统中客观存在不同的领域，如机械、电子、控制、液压、热等，不同领域的组件表现为不同的形式、结构与特性，具有不同性质的物理本构和动态行为。在数学表示上，不同领域元件的物理本构可以使用相同形式的代数方程、微分方程或偏微分方程描述，这是多领域统一建模的根本基础。但在物理建模层面，由于不同领域组件的结构与连接形式不同，并不存在直接的多领域统一建模方法。物理系统多领域统一建模原理将在 2.3 节专题阐述。

2.2.4　陈述式非因果建模

程序设计语言通常将设计分为不同的模式，如过程式程序设计、结构化程序设计、基于对象的设计、面向对象的设计等，但其共同基础仍是冯-诺依曼体系和赋值模式，即需要告诉计算机如何做。也就是说，程序设计语言对于问题的描述仍是过程式的，但对于程序的组织可以采用不同模式。

根据问题描述因果本质的差别，可以将建模区分为过程式建模与陈述式建模。过程式建模，也称为因果建模，对于问题需要明确描述如何去做，其中每个模块具有确定的输入输出，通常采用赋值模式来描述。支持过程式建模在物理建模中具有必要性，很多物理系统，如过程系统，本身就是过程式的，对于这种系统采用过程式描述更易于表达系统本质；再者，已经存在大量采用过程式语言描述的模型代码，支持过程式描述更有利于集成和重用现有资源。

陈述式建模，也称为非因果建模，对于问题只需要描述问题是什么，而不需要说明如何去做，每个模块具有明确的未知量和已知量，通常采用陈述式方程，或者通过直接描述问题的物理拓扑（元素之间的关系与属性）来表达。陈述式建模侧重于问题本身的描述，屏蔽了问题的解决方案细节，更加符合客观世界中大多数问题的认知模式。在工程物理系统建模中，陈述式建模更加有利于工程师专注于设计而非求解。

2.2.5　连续-离散混合建模

根据模型中时间进程与状态改变的关系，可以将模型划分为 3 种类型：连续时（continuous-time，CT）模型、离散事件（discrete-event，DE）模型与离散时（discrete-time,DT)模型[148]。对于连续时模型,在任意给定的有限时间间隔中存在无限次状态改变,但在离散时间点没有状态改变;对于离散事件模型,状态只在离散时间点改变,在两个相邻离散时间点之间状态保持不变;对于离散时模型,状态只在等距的时间点改变。可以认为离散时模型是离散事件模型的子集。

当前通用物理建模语言或工具往往需要支持连续-离散混合建模。可以在连续时模型基础上通过非连续性特性或过程建模要素支持扩展;或者在离散事件模型基础上通过连续系统建模功能扩展,以支持连续-离散混合建模;又或者直接完整地同时支持连续和离散建模。

2.3　物理系统多领域统一建模原理

在建模理论发展过程中出现的键合图、线性图等基于图的建模理论与方法,为物理系统的多领域统一建模奠定了理论基础。采用类似于线性图的基本概念,引入端口和信号表示,以物理网络统一表示不同领域中元件连接的拓扑结构,可以总结为以广义基尔霍夫定律为核心的物理系统多领域统一建模原理。

2.3.1　键合图与线性图

键合图是一种以元件为结点、以连接为功率键的有向图。其中,功率键代表了模型元件之间的功率流,功率键具有关联的势(effort)变量和流(flow)变量,功率流是势变量和流变量的乘积。键合图采用 4 种形式的广义变量:势、流、广义动量和广义位移,通过表征基本物理性能、描述功率变换和守恒基本连接的 9 种元件,可以用于描述不同领域具有不同形式能量流的物理系统。

键合图与线性图以基于能量流的图表示给出了多领域物理系统的统一表示,两者分别定义了与能量相关的流变量与势变量、穿越变量与交叉变量。键合图的流变量与势变量和线性图的穿越变量与交叉变量对应但并不完全相同,就机械领域而言,键合图中的流变量和势变量分别为速度与角速度和力与力矩,线性图中的穿越变量和交叉变量分别为力与力矩和速度与角速度,如表 1-1 与表 1-2 所示。

2.3.2　多领域统一建模原理

1. 基本概念

1) 元件

元件是物理系统的基本要素。每个元件可以具有参数、变量、行为和端口。**参数**描述固定特性,**变量**说明可变物理属性,**行为**阐释物理本构,**端口**用于外部连接。元件变量与端口变量之间可以存在约束方程。这里的元件与 2.2.1 节中的组件具有相同含义。

以模拟电路电阻元件为例,其具有参数 R、变量 v 和 i、端口 p 和 n,如图 2-1(a)所示。R 表示元件电阻,v 表示两端口 p 与 n 之间的电压降,i 表示从端口 p 流向端口 n 的电流,p 和 n 为模拟电路领域端口,其具有内部变量 v 和 i。以端口 p 为例,$p.v$ 表示端口处的电压,$p.i$ 表示流进端口的电流。根据 v 和 i 的含义,电阻变量 v 和 i 与端口变量 p 和 n 之间存在约束方程,如图 2-1(b)所示。描述电阻行为的元件领域本构方程为欧姆定律,如图 2-1(c)所示。

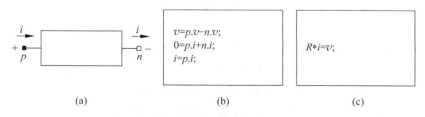

图 2-1　电阻元件示例

(a) 元件图;(b) 变量与端口约束;(c) 本构方程

2) 端口

端口表示元件的接口,相同领域不同元件的端口之间可以连接。端口之间的连接传递能量流或信息信,据此将端口分为保守端口与信号端口。**物理保守端口**之间的连接传递能量流,**物理信号端口**之间的连接传递信息流。每个保守端口必定关联特定领域的流变量和势变量,流变量和势变量的乘积即为能量流。元件端口的数目由其所传递的能量流和信息流的数目确定。

以模拟电路电阻元件为例,每个电阻元件含有 2 个保守端口,每个保守端口关联 1 个流变量电流 i 和 1 个势变量电压 v。电阻元件的端口可以与电路其他元件如电源、电容、电感的端口连接组成电路,端口之间的连接表示功率流的传递。

3) 流变量与势变量

流变量与势变量出现于保守端口,通过保守端口之间的连接表示能量流的传递。**流**(flow)**变量**定义为在物理系统某一点测量的量,即需要与元件串联测量的量;**势**(potential)**变量**定义为在物理系统中某两点测量的量的差值,即需要与元件并联测量的量。此处流变量和势变量借用了键合图的概念,但实为线性图的穿越(through)变量和交叉(across)变量的含义,因此,在这里流变量也称为穿越变量,势变量也称为交叉变量。

根据势变量与流变量的含义,可以确定常见领域的势变量与流变量,如表 2-1 所示。表 2-1 与线性图中的势变量和流变量定义表 1-2 一致。通过端口与流变量、势变量的抽象,可以将不同领域的元件以一致的表示统一起来,元件内部体现为物理本构的变量和方程,通过端口与外部元件连接。

表 2-1　广义基尔霍夫网络中常见领域的势变量与流变量定义

领　　域		势　变　量		流　变　量
平移机械	S	位移	f	力
转动机械	φ	角度	τ	转矩
电子	v	电压	i	电流
液压	p	压力	$\dot{V}$	流速
热力学	T	温度	$\dot{Q}$	熵流
化学	μ	化学势	$\dot{N}$	粒子流

4）保守系统与非保守系统

常规地,如果在一个物理系统中所有的作用力都是保守力,即作用力所做的功与移动路径无关,则称此物理系统为保守系统,又称为守恒系统。在物理网络表示的物理系统中,由元件通过保守端口连接起来的系统,称为**保守系统**,否则称为非保守系统。保守系统中的连接表示能量流传递,所有相互连接的保守端口满足广义基尔霍夫定律,从而使得保守系统能量守恒。

非保守系统是元件通过信号端口连接起来的系统。非保守系统中的连接只传递信息流,信号端口的连接表示两端口中相应的信号量相等。非保守系统中的能量流传递不能通过元件连接表示,需要在元件中单独对能量耗散进行建模。

2．物理网络与广义基尔霍夫定律

物理系统中元件按照拓扑结构通过保守端口相互连接,元件、保守端口和连接构成了一个网络,体现了物理系统的拓扑结构与能量传递关系,这个网络称为**物理网络**。物理系统的物理网络表示通常与其基于元件的原理图比较类似,因而物理网络表示也称为**组件图**(即元件图)。一个简单直流电机示例的物理网络如图 2-2所示。

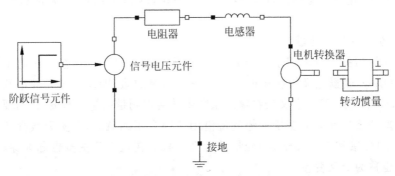

图 2-2　简单直流电机示例组件图[3]

对于模拟电路网络,存在结点电流的基尔霍夫电流定律(KCL)和回路电压的基尔霍夫电压定律(KVL)。对于不同领域的物理系统,通过保守端口和流变量、势变量的抽象,可以将电路基尔霍夫定律推广到物理网络表示。针对物理网络的广义基尔霍夫定律如定律 2.1 所示。

定律 2.1 物理网络广义基尔霍夫定律

在由元件、保守端口及连接构成的物理网络中,对于相互连接的所有保守端口,存在方程约束:所有端口势变量相等;所有端口流变量和为零。

保守系统的广义基尔霍夫定律体现了能量守恒。对于非保守系统,元件通过信号端口连接,用以传递信息流,连接的信号端口间相应的信号量相等。从连接的方程约束角度,可以将信号端口看作是特殊的保守端口,即只有势变量没有流变量,则广义基尔霍夫定律同时适用于保守物理系统与非保守物理系统,由此可以将由元件、端口及连接构成的保守系统或非保守系统网络统称为**广义基尔霍夫网络**(generalized Kirchhoff network)。

3. 建模原理

综上所述,可以总结基于端口和广义基尔霍夫定律的物理系统多领域统一建模原理如下。

1) 元件

元件是物理系统的基本要素。每个元件可以具有参数、变量、行为和端口。元件变量与端口变量之间可以存在约束方程。

2) 端口

端口表示元件与元件连接的接口。端口类型从属于领域,端口类型定义可以包含领域相关的流变量和势变量或其他变量。领域流变量和势变量定义如表 2-1 所示。

一个元件可以包含多个端口实例,不同端口的类型可以不同。对于保守物理系统,要求至少有一个包含领域流变量和势变量的保守端口。

元件通过相同类型端口连接。端口连接遵循广义基尔霍夫定律形成约束。在生成约束方程时,将端口中非流变量视为势变量处理。形式上可以定义没有流变量的端口。

3) 广义基尔霍夫网络

元件通过端口连接可以构成系统或子系统。子系统可视为复合元件,可以包含端口,可以为其定义变量和约束方程。子系统内部的元件、端口和连接,以及系统层次上的元件、子系统、端口及其间的连接,构成具有层次结构的广义基尔霍夫网络。

在物理系统的广义基尔霍夫网络中,所有相互连接的端口遵循广义基尔霍夫定律生成约束方程。针对一般物理系统的广义基尔霍夫定律如定律 2.2 所示。

定律 2.2 广义基尔霍夫定律

在由元件、端口及连接构成的广义基尔霍夫点网络中,对于相互连接的所有端口,存在方程约束:所有端口势变量相等;所有端口流变量和为零。

在某些条件下,对于未被连接的悬置端口,需要为其流变量补充零方程。在某些领域中,需要为端口势变量定义基准端口,其中势变量值为零,例如电路中的接地点。

广义基尔霍夫网络中相互连接的端口按照广义基尔霍夫定律生成约束方程的示例如图 2-3 所示。

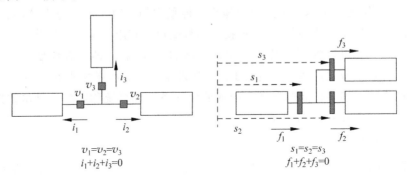

$$v_1 = v_2 = v_3$$
$$i_1 + i_2 + i_3 = 0$$

$$s_1 = s_2 = s_3$$
$$f_1 + f_2 + f_3 = 0$$

图 2-3　广义基尔霍夫定律约束方程示例

4) 领域转换器

通过广义基尔霍夫网络与广义基尔霍夫定律可知,可以采用统一的形式描述不同领域的物理系统,能够通过统一的机制表示不同领域物理系统的本构与约束。对于不同领域之间的元件,由于只有相同类型的端口才能连接,因此,一般不能够直接连接不同领域元件的端口。不同领域元件之间的连接通常经由领域转换器实现。

领域转换器是实际物理系统中实现不同领域能量或信号转换的物理元件对应的模型元件。领域转换器通常包含两个不同领域的端口,不同领域端口变量之间的约束根据物理元件的能量或信号转换特性确定。以图 2-2 所示的简单直流电机为例,信号电压元件(signalVoltage1)含有一个信号端口接受阶跃信号元件(step1)的输入作为驱动电压,另有两个电路端口与其他电路元件相连;电-机转换器(emf1)含有两个电路端口,一个机械端口,通过参数转换系数控制机械端口转矩与电路端口电流之间的比例关系。

2.3.3　多领域建模语言与工具

目前,Modelica 基于广义基尔霍夫网络和广义基尔霍夫定律,VHDL-AMS[59-60]基于线性图表示,MATLAB/Simscape 基于物理网络方法,都不同程度地提供了多领域统一建模功能支持。

2.4　面向对象的统一物理建模语言 Modelica

Modelica 是一个开放的面向对象的物理系统多领域统一建模规范,为广义基尔霍夫网络和广义基尔霍夫定律提供了全面的物理建模能力。Modelica 支持面向对象建模、多领域统一建模、非因果陈述式建模及连续-离散混合建模。Modelica 自 1997 年诞生以来发展迅速,目前已经成为物理系统多领域统一建模的事实标准。

2.4.1　面向对象建模支持

Modelica 提供了面向对象建模的完整支持,通过类和对象概念表示各种模型、组件或变量及变量类型,支持公共(public)和保护(protected)两级访问控制,通过继承支持模型或类型的数据与行为重用,提供变型(modification)、重声明(redeclaration)、操作符重载(operator overload)等机制支持模型多态特性。

Modelica 在类(class)的基础上提供了限制类的概念,包括模型(model)、记录(record)、框图(block)、连接器(connector)、包(package)、函数(function)、操作符(operator)等。模型与类的概念等价;记录为简单数据结构的封装;框图为输入输出接口的模型,兼容 MATLAB/Simulink 基于信号流的因果建模方式;连接器用于定义模型端口;包提供了模型库层次结构的组织方式;函数为具有确定输入和输出的过程定义,Modelica 通过函数提供了过程式建模的支持;操作符用于操作符重载定义。

2.4.2　多领域统一建模支持

Modelica 采用广义基尔霍夫网络作为不同领域物理系统一致的图形化表示方法,不同领域的物理元件和子系统之间通过端口连接构成具有层次结构的物理网络。对于物理系统广义基尔霍夫网络中相互连接的所有端口,可根据广义基尔霍夫定律生成一致的结构约束方程。

不同于 VHDL-AMS 等以电子领域为主兼具多领域建模能力的描述语言,Modelica 从表示和机制上提供了对于不同领域物理建模的完整支持,Modelica 标准模型库已经覆盖机械、电子、控制、电磁、流体、热等领域,在标准库之外尚存在大量可用的商业库与免费库。

2.4.3　陈述式非因果建模支持

Modelica 通过等式方程和连接机制支持陈述式非因果建模。等式方程表示其中所有变量之间存在一个约束关系,这种约束关系的数学性质可以为微分方程、线性或非线性代数方程、离散方程,方程与变量数目相同的可以用等式方程组进行求解。连接机制通过组件连接表示组件之间的约束关系,这种约束是线性代数约束,可以根据广义基尔霍夫定律生成约束方程。陈述式建模强调模型的非因果性,着重问题的描述而非求解,求解由工具自动进行。

图 2-4 所示为一个简单电路在 Modelica 中的非因果组件模型图(图 2-4(a))与在 Simulink 中的因果框图模型图(图 2-4(b))的比较。

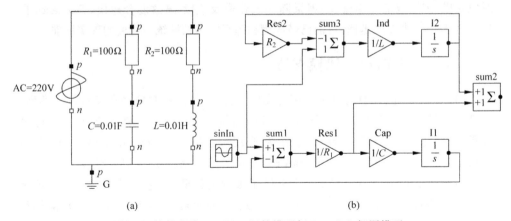

图 2-4　简单电路 Modelica 组件模型与 Simulink 框图模型

（a）简单电路 Modelica 组件模型；（b）简单电路 Simulink 框图模型

2.4.4　连续-离散混合建模支持

Modelica 通过事件驱动机制全面支持连续-离散混合建模。物理系统在宏观上遵循物理法则随时间连续变化，同时允许部分系统变量在特定时间点不连续地或者瞬时地改变其值，呈现连续-离散的混合特性。只在特定时间点改变其值的变量称为离散变量，离散变量在特定时间点改变其值称为事件。

Modelica 通过条件表达式、条件子句与 when 子句支持混合建模。条件表达式、条件子句用以描述不连续性和条件模型，支持模型分段连续的表示；when 子句用以表达当条件由假转真时只在间断点有效的行为，支持瞬时事件的表示。Modelica 中条件表达式、条件子句与 when 子句的定义详见其规范[64]。

图 2-5 所示为理想二极管特性及其 Modelica 混合模型示例。其中，使用条件方程定义了分段连续的电压特性，使用条件表达式定义了分段连续的电流特性。

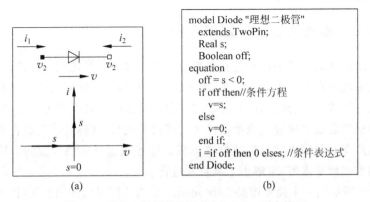

图 2-5　理想二极管特性及其 Modelica 混合模型

（a）理想二极管特性；（b）理想二极管 Modelica 模型

图 2-6 所示为弹跳小球的简化模型示例，描述了小球自由下落碰撞地面反复弹起的动态过程。模型由小球高度、速度及加速度间的导数关系给出了运动方程，通过 when 子句瞬时事件模拟小球与地面碰撞弹起的效果。在物理上小球与地面碰撞后的速度应乘以恢复系数反向，模型表示为 reinit(velocity,-c * pre(velocity))，即当瞬时事件 height <= radius 发生时，状态变量 velocity 以-c * pre(velocity)重新初始化，pre(velocity)表示 velocity 在瞬时事件时刻前的值。注意，when 子句当且仅当在其条件由假转真的时刻生效。

```
model  BouncingBall "弹跳小球简化模型 "
    constant  Real g = 9.81     "重力常数 ";
    parameter  Real c = 0.9     "恢复系数 ";
    parameter  Real radius=0.1 "小球半径";
    Real height(start=1)          "球心高度 ";
    Real velocity(start=0)        "小球速度 ";
equation
    der (height) = velocity;
    der (velocity) = -g;
    when  height <= radius then
       reinit (velocity,-c*pre (velocity));
    end  when ;
end BouncingBall;
```

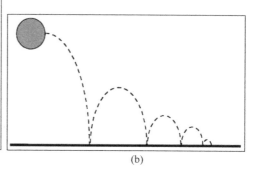

(a)   (b)

图 2-6　弹跳小球 Modelica 混合模型及其轨迹曲线

(a) 弹跳小球 Modelica 模型；(b) 弹跳小球随时间的运动轨迹

2.5　Modelica 模型的编译与求解

图 2-7 概述了 Modelica 模型的编译求解过程。整个过程大致分为编译、分析优化和仿真求解 3 个阶段。本书的研究内容集中在分析优化阶段。

编译阶段又细分为词法分析、语法分析、语义分析和平坦化 4 个阶段。词法分析的任务是根据词法规则将 Modelica 模型源代码切分为若干记号。记号与自然语言中的单词类似，每一个记号都是表示源程序中信息单元的字符序列。典型的有：关键字，例如 class 和 equation，它们是字符的固定串；标识符，由用户定义的字符串，如变量、参数等；特殊符号，如算术运算符。语法分析的任务是在词法分析的基础上，根据文法规则确定模型的语法结构，形成抽象语法树。语义分析的任务是确定语言实体的属性或特性，构造属性文法，并描述属性文法的构造以及如何与语言的文法规则关联，主要包括名字查找和类型检查。平坦化的任务是铲平模型的层次结构，将模型转化为一组平坦的方程、常量、参数和变量，包括连接展开、继承展开、变型和实例化过程。

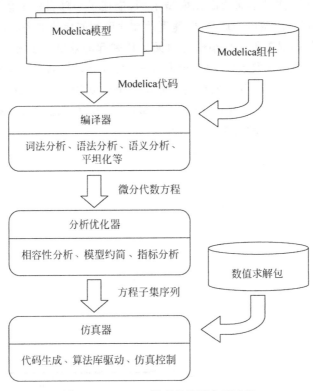

图 2-7　Modelica 模型的编译求解过程

　　平坦化过后,仿真过程进入分析优化阶段。此时,仿真模型由平坦化的 DAE 系统表示。一般来说,一个方程均只能求解一个变量,一个变量也只能被一个方程限定。这要求方程与变量在数目上必须相等,而且对于任意的方程子集,其中的变量数不能少于方程数。满足这种条件的方程系统称为恰约束系统。因此,相容性分析的任务就是检查方程系统是否为恰约束系统,从结构上确保方程系统可以进行数值求解。同时,调试分析过约束和欠约束问题,找出问题的根源,提供切实可行的纠正方案,以便提高用户校正模型的效率。

　　若数学模型结构相容,紧接着要做的就是对模型进行符号简化和指标简化。模型简化的目标是便于快速求解,包含的内容有:方程表达式的代数简化、DAE 问题的符号指标约简、方程系统的规模分解,以及状态空间形式转化等。简化后的模型表现为一个可顺序求解的方程子集序列。如果出现强连通方程子集,即方程子集包含多个方程,可通过一系列的代数转换简化变量之间的依赖关系,减少需要联立求解的方程个数。如果方程子集为 DAE 系统,则需要对其进行指标分析和相容初始化。在模型简化阶段,线性代数方程或方程组可直接采用符号方法求解,而不必将其送往数值求解器。

　　仿真器从分析优化器接收方程子集求解序列,根据方程子集的数据依赖关系,结合数值求解包提供的函数,形成模型的求解算法流程和控制策略,并生成 C 语言仿真代码。通过编译执行 C 语言程序实现仿真求解。仿真器提供参数设置和结果显示功能,让用户能够通过设置不同的参数获得满意的仿真结果。

2.6　小结

本章首先结合建模与仿真的发展历史,归纳出了工程系统物理建模的典型特征,包括面向对象建模、多领域统一建模、陈述式非因果建模、连续-离散混合建模等。然后针对多领域统一建模原理进行了系统阐述,归纳提炼了基于广义基尔霍夫网络与广义基尔霍夫定律的物理系统多领域统一建模原理。最后以面向对象的统一物理建模语言 Modelica 为代表,有针对性地介绍了其物理建模特征。对于本书而言,本章阐述了多领域统一模型的由来与特征,给出了 Modelica 编译、分析及求解的流程。相容性分析、模型约简、指标分析是基于方程的陈述式建模语言的核心技术,是后续各章的主要内容。

第 3 章

陈述式仿真模型的相容性分析

3.1 引言

基于方程的陈述式建模语言具有很多优点,但是也存在一个十分普遍的问题。那就是构建模型时,用户常常会不经意地遗漏方程或者多定义方程,即所谓的欠约束或过约束,致使仿真模型在结构上奇异,从而无法进行数值求解。解决欠约束、过约束问题的常用方法是补全遗漏的方程或者剔除冗余的方程。然而,复杂物理系统仿真模型包含的方程数目十分庞大,一个由几百个组件构成的模型通常可以产生上万个方程。当这样的复杂模型出现欠约束、过约束问题时,模型修正将是十分困难和费时的。但如果仿真建模平台的模型调试器能够采取适当策略自动地把与奇异有关的方程或变量限定到较小的范围内并提示给用户,那么模型的修正效率将显著提高。Peter Bunus 针对该问题提出了基于结构规则和语义规则的分析方法[113]。但该方法的调试能力有限,只适合分析简单模型,并且无法处理过约束与欠约束共存的问题。本章将在此基础上,利用模型的结构信息,采用基于组件的分析方式讨论模型的相容性问题。

3.2 方程系统表示图及相关概念

3.2.1 图论基本概念

定义 3.1 二部图
若无向图 $G=(V,E)$ 的顶点集合 V 能划分为两个子集 V_1 和 V_2,并满足:$V_1 \bigcap V_2 = \varnothing$,$V_1 \bigcup V_2 = V$。且对任意一条边 $e=(x,y) \in E$,均有 $x \in V_1$,$y \in V_2$,则称 G 为二部图。

定义 3.2 匹配、匹配基数、最大匹配
设 M 为图 $G=(V,E)$ 的边集 E 的任意子集,如果 M 中任意两条边均不相邻,则称 M 为图 G 的一个匹配。匹配 M 中边的数目称为匹配 M 的基数,记为 $|M|$。设 M 是 G 的一个匹配,如果不存在另一个匹配 M',使得 $|M'| > |M|$,则称 M 为 G

的最大基数匹配,简称为最大匹配。

定义 3.3　自由顶点

设 v 是图 G 的一个顶点,M 为 G 的一个匹配,如果 M 中存在边与 v 关联,则称 v 是被 M 覆盖的。如果 v 没有被 M 覆盖,则称 v 为自由顶点。

定义 3.4　完美匹配

设 M 为图 G 的一个匹配,如果 M 覆盖了 G 中的所有顶点,则称 M 为图 G 的一个完美匹配。

定义 3.5　交错路径、可行路径

设 P 为图 G 中的一条路径,M 为 G 的一个匹配,$E-M$ 表示 G 中不属于 M 的边的集合,如果 P 的边交错地在 $E-M$ 和 M 中出现,则称 P 为交错路径,并将从 u 到 v 的交错路径简单表示为 $u \overset{=}{\longrightarrow} v$。如果交错路径 P 的起点和终点均没有被不属于该路径的匹配边覆盖,则称 P 为可行路径。

定义 3.6　传播域、先决域

在有向无环图上,从顶点 v 出发的所有路径上的顶点集合称为 v 的传播域。可达顶点 v 的所有路径上的顶点集合称为 v 的先决域。

3.2.2　结构关联矩阵

方程系统的一个基本结构属性是方程与变量的约束依赖关系,这种关系通常采用结构关联矩阵 $\boldsymbol{S}$ 来表示[106]。矩阵 $\boldsymbol{S}$ 的行对应于方程,列对应于变量。如果变量 j 出现在方程 i 中,那么元素 (i,j) 为 1;相反,如果变量 j 没有出现在方程 i 中,那么元素 (i,j) 为 0。对于式(3.1)给出的代数方程系统,其结构关联矩阵如式(3.2)所示。

$$\left.\begin{aligned}
e_1 &: f(x_1, x_2, x_3) = 0 \\
e_2 &: f(x_1, x_2, x_4) = 0 \\
e_3 &: f(x_3) = 0 \\
e_4 &: f(x_3, x_4, x_5) = 0 \\
e_5 &: f(x_4, x_5) = 0
\end{aligned}\right\} \tag{3.1}$$

$$\boldsymbol{S} = \begin{array}{c} \begin{array}{ccccc} x_1 & x_2 & x_3 & x_4 & x_5 \end{array} \\ \begin{bmatrix} 1 & 1 & 1 & 0 & 0 \\ 1 & 1 & 0 & 1 & 0 \\ 0 & 0 & 1 & 0 & 0 \\ 0 & 0 & 1 & 1 & 1 \\ 0 & 0 & 0 & 1 & 1 \end{bmatrix} \begin{array}{c} e_1 \\ e_2 \\ e_3 \\ e_4 \\ e_5 \end{array} \end{array} \tag{3.2}$$

3.2.3　结构关联矩阵的二部图表示

由于大规模方程系统通常具有非常明显的稀疏特性，故在其结构关联矩阵中存在大量为 0 的元素，为 1 的元素非常稀少。稀疏的结构关联矩阵可以用二部图表示。因为二部图同样可以清晰直观地表达方程和变量的约束依赖关系，而且图的存储结构紧凑，算法相当成熟和高效。

给定一个结构关联矩阵 S，可以为其构造一个无向二部图 $G=(V_1,V_2,E)$。其中，V_1 中的顶点对应于矩阵 S 的行，表示方程；V_2 中的顶点对应于矩阵 S 的列，表示变量。如果矩阵 S 的元素 (i,j) 为 1，那么在方程 $i\in V_1$ 与变量 $j\in V_2$ 之间就存在一条边，该边表示变量 j 出现在方程 i 中。二部图抽象地表达了方程与变量之间的约束依赖关系。方程含有几个变量，方程顶点就有几条边与相应的变量顶点关联。反过来，变量出现在几个方程中，变量顶点就存在几条边与相应的方程顶点关联。由方程系统表示的数学模型实质上是一个约束系统，本书将方程系统对应的二部图称作该方程系统的约束表示图。图 3-1 给出了式(3.1)所示方程系统的约束表示图。

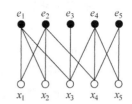

图 3-1　式(3.1)所示方程系统的约束表示图

3.3　仿真模型的相容性判定

定义 3.7　恰约束方程系统

设 E 为一个由 n 个方程组成的方程系统，当且仅当 E 满足以下条件时，称方程系统 E 是恰约束的。

(1) E 含有 n 个不同的变量；

(2) 在 E 中的每一个含有 $k(0<k\leqslant n)$ 个方程的子集中，至少存在 k 个不同的变量。

定义 3.8　结构相容、结构奇异

如果一个仿真模型 M 对应的方程系统 E 是恰约束的，则称仿真模型 M 是结构相容的。否则，称 M 是结构奇异的。

恰约束是方程系统可解的一个必要非充分条件，它只能从结构上而非数值上保证方程系统可解，也就是只能确保方程系统对应的仿真模型是结构相容的。本书只对结构相容问题进行探讨，不讨论数值相容问题。如无特别说明，书中提到的相容问题均指结构相容问题。非恰约束的方程系统可能是过约束的，也可能是欠约束的。在过约束系统中方程多于变量，在欠约束系统中，情况正好相反。一个方程系统也可能同时存在过约束和欠约束情形。

　　判断一个方程系统是否为恰约束系统的一个有效办法是对其中的方程和变量进行一对一配对,要求每个配对中的方程必须包含与其匹配的变量,并且一个方程只与唯一的一个变量形成配对,一个变量也只与唯一的一个方程形成配对。如果一个方程系统能够以上述方式将全部方程与变量形成配对,那么该方程系统是恰约束系统,否则不是。这种配对操作可以采用二部图上的最大匹配来实现[102]。基于方程系统的约束表示图,可根据如下规则判定一个方程系统是否为恰约束系统。

　　规则 3.1　设 M 为一个仿真模型,E 为 M 对应的方程系统,G 为 E 的约束表示图,如果 G 中存在一个完美匹配,那么方程系统 E 为恰约束系统,仿真模型 M 是结构相容的;否则,M 是结构奇异的。并且,若存在自由方程,则表明 E 是过约束的;若存在自由变量,则表明 E 是欠约束的;若二者均存在,则表明 E 中既存在过约束问题,也存在欠约束问题。

　　根据上述规则可以判定式(3.1)给出的方程系统是恰约束的,可以在其约束表示图中找到一个完美匹配,如图 3-2 所示,构成完美匹配的边由粗线表示。

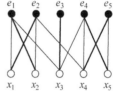

图 3-2　约束表示图 3-1 的
一个完美匹配

　　判断一个约束表示图 G 是否存在完美匹配分两步完成。首先,找到图 G 的一个最大匹配 M;然后,判断 M 是否覆盖了图 G 的所有顶点。

　　定理 3.1[142]　若 P 为二部图 G 相对匹配 M 的一条增广路径,则由 M 和 P 可以获得一个新的匹配 $M \oplus P$,且 $|M \oplus P| = |M| + 1$。

　　其中,符号 $\oplus$ 表示"异或"操作,即如果某条边 e 同时出现在匹配 M 和增广路径 P 中,则从 M 中去除 e;如果 e 只出现在匹配 M 或只出现在增广路径 P 中,则将 e 加入新的匹配中。

　　定理 3.2[142]　匹配 M 是图 G 的最大匹配的充要条件,是图 G 中不存在相对于匹配 M 的增广路径。

　　根据以上定理,通过在二部图中不断搜索增广路径,便可以获得二部图的一个最大匹配。在文献[142]中,Hopcroft 和 Karp 提出了一个最大匹配搜索算法。该算法的时间复杂度为 $O((m+n)\sqrt{m})$,其中 m 为图 G 的顶点数,n 为图 G 的边数。从时间复杂度上来说,该算法是迄今为止效果最好的最大匹配搜索算法。

　　由于相容性分析只注重方程系统的结构信息,即方程含有哪些变量,变量出现在哪些方程中,而不需要考虑方程和变量的具体表述形式,因此,在进行相容性判定时,我们将 DAE 问题当作代数问题看待,即将变量的导数当作变量本身。例如,把一阶 DAE 问题 $F(\dot{x}, x, t) = 0$ 当作代数问题 $F(x, x, t) = 0$。对于式(3.3)给出的 DAE 系统,其约束表示图如图 3-3 所示。

$$\left.\begin{array}{l} e_1 : v_x = \dot{x} \\[2mm] e_2 : m\dot{v}_x = -\dfrac{x}{L}F \\[2mm] e_3 : v_y = \dot{y} \\[2mm] e_4 : m\dot{v}_y = -\dfrac{y}{L}F - mg \\[2mm] e_5 : x^2 + y^2 = L^2 \end{array}\right\} \qquad (3.3)$$

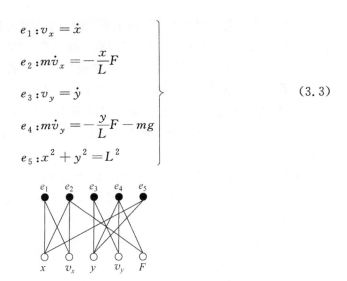

图 3-3 式(3.3)所示 DAE 系统的约束表示图

利用下面的定理可以将非恰约束方程系统的过约束或欠约束部分分离出来。

定理 3.3[142] 设 $V = V_1 \cup V_2$ 为二部图 $G = \{V_1, V_2, E\}$ 的顶点集合,集合 V 可划分为 3 个子集: D、A 和 C。其中,D 中的顶点没有被 G 的至少一个最大匹配覆盖; A 是集合 $V - D$ 的一个子集,A 中的顶点均至少与 D 中的一个顶点邻接; 而 $C = V - A - D$。据此 3 个顶点集合,可将图 G 分解为 3 个子图: G_1、G_2 和 G_3。其中,$G_1 = (C_1, C_2, E_1)$,$C_1 = C \cap V_1$,$C_2 = C \cap V_2$,$E_1 = \{(u, v) \mid u \in C_1, v \in C_2\}$; $G_2 = \{D_1, A_2, E_2\}$,$D_1 = D \cap V_1$,$A_2 = A \cap V_2$,$E_2 = \{(u, v) \mid u \in D_1, v \in A_2\}$; $G_3 = \{A_1, D_2, E_3\}$,$A_1 = A \cap V_1$,$D_2 = D \cap V_2$,$E_3 = \{(u, v) \mid u \in A_1, v \in D_2\}$。

以上分解方法是由 Dulmage 和 Mendelsohn 在文献[170]中提出的,通常称作 DM 分解[170]。DM 分解的结果是唯一的,与二部图的最大匹配无关。其分解所得子图 G_1,G_2 和 G_3 中的 1 个或 2 个可能为空。DM 分解算法描述如下。

算法 3.1 DM 分解算法

输入: 二部图 $G = (V_1, V_2, E)$,G 中的一个最大匹配 M。

输出: 子图 G_1、G_2 和 G_3。

步骤 1: 将图 G 中属于 M 的边替换为双向边,将不属于 M 的边 $\{(u, v) \mid u \in V_1, v \in V_2\}$ 定向为从 u 指向 v,生成有向图 $\bar{G} = (V_1, V_2, \bar{E})$。

步骤 2: 找出顶点集 V_1 中所有没有被 M 覆盖的顶点,计算它们的传播域,并将传播域中的顶点从有向图中分离出来,得到子图 G_1。

步骤 3: 找出顶点集 V_2 中所有没有被 M 覆盖的顶点,计算它们的先决域,并将先决域中的顶点从有向图中分离出来,得到子图 G_2。

步骤 4: 在有向图 $\bar{G}$ 中除去子图 G_1 和 G_2,得到子图 G_3。

算法的时间复杂度为 $O(m + n)$,其中 m 为图 G 的顶点数,n 为图 G 的边数。

对某个方程系统的约束表示图执行 DM 分解，获得的子图 G_1、G_2 和 G_3 分别对应于该方程系统的过约束部分、欠约束部分和恰约束部分。如果分解结果中只有子图 G_3 不为空，那么表明该方程系统是恰约束的。蒋鲲基于 DM 分解提出了一个判断参数化模型的欠约束、过约束和完整约束性的图论算法[171]。图 3-4 给出了一个 DM 分解的例子，图中的方程系统同时存在过约束和欠约束问题。

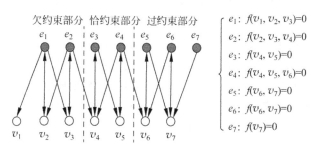

图 3-4　方程系统及其约束表示图的 DM 分解

3.4　奇异组件的识别

采用 Modelica 语言描述的物理系统的仿真模型是一种层次化的树状结构模型，它通过自底向上逐层聚合组件组合而成。对于一个复合模型来说，如果构成它的某个组件模型是奇异的，那么该模型必定也是奇异的。这意味着系统模型中任意层次上的一个组件奇异均会导致整个系统模型奇异。为此，可以根据模型的构成关系逐级地分析模型组件的相容性，来限定过约束问题或欠约束问题发生的大致范围。

然而，在 Modelica 模型中组件之间的连接通常是非因果的，即组件之间数据流的流向在定义连接时是不确定的，直到模型求解时才能确定。如果脱离组件的使用环境来单独分析一个组件的相容性，我们无法确定关联在该组件上的连接所产生的方程是否应该包含到该组件对应的方程系统中。

在此给出交流电动机模型的 Modelica 代码。

```
model Motor
    SineVoltage Vs(V = 220,freqHz = 50);
    Resistor Ra(R = 0.5);
    Inductor La(L = 0.1);
    EMF Emf;
    Inertia Jm(J = 0.001);
    Ground G1;
equation
    connect(Vs.p, Ra.p);
    connect(Ra.n, La.p);
    connect(La.n, Emf.p);
```

```
        connect(Emf.flange_b, Jm.flange_a);
        connect(Emf.n, G1.p);
        connect(Vs.n, G1.p);
    end Motor;
```

在上述电动机模型中,组件电阻 Ra 和电感 La 之间存在连接 connect(Ra.n, La.p),该连接会产生两个方程: $Ra.n.v=La.p.v$ 和 $Ra.n.i+La.p.i=0$。对于方程 $Ra.n.v=La.p.v$,如果它的求解方向最终被确定为基于 $La.p.v$ 求解 $Ra.n.v$,那么该方程应该包含到电阻 Ra 对应的方程系统中,此时 $Ra.n.v$ 为电阻 Ra 的输入变量,$La.p.v$ 为电感 La 的输出变量,它对电阻 Ra 来说可当作已知量对待。如果方程 $Ra.n.v=La.p.v$ 的求解方向最终被确定为基于 $Ra.n.v$ 求解 $La.p.v$,那么该方程应该包含到电感 La 对应的方程系统中。方程 $Ra.n.i+La.p.i=0$ 也是如此,它归属于哪个组件对应的方程系统取决于它的求解方向,即数据流的方向。

基于上述原因,在单独地分析一个组件的相容性时,为了切断组件之间的耦合关系,我们去除所有以连接方式施加在该组件的外部约束,并人为地添加一些虚构的方程来补偿失去的约束。在 Modelica 模型中存在两种类型的连接:因果连接和非因果连接[172],针对这两类连接我们提出如下处理策略。

(1) 对于因果连接,如图 3-5 所示,连接中数据的流向是明确的,从输入端连接器 A 流向输出端连接器 B。此时,我们为输入端连接器中的每个变量添加一个虚构的赋值方程,即为变量指定一个输入值,从而断开组件之间的耦合关系。

(2) 对于非因果连接,如图 3-6 所示,连接中数据的流向没有明确指定,它可能从连接器 A 流向连接器 B,也可能从连接器 B 流向连接器 A,还可能两种情况均存在。此时,我们为连接两端的连接器 A 与 B 中的每一个流变量添加一个虚构方程,并使该虚构方程包含流变量所在连接器定义的所有变量。但如果连接器没有被连接,那么将直接让其中的流变量等于 0。

图 3-5　因果连接示意图　　　　　　图 3-6　非因果连接示意图

因果连接是一种基于信号流的连接,此类连接具有明确的输入输出,对它的处理很简单,不再详加解释。

非因果连接是一种基于能量流的连接[172],因为此类连接表达的是连接交汇点上的功率平衡、动量平衡、能量平衡或者质量平衡,即进出一个连接交汇点的功率、动量、能量或者质量是等值的。这正是 Modelica 语义规定在连接交汇点流变量之和为零、势变量值相等的依据。我们提出的为流变量添加虚构方程的策略也由此而来。一个通用的非因果连接器类可描述如下:

```
connector generic_connector
  Real e;
  flow Real f;
end generic_connector;
```

　　其中，e 代表势变量，f 代表流变量。假设 p、q 为该连接器类的两个实例，那么根据 Modelica 语义，连接 connect(p, q) 可转化为两个方程：$p.e=q.e$ 和 $p.f+q.f=0$。根据这两个方程，可得到一个新的方程 $p.e \times p.f+q.e \times q.f = 0$。若假设 $p.e \times p.f=C$，其中 C 表示某个常量，那么可得 $q.e \times q.f=-C$。

　　由此可见，通过基于方程 $p.e=q.e$ 和 $p.f+q.f=0$ 获得方程 $p.e \times p.f=C$ 和 $q.e \times q.f=-C$，我们可以切断非因果连接两端组件之间的耦合关系。由于进行相容性分析只关注方程系统的结构信息，并不关注每个方程的具体表达形式，故可以将方程 $p.e \times p.f=C$ 表述为隐式形式 $f(p.e, p.f)=0$。

　　对于陈述式面向对象建模而言，非因果连接必须能够确保在连接交汇点处的功率、动量或质量是平衡的，也就是进入连接点的功率、动量或质量必须等于流出连接点的功率、动量或质量。这一平衡原理也正是 Modelica 语言规定非因果连接中的流变量之和为零、势变量值相等的依据。故在设计物理连接器时，其流变量与势变量的选取虽然没有严格的限定，但要求基于该连接器的非因果连接必须能够满足连接机制的内在机理，即能够表达组件之间的动量平衡、功率平衡及质量平衡。

　　根据功率、动量和质量平衡原理，Modelica 语言已经为常见的几个领域定义了相应的连接器。在这些连接器中，势变量与流变量的乘积均表示动量、功率、质量或者能量。例如，在机械系统移动连接器中，流变量 f 表示力，势变量 s 表示位移，它们的乘积 $f \times s$ 为能量 E；在机械系统转动连接器中，流变量 τ 表示力矩，势变量 φ 表示转角，它们的乘积 $\tau \times \varphi$ 也为能量 E。在电路系统连接器中，势变量 v 表示电压，流变量 i 表示电流，它们的乘积 $v \times i$ 为功率 P。

　　综上所述，我们可以将为流变量添加的虚构方程 $f(p.e, p.f)=0$ 理解为一个关于功率、动量和质量的约束方程，即用该方程表示通过连接器的功率、动量和质量。

　　由于一个物理连接器中可能存在多对匹配的流变量与势变量。例如，机械多体连接器中就有 3 对匹配的流变量与势变量，分别表示 3 个不同坐标轴方向上的力与位移。故我们可以不失一般地将虚构方程表示为隐式形式 $f(e_1, e_2, \cdots, f_1, f_2, \cdots)=0$，其中 e_i 表示势变量，f_i 表示流变量。

　　此外，在物理连接器中，可能出现势变量个数多于流变量个数的情况。在多体系统建模中可能使用这样的连接器。若遇到这种情形，则需要为多余的势变量虚构一些额外的约束方程，并使虚构的每个方程均包含该组件的所有连接器中的所有势变量。设某个组件 C 有 r 个连接器，m_i 为第 i 个连接器的势变量数目，n_i 为第 i 个连接器的流变量数目，p 为组件 C 的变量数，q 为组件 C 的方程数，k 表示为多余势变量添加的虚构方程数。k 的具体值可根据以下 3 种情形确定。

(1) 如果 $p - \left(q + \sum\limits_{i=1}^{r} n_i\right) < 0$,令 $k = 0$。

(2) 如果 $0 \leqslant p - \left(q + \sum\limits_{i=1}^{r} n_i\right) \leqslant \sum\limits_{i=1}^{r} (m_i - n_i)$,令 $k = p - \left(q + \sum\limits_{i=1}^{r} n_i\right)$。

(3) 如果 $p - \left(q + \sum\limits_{i=1}^{r} n_i\right) \geqslant \sum\limits_{i=1}^{r} (m_i - n_i) \geqslant 0$,令 $k = \sum\limits_{i=1}^{r} (m_i - n_i)$。

基于上述处理策略,我们可以将模型的任意一个组件从模型环境中脱离出来,通过添加虚构方程补全失去的外部约束,从而准确地判定该组件的相容性。假设现在要判定前面给出的电动机模型中的电阻组件 Ra 的相容性。Ra 是模型 Resistor 的实例,它有两个连接器 $Ra.p$ 和 $Ra.n$。我们为 $Ra.p$ 中的流变量 $Ra.p.i$ 添加虚构方程:$f(Ra.p.v, Ra.p.i) = 0$,为 $Ra.n$ 中的流变量 $Ra.n.i$ 添加虚构方程:$f(Ra.n.v, Ra.n.i) = 0$。这两个虚构方程与模型 Resistor 定义的 4 个方程一起构成 Ra 对应的方程系统,如表 3-1 所示。

表 3-1　电阻组件 Ra 对应的方程系统

方　　程	变　　量
$e_1 : Ra.R * Ra.i = Ra.v$	$v_1 : Ra.v$
$e_2 : Ra.i = Ra.p.i$	$v_2 : Ra.i$
$e_3 : Ra.v = Ra.p.v - Ra.n.v$	$v_3 : Ra.p.v$
$e_4 : 0 = Ra.p.i + Ra.n.i$	$v_4 : Ra.p.i$
$e_5 : f(Ra.p.v, Ra.p.i) = 0$	$v_5 : Ra.n.v$
$e_6 : f(Ra.n.v, Ra.n.i) = 0$	$v_6 : Ra.n.i$

在以上方程系统中,后两个方程是为补全缺失的外部约束而添加的虚构方程。该方程系统的约束表示图如图 3-7 所示,其中,由粗线边构成该图的一个最大匹配。由于最大匹配覆盖了图中的所有方程和变量,故它是一个完美匹配。根据规则 3.1 可知组件 Ra 是结构相容的。

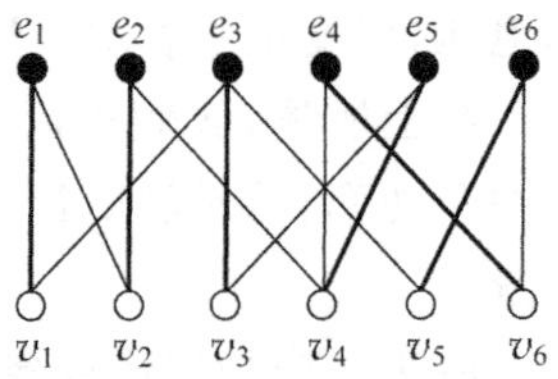

图 3-7　表 3-1 所示方程系统的约束表示图

下面对组件奇异的情况进行讨论。

现在修改组件 Ra 的模型 Resistor 的定义代码,在其中的方程定义部分添加一个多余的方程 $v = 6$。此时,Resistor 已经变成了过约束模型,其实例 Ra 应该随之成为过约束组件。采用上述判定方法显然可以得出这一结论,因为 Ra 对应的方程系统将包含 7 个方程,而只有 6 个变量。

由此可见,采用上述处理策略可以准确地判定模型组件的相容性,不管其是相容还是奇异。然而,如果一个奇异组件是复合组件,即该组件也是由其他子组件通过连接方式聚合而成的,那么奇异组件识别过程还可以继续往下执行。为此,我们给出如下定义。

定义 3.9　最小奇异组件

设 C 为某个模型的一个奇异组件,如果 C 满足以下两条件中的一个,则称 C 为最小结构奇异组件,简称最小奇异组件。

(1) C 为不可再分的简单组件;

(2) C 为复合组件,且 C 的所有子组件均不是奇异组件。

为了获取一个奇异模型的所有最小奇异组件,我们需要不断地分解识别出来的每个可以再分的奇异组件,直至遇到最小奇异组件。这一分解和识别过程可以当作一个子问题来对待,该子问题的求解如算法 3.2 所述。

算法 3.2　获取一个复合组件的奇异子组件

输入:一个复合组件 C。

输出:C 的所有奇异组件。

步骤 1:令集合 $S = \varnothing$,分解组件 C,将其子组件添加到 S 中。

步骤 2:取 $C' \in S$,从 S 中删除 C'。

步骤 3:为 C' 添加虚构方程,获得 C' 对应的方程系统 E。

步骤 4:为 E 构造约束表示图 G,并获取 G 的一个最大匹配 W。

步骤 5:若 W 不为 G 的一个完美匹配,输出奇异子组件 C'。

步骤 6:若 S 为空,退出;否则,转步骤 2。

获取一个奇异模型的最小奇异组件需要反复执行上述算法,整个识别过程构成一棵子问题树。基于该子问题树,采用深度优先方式逐个地求解子问题,便可以识别出一个奇异模型的所有最小奇异组件。因此,基于算法 3.2,我们可以构造一个最小奇异组件识别算法,算法步骤描述如下。

算法 3.3　最小奇异组件识别算法

输入:奇异模型 M。

输出:M 的所有最小奇异组件。

步骤 1:设 L 为一个组件链表,初始化 L 为空。

步骤 2:若 M 为简单模型,输出 M,退出;否则,令 $L = P(M)$。

步骤 3:若 L 为空,退出;否则,取 L 的链尾元素 C,从 L 中删除 C。

步骤 4:若 C 为简单组件,输出 C;否则,令集合 $Q = P(C)$。

步骤 5:若 Q 为空,输出 C;否则,依次将 Q 中的元素添加到 L 的链尾,转步骤 3。

其中,$P(M)$ 表示给定输入值 M 执行算法 3.2。很显然,在最小奇异组件识别过程中,识别算法利用了从编译器获得模型的结构信息,即根据模型的构成关系从上往下逐步细化分析范围,最终将分析范围定位在单个的组件上。本章后面部分将在此基础上展开进一步分析,尽可能地将错误根源限定在极少数的方程或变量上,进而提出相应的纠正方案供用户参考。

3.5　过约束问题分析策略

在详细讨论过约束问题分析策略之前,先引入如下定义。

定义 3.10　过约束度

过约束问题中方程与变量个数之差称为该过约束问题的过约束度,记为 d_o。

对于一个过约束度为 n 的模型,要使其变得结构相容,必须删除其中的 n 个冗余方程。首先,我们讨论过约束度为 1 的过约束问题的分析策略。

3.5.1　过约束度为 1 的过约束问题

图 3-8 给出了一个简单振荡器模型,它由质量块 MS、弹簧 SP 和固定架 FD 3 个组件构成。质量块悬挂在弹簧一端,弹簧的另一端与固定架相连。弹簧在重力和弹簧力的共同作用下上下振荡。从下向上的方向为位移、速度和加速度的正方向。该振荡器模型的 Modelica 代码描述如下:

```
model Oscillator
  Mass MS(L = 1,s(start = − 0.5));
  Spring SP(s_rel0 = 2,c = 1000)
  Fixed FD(s0 = 1.2);
equation
  connect(SP.fb, FD.fb);
  connect(MS.fb, SP.fa);
end Oscillator;
```

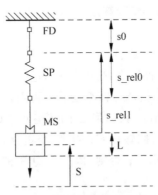

图 3-8　简单振荡器示意图

为得到一个过约束模型,我们向组件模型 Spring 的定义代码中添加一个多余的方程: $f = 8$。修改后的振荡器模型 Oscillator 可映射为表 3-2 所示的微分代数方程组。其中, e_8 为特意添加的多余方程。

表 3-2　振荡器模型 Oscillator 对应的微分代数方程组

方　　程	变　　量
$e_1 : MS.v = \mathrm{der}(MS.s)$	$v_1 : MS.s$
$e_2 : MS.a = \mathrm{der}(MS.v)$	$v_2 : MS.v$
$e_3 : MS.fb.f = MS.m * MS.a - MS.m * MS.g - MS.fa.f$	$v_3 : MS.a$
$e_4 : MS.fa.s = MS.s - MS.L/2$	$v_4 : MS.fa.s$
$e_5 : MS.fb.s = MS.s + MS.L/2$	$v_5 : MS.fa.f$
$e_6 : MS.fa.f = 0$	$v_6 : MS.fb.s$
$e_7 : SP.f = SP.c * (SP.s\_rel - SP.s\_rel0)$	$v_7 : MS.fb.f$
$e_8 : SP.f = 8$	$v_8 : SP.s\_rel$
$e_9 : SP.s\_rel = SP.fb.s - SP.fa.s$	$v_9 : SP.f$
$e_{10} : SP.fa.f = -SP.f$	$v_{10} : SP.fa.s$
$e_{11} : SP.fb.f = SP.f$	$v_{11} : SP.fa.f$
$e_{12} : FD.fb.s = FD.s0$	$v_{12} : SP.fb.s$
$e_{13} : MS.fb.s = SP.fa.s$	$v_{13} : SP.fb.f$
$e_{14} : MS.fb.f + SP.fa.f = 0$	$v_{14} : FD.fb.s$
$e_{15} : SP.fb.s = FD.fb.s$	$v_{15} : FD.fb.f$
$e_{16} : SP.fb.f + FD.fb.f = 0$	

　　为上述方程系统构造约束表示图 G，如图 3-9 所示。其中的粗线边构成图 G 的一个最大匹配 W。由于方程顶点 e_8 没有被 W 覆盖，故 W 不是图 G 的一个完美匹配。根据规则 3.1 可知该方程系统是过约束的，并且存在一个冗余方程。基于最大匹配 W，利用算法 3.1 对 G 进行 DM 分解，可将 G 划分为两个子图：过约束子图和恰约束子图。其中，过约束子图如图 3-10 所示。

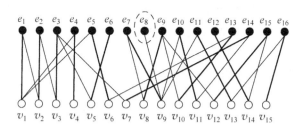

图 3-9　约束表示图(粗线表示匹配边)

　　在过约束子图 3-10 中，双向边关联的方程 e 与变量 v 可以理解为用方程 e 求解变量 v 的值。如果某个方程不存在双向边与其关联，即它没有被最大匹配覆盖，那么该方程是冗余的。剔除过约束子图中的自由方程可使振荡器模型对应的方程系统变为恰约束系统。但由于自由点的形成与最大匹配有关，而一个二部图的最大匹配通常是不唯一的，不同的最大匹配可能形成不同的自由点，从而使得过约束

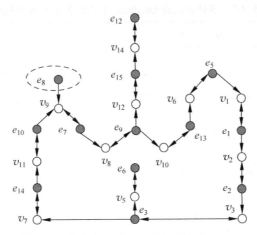

图 3-10   约束表示图 3-9 对应的过约束子图

问题可能存在多种剔除选项。

定理 3.4[173]　设 M 为图 G 的一个最大匹配,如果图 G 中存在一条关于 M 的交错环路 P,那么 G 中存在另一个最大匹配 M'。基于匹配 M,沿路径 P 调整匹配关系可获得 M'。

定理 3.5[173]　设 M 为图 G 的一个最大匹配,如果图 G 中存在一条关于 M 的长度值为偶数的可行路径 P,那么 G 中还存在另一个最大匹配 M'。基于匹配 M,沿路径 P 调整匹配关系可获得 M'。

以上两个定理中,所谓沿路径调整匹配关系就是将路径上的匹配边变更为非匹配边,将非匹配边变更为匹配边。在图 3-10 中,沿可行路径 $\{e_8, v_9, e_7\}$ 调整匹配关系可使 e_7 成为自由顶点。

基于定理 3.4 和定理 3.5,可获得一个过约束子图的所有最大匹配[108-110]。其中,根据定理 3.4 获得的新的最大匹配形成的自由顶点与原匹配相同。根据定理 3.5 获得的新的最大匹配形成的自由顶点与原匹配不同。在此,我们只需要找出过约束子图的所有可形成不同自由点的最大匹配即可。

通过分析观察,我们发现过约束子图具有如下重要性质。

性质 3.1　在过约束子图中,自由顶点为方程顶点。

性质 3.2　在过约束子图中,所有从自由顶点出发的路径均为交错路径。

性质 3.3　在过约束子图中,所有从自由点出发,终止于任意方程顶点的交错路径均是长度为偶数的可行路径。

本书将过约束子图中的每一种自由顶点组合称作一种剔除选项,将所有可能的自由顶点组合称作剔除选项集。对于过约束度为 1 的过约束问题,每种剔除选项只包含一个方程。基于性质 3.3 可知,在过约束子图中,自由顶点的传播域中的每个方程顶点均可以替代该顶点成为自由顶点。故图 3-10 中的 12 个方程顶点 e_8、e_{10}、e_{14}、e_3、e_2、e_1、e_5、e_{13}、e_9、e_7、e_{15} 和 e_{12} 均可以成为自由顶点。这意味着该过约束问题一共有 12 种剔除选项。

从数学上来说,每一种剔除选项均是一种可行的剔除方案,去除选项中的方程可以使过约束系统变为恰约束系统。然而,相容性分析是在中间代码,即方程系统上进行的,而对模型的修改只能在源代码上进行,故我们还需要从修改模型源代码的角度验证剔除选项是否可行。为此,结合建模相关知识和 Modelica 语义规则可得到如下过滤条件。

条件 3.1　剔除选项中的每个方程均必须来自模型的最小奇异组件。

在识别模型的最小奇异组件时,可以同时确定出每个最小奇异组件包含的冗余方程的个数,故剔除选项中的方程不但要求必须来自最小奇异组件,而且要求数目匹配。

条件 3.2　在仿真模型的 Modelica 源代码中删除剔除选项中各方程对应的定义语句,可使仿真模型变为相容模型。

由于仿真模型内部的继承和组合关系,删除其中某条方程定义语句可能导致多个方程被同时删除或者修改。故从源代码修改角度验证剔除选项的可行性是必要的。

条件 3.3　在约束表示图中删除剔除选项中各方程对应的顶点及相应的关联边,约束表示图保持连通。

由于物理系统仿真的目的是通过给定输入参数来观测系统属性值的变化,因而仿真模型中的每个属性变量要么直接或间接地决定其他属性变量,要么直接或间接地被其他属性变量决定,整个模型的各个属性变量通过模型中的输入输出数据流关联在一起,这使得模型对应方程系统的约束表示图是连通的。

为了能在中间代码和源代码之间建立一种映射关系以获取方程的相关源代码信息,借鉴文献[174]中的思想,我们为方程构建一个属性表,用它来记录方程的相关源代码信息。属性表包含如下属性。

(1) 方程描述:方程的数学表述形式。

(2) 方程标识:方程的唯一编号或标识号。

(3) 类名:表示方程由哪个类定义。

(4) 定义语句:表示方程由类中的哪条源代码语句定义。

(5) 关联方程:为一个集合,记录方程定义语句产生的所有方程。由于类之间存在继承和组合关系,因此一条定义语句可能产生多个方程。

(6) 柔性度:表示方程的相对重要性程度,在 1~4 之间取整数值。值越小柔性越低,表示方程越重要。本书规定:1 表示定义该方程的类只定义了这一个方程,删除这样的方程会使定义它的类失去意义;2 表示方程由连接生成;3 表示方程至少包含两个变量,通常来说方程包含的变量越多,它为冗余方程的可能性越小;4 为默认值。

方程属性表中各属性值的设置由 Modelica 编译器在模型转换过程中生成方

程时自动完成。方程 e_{13} 的属性表如表 3-3 所示。

表 3-3 方程 e_{13} 的属性表

属　　性	值
Equation	$MS.fb.s=SP.fa.s$
Name	e_{13}
Class	Oscillator
Definition	$connect(MS.fb, SP.fa)$
Linked equations	$\{e_{13}, e_{14}\}$
Flexibility level	1

　　下面根据上述 3 个过滤条件验证 12 种剔除选项的可行性。为验证剔除选项是否满足条件 3.1,我们利用算法 3.3 识别出振荡器模型的最小奇异组件的过程如下。

　　首先,为模型中的每一个组件添加虚构方程替代组件的外部连接。即添加方程 $e_{17}:f(v_6,v_7)=0$ 与 $e_{18}:f(v_{10},v_{11})=0$ 替代连接 $connect(MS.fb, SP.fa)$ 产生的方程 e_{13} 与 e_{14},添加方程 $e_{19}:f(v_{12},v_{13})=0$ 与 $e_{20}:f(v_{14},v_{15})=0$ 替代连接 $connect(MS.fb, SP.fa)$ 产生的方程 e_{15} 与 e_{16}。

　　然后,获取每个组件对应的方程系统,为其构造约束表示图,并找出约束表示图的一个最大匹配,如图 3-11 所示,匹配边在图中由粗线表示。在图 3-11(a)与图 3-11(c)中,最大匹配均为完美匹配,故组件 MS 和 FD 是相容组件。在图 3-11(b)中,方程顶点 e_{11} 没有被最大匹配覆盖,且该图对应简单组件 SP。因此,弹簧组件 SP 为最小奇异组件,它存在一个冗余方程。

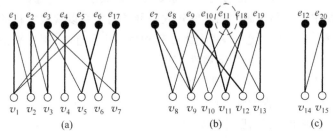

图 3-11　组件对应的约束表示图
(a) 对应 MS；(b) 对应 SP；(c) 对应 FD

　　根据方程属性表中的类名属性项可知,在过约束子图 3-10 包含的 12 个方程中,只有方程 e_7、e_8、e_9 和 e_{10} 来自组件 SP,根据条件 3.1 可过滤其余的 8 种剔除选项。

　　根据方程属性表中的关联方程属性项可知,方程 e_7、e_8、e_9 和 e_{10} 均没有与其他方程关联,删除它们的定义语句不会导致其他方程被一起删除,从而可使模型 Oscillator 成为相容模型。因此,剩下的 4 种剔除选项 $\{e_7\}$、$\{e_8\}$、$\{e_9\}$ 和 $\{e_{10}\}$ 均满足条件 3.2。

　　要验证剔除选项是否满足条件 3.3,需要测试无向约束表示图的连通性。为了提高测试的效率,我们对约束表示图进行适当简化。简化方法如下。

(1) 在约束表示图中标记所有包含在剔除选项集中的方程。

(2) 将不包含标记顶点的每一条路径简化为一个复合顶点。

采用以上简化方法,可将如图 3-9 所示的拥有 31 个顶点的约束表示图简化为图 3-12 的形式。其中,顶点 c_1、c_2 和 c_3 为简化过程中生成的复合顶点。

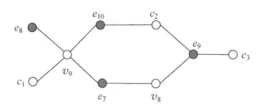

图 3-12 简化的约束表示图

从图 3-12 可清楚地看到,删除方程 e_9 及其关联边会将约束表示图分割成两部分,故根据条件 3.3 可将剔除选项 $\{e_9\}$ 去除。

通过上述验证过程,最终还剩下 3 种剔除选项 $\{e_7\}$、$\{e_8\}$ 和 $\{e_{10}\}$。根据方程属性表信息,先将剔除方案根据方程的柔性度从高到低排序,再将剔除选项映射为如下 3 种源代码修改方案提示给用户。

方案 1:在类 Spring 中删除定义语句 f = 8。

方案 2:在类 Spring 中删除定义语句 f = c * (s_rel - s_rel0)。

方案 3:在类 Spring 中删除定义语句 fa.f = - f。

在上述 3 种方案中,实际上只有方案 1 是可行的,而按照方案 2 或方案 3 执行均会改变原问题的性质,是不可行的。具体选用哪种方案,需要用户根据问题的性质和领域知识作出选择。

3.5.2 过约束度大于 1 的过约束问题

在 3.5.1 节的基础上,本节将进一步讨论过约束度大于 1 的过约束问题的分析策略。图 3-13 给出了另一种形式的振荡器模型,它由作用力 F、质量块 M、弹簧 Sp、阻尼器 Dm 和固定架 Fx 构成。该振荡器模型的 Modelica 代码描述如下。

```
model Oscillator
  Force F(freqHz = 15.9155);
  Mass M(L = 1,s(start = - 0.5));
  Spring Sp(s_rel0 = 0.8, c = 10000);
  Damper Dm(d = 10);
  Fixed Fx(s0 = 1.0);
equation
  connect(F.fa,M.fa); connect(M.fb,Sp.fa);
  connect(Sp.fa,Dm.fa); connect(Sp.fb,Dm.fb);
  connect(Sp.fb,Fx.fa);
end Oscillator;
```

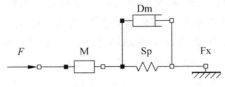

图 3-13　振荡器示意图

为了得到一个过约束度大于 1 的过约束模型,我们在模型 Oscillator 的组件模型 Spring 和 Damper 的基类 Compliant 中添加方程:$f=8$,在组件模型 Mass 中添加方程:$s=6$。修改后的模型 Oscillator 可映射为如表 3-4 所示的微分代数方程组。

表 3-4　图 3-13 所示振荡器模型对应的微分代数方程组

方　　程	变　　量
$e_1:M.v=\mathrm{der}(M.s)$	$v_1:M.s$
$e_2:M.a=\mathrm{der}(m.v)$	$v_2:M.v$
$e_3:M.m*M.a=M.fa.f+M.fb.f$	$v_3:M.a$
$e_4:M.fa.s=M.s-M.L/2$	$v_4:M.fa.s$
$e_5:M.fb.s=M.s+M.L/2$	$v_5:M.fa.f$
$e_6:Sp.f=Sp.c*(Sp.s\_rel-Sp.L)$	$v_6:M.fb.s$
$e_7:Sp.s\_rel=Sp.fb.s-Sp.fa.s$	$v_7:M.fb.f$
$e_8:Sp.fb.f=Sp.f$	$v_8:Sp.s\_rel$
$e_9:Sp.fa.f=-Sp.f$	$v_9:Sp.f$
$e_{10}:Dm.v=\mathrm{der}(Dm.s\_rel)$	$v_{10}:Sp.fa.s$
$e_{11}:Dm.f=Dm.d*Dm.v$	$v_{11}:Sp.fa.f$
$e_{12}:Dm.s\_rel=Dm.fb.s-Dm.fa.s$	$v_{12}:Sp.fb.s$
$e_{13}:Dm.fb.f=Dm.f$	$v_{13}:Sp.fb.f$
$e_{14}:Dm.fa.f=-Dm.f$	$v_{14}:Dm.s\_rel$
$e_{15}:F.f=10*\sin(2*PI*freqHz*time)$	$v_{15}:Dm.f$
$e_{16}:F.fa.f=F.f$	$v_{16}:Dm.v$
$e_{17}:Fx.fa.s=1.0$	$v_{17}:Dm.fa.s$
$e_{18}:F.fa.s=M.fa.s$	$v_{18}:Dm.fa.f$
$e_{19}:F.fa.f+M.fa.f=0$	$v_{19}:Dm.fb.s$
$e_{20}:M.fb.s=Sp.fa.s$	$v_{20}:Dm.fb.f$
$e_{21}:Sp.fa.s=Dm.fa.s$	$v_{21}:F.f$
$e_{22}:M.fb.f+Sp.fa.f+Dm.fa.f=0$	$v_{22}:F.fa.s$
$e_{23}:Sp.fb.s=Dm.fb.s$	$v_{23}:F.fa.f$
$e_{24}:Sp.fb.s=Fx.fa.s$	$v_{24}:Fx.fa.s$
$e_{25}:Sp.fb.f+Dm.fb.f+Fx.fa.f=0$	$v_{25}:Fx.fa.f$
$e_{26}:M.s=6$	
$e_{27}:Sp.f=8$	
$e_{28}:Dm.f=8$	

根据表 3-4 所示的方程组构造约束表示图 G，并对 G 进行 DM 分解可得到如图 3-14 所示的过约束子图。过约束子图 3-14 中存在 3 个自由顶点 e_{12}、e_6 和 e_2，这表明待分析的问题是一个过约束度为 3 的过约束问题，它的每个剔除选项包含 3 个方程。为方便叙述，用 Q_G^{3+} 表示该过约束子图。

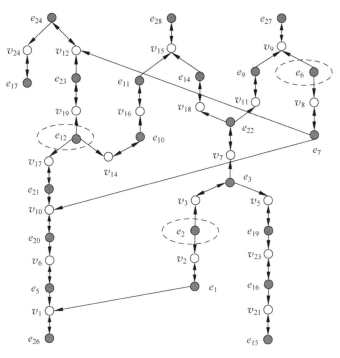

图 3-14　过约束子图 Q_G^{3+}

基于性质 3.3 可知，一个自由顶点的传播域中的每个方程顶点均可以替代该顶点成为自由顶点。在 Q_G^{3+} 中，自由顶点 e_{12}、e_6 和 e_2 的传播域中的方程集合分别为：

$S_1 = \{e_{12}, e_{23}, e_{24}, e_{17}, e_{21}, e_{20}, e_5, e_{26}, e_{10}, e_{11}, e_{28}\}$;
$S_2 = \{e_6, e_{27}, e_7, e_{24}, e_{17}, e_{20}, e_5, e_{26}\}$;
$S_3 = \{e_2, e_1, e_{26}, e_3, e_{22}, e_{14}, e_{28}, e_9, e_{27}, e_{19}, e_{16}, e_{15}\}$。

从集合 S_1、S_2、S_3 中各取一个元素，就可构成过约束子图 Q_G^{3+} 的一种自由顶点组合。S_1、S_2、S_3 的笛卡儿积，就是 Q_G^{3+} 的所有可能的自由顶点组合，本书将其称为可能组合集，记为 PCS。但某些方程不只出现在一个集合中。例如，e_{26} 既出现在 S_1 中，也出现在 S_2 和 S_3 中，组合 $\{e_{26}, e_{26}, e_{26}\}$ 显然不是 Q_G^{3+} 的一种自由顶点组合。此外，组合 $\{e_{20}, e_5, e_2\}$ 也不是 Q_G^{3+} 的一种自由顶点组合。因为要使集合 S_1 中的 e_{20} 成为自由顶点，就需要沿交错可行路径 $e_{12} \overset{=}{\longrightarrow} e_{20}$ 调整匹配关系，从而使得 Q_G^{3+} 变为如图 3-15 所示的形态。很显然，在新形态的 Q_G^{3+} 中，e_6 与 e_5

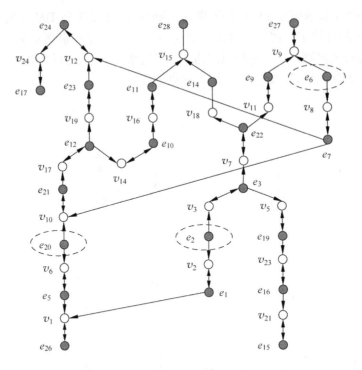

图 3-15   过约束子图 Q_G^{3+} 的另一种形态

之间已经不存在可行路径,从而无法通过调整匹配关系使 e_5 替代 e_6 成为自由顶点。

　　基于上述原因,有必要构造一个算法判别 PCS 中每种组合的有效性。有效性判别的基本思想是:在过约束子图 Q_G^{3+} 中判断是否可以通过交换匹配关系使组合中的每一个方程均能够成为自由顶点。

　　然而,对于复杂的过约束仿真模型,其生成的过约束子图也很复杂且规模很大。为了提高有效性判别的效率,需要构造交错路径依赖图来表达过约束子图中交错路径的相互依赖关系,并基于交错路径依赖图完成有效性判别。

　　在构造交错路径依赖图之前,先采用算法 3.3 识别出模型的最小奇异组件为质量块 M、弹簧 Sp 和阻尼器 Dm。故可将不属于这 3 个组件的方程从集合 S_1、S_2 和 S_3 中删除,从而得到:

$S_1 = \{e_{12}, e_5, e_{26}, e_{10}, e_{11}, e_{28}\}$;
$S_2 = \{e_6, e_{27}, e_7, e_5, e_{26}\}$;
$S_3 = \{e_2, e_1, e_{26}, e_3, e_{14}, e_{28}, e_9, e_{27}\}$。

交错路径依赖图构造步骤如下。

　　步骤 1:将方程集合 S_1、S_2 和 S_3 扩展为简短表示的交错路径集合。例如,扩展 S_2 为 $S_2 = \{e_6, e_6 \xrightarrow{=} e_{27}, e_6 \xrightarrow{=} e_7, e_6 \xrightarrow{=} e_5, e_6 \xrightarrow{=} e_{26}\}$,其中 $e_6 \xrightarrow{=} e_{27}$ 表

示沿该交错路径调整匹配关系可使 e_{27} 替代 e_6 成为自由顶点。

步骤 2：在 Q_G^{3+} 中找出分属于不同集合的任意两条交错路径的交点，即两条路径的第一个公共点，并将交点包含到交错路径中，使其表示形式变成：起点$\xrightarrow{\quad}$交点$\xrightarrow{=}$终点。例如，$e_{12} \xrightarrow{=} e_{26}$ 和 $e_6 \xrightarrow{=} e_5$ 的交点为 v_{10}，加入交点使二者变为 $e_{12} \xrightarrow{=} v_{10} \xrightarrow{=} e_{26}$ 和 $e_6 \xrightarrow{=} v_{10} \xrightarrow{=} e_5$。

步骤 3：根据集合 S_1、S_2 和 S_3 中各交错路径的简短表示形式将它们简化，并构造交错路径依赖图，如图 3-16 所示。

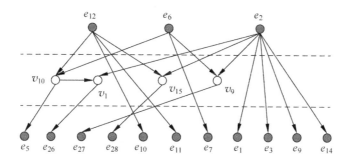

图 3-16　交错路径依赖图

下面通过一个例子来说明基于交错路径依赖图的有效性判别过程。假设我们来判别组合 $\{e_5, e_{26}, e_{14}\}$ 的有效性。

为使 e_5 成为自由顶点，需要沿交错路径 $e_{12} \xrightarrow{=} v_{10} \xrightarrow{=} e_5$ 调整匹配关系。若在 Q_G^{3+} 中调整匹配关系就会发现，与该路径存在共同顶点的所有路径均会受到影响，会使得它们不再是交错路径。故我们删除 $e_{12} \xrightarrow{=} v_{10} \xrightarrow{=} e_5$ 上所有顶点的关联边，使交错路径依赖图变成如图 3-17 所示的形式。此时，我们发现无法使 e_{26} 替代 e_6 成为自由顶点，因为在 e_6 和 e_{26} 之间已经不存在交错路径。故 $\{e_5, e_{26}, e_{14}\}$ 是一种无效组合。

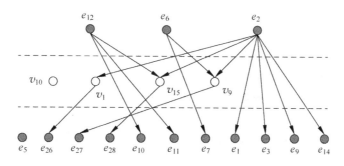

图 3-17　删除了一部分边的交错路径依赖图

对于任意一个组合,若能通过上述判别方法使得组合中的每一个方程均能成为自由顶点,那么该组合是一种有效组合。

通过上述有效性判别后,PCS 中还可能存在重复组合。例如 $\{e_{26}, e_7, e_{28}\}$ 与 $\{e_{28}, e_7, e_{26}\}$,它们包含同样的方程,只是方程在组合中出现的次序不同。剔除重复组合后剩下的所有组合构成该约束问题的剔除选项集。

获得了有效的剔除选项集之后,利用过滤条件 3.1～条件 3.3 依次对其中的每一种剔除选项进行验证。其中,条件 3.1 要求组合中的 3 个方程分别来自组件 M、Sp 和 Dm。在利用条件 3.2 进行验证时,可根据方程的属性值构造表达源代码定义语句和方程映射关系的二部图,如图 3-18 所示。并且,只需要构建与集合 S_1、S_2 和 S_3 中方程相关的部分。

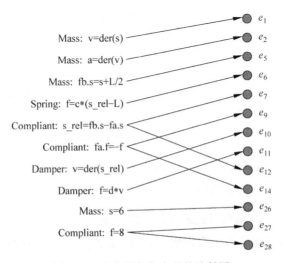

图 3-18　定义语句与方程的映射图

基于图 3-18 可验证组合是否满足条件 3.2。例如,对于组合 $\{e_{12}, e_6, e_3\}$,从图中可知,若删除这 3 个方程,便需要删除相应的定义语句,但这样会导致 e_7 被一起删除,从而使系统变为欠约束系统。

通过所有验证后,将剩余的组合根据柔性度从高到低排序(组合的柔性度为其中各方程柔性度之和),最终得到 6 种剔除选项:$\{e_{26}, e_{27}, e_{28}\}$、$\{e_5, e_{27}, e_{28}\}$、$\{e_{28}, e_{27}, e_1\}$、$\{e_{28}, e_{27}, e_2\}$、$\{e_{10}, e_6, e_{26}\}$ 和 $\{e_6, e_{11}, e_{26}\}$。将这 6 种剔除选项映射为如下源代码修改方案供用户参考。

方案 1：在类 Mass 中删除定义语句 s = 6；在类 Compliant 中删除定义语句 f = 8。

方案 2：在类 Mass 中删除定义语句 fb.s = s + L/2；在类 Compliant 中删除定义语句 f = 8。

方案 3：在类 Mass 中删除定义语句 v = der(s)；在类 Compliant 中删除定义语句 f = 8。

方案 4：在类 Mass 中删除定义语句 a = der(v)；在类 Compliant 中删除定义语句 f = 8。

方案 5：在类 Spring 中删除定义语句 f = c * (s_rel - L)；在类 Damper 中删除定义语句 v = der(s_rel)；在类 Mass 中删除定义语句 s = 6。

方案 6：在类 Spring 中删除定义语句 f = c * (s_rel - L)；在类 Damper 中删除定义语句 f = d * v；在类 Mass 中删除定义语句 s = 6。

3.6　欠约束问题分析策略

定义 3.11　欠约束度

欠约束问题中变量与方程个数之差称为该欠约束问题的欠约束度，记为 d_u。

欠约束度为 n 表示欠约束系统中缺少 n 个方程。欠约束度有时也称为欠约束问题的自由度。

单纯从数学上来考虑，欠约束模型的修正策略分为剔除变量和为自由变量补充方程两种。对于图 3-19 给出的欠约束问题，采用第一种修正策略可获得 3 种修正方案，分别为剔除变量 v_4、v_5 和 v_6，如图 3-20 所示。

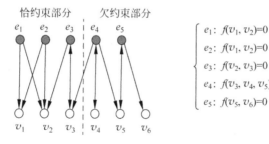

图 3-19　欠约束方程系统及其约束表示图的 DM 分解

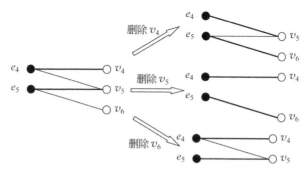

图 3-20　欠约束问题修正策略：剔除变量

采用第二种修正策略是为欠约束子图中的自由变量补充一个新的方程。补充的新方程除了包含特定的自由变量外，还可以包含其他一些变量。如图 3-21 所示,方程 e_6 是为自由变量 v_6 补充的新方程。从数学上考虑,该方程还可以包含变量 v_4 和 v_5,甚至 v_1、v_2 和 v_3。

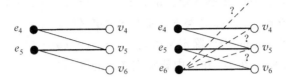

图 3-21　欠约束问题修正策略:补充方程

从建模角度来说,欠约束问题的解决办法首先应该考虑的是,根据领域知识给某些自由变量一个合适的值,也就是为某些自由变量补充一个赋值方程。因为欠约束问题是一个多解问题,也是一个设计优化问题。同时,欠约束问题也可能是用户由于疏忽而定义了冗余变量所致,所以也应该考虑删除冗余变量。

3.6.1　剔除变量

图 3-22 给出了一个简单电路模型。为了得到一个欠约束问题,我们在其中的组件模型 Resistor 中添加一个多余变量 s,并将方程 $R \times i = v$ 修改为 $R \times i = v \times s$。

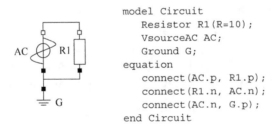

```
model Circuit
    Resistor R1(R=10);
    VsourceAC AC;
    Ground G;
equation
    connect(AC.p, R1.p);
    connect(R1.n, AC.n);
    connect(AC.n, G.p);
end Circuit
```

图 3-22　简单电路模型及其 Modelica 代码

以上简单电路模型可转化为如表 3-5 所示的方程系统。

表 3-5　欠约束电路模型对应的方程系统

方　　　程	变　　量
$e_1 : R1.v = R1.p.v - R1.n.v$	$v_1 : R1.p.v$
$e_2 : 0 = R1.p.i + R1.n.i$	$v_2 : R1.p.i$
$e_3 : R1.i = R1.p.i$	$v_3 : R1.n.v$
$e_4 : R1.R * R1.i = R1.v * R1.s$	$v_4 : R1.n.i$
$e_5 : AC.v = AC.p.v - AC.n.v$	$v_5 : R1.v$
$e_6 : 0 = AC.p.i + AC.n.i$	$v_6 : R1.i$
$e_7 : AC.i = AC.p.i$	$v_7 : R1.s$
$e_8 : AC.v = AC.VA * \sin(2 * time * AC.f * AC.PI)$	$v_8 : AC.p.v$

方　　程	变　　量
$e_9: G.p.v=0$	$v_9: AC.p.i$
$e_{10}: AC.p.v=R1.p.v$	$v_{10}: AC.n.v$
$e_{11}: AC.p.i+R1.p.i=0$	$v_{11}: AC.n.i$
$e_{12}: AC.n.v=R1.n.v$	$v_{12}: AC.v$
$e_{13}: AC.n.v=G.p.v$	$v_{13}: AC.i$
$e_{14}: AC.n.i+R1.n.i+G.p.i=0$	$v_{14}: G.p.v$
	$v_{15}: G.p.i$

　　在欠约束系统中剔除自由变量的过程与在过约束系统中剔除自由方程的过程类似。首先,对约束表示图进行 DM 分解得到系统的欠约束子图,如图 3-23 所示。接着,利用算法 3.3 识别出模型的最小奇异组件 R1。然后,基于如下 3 个过滤条件对各剔除选项进行验证与排除。

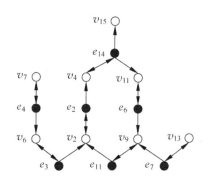

图 3-23　电路模型对应的欠约束子图

　　条件 3.4　剔除选项中的每个变量均必须来自模型的最小奇异组件。

　　条件 3.5　在仿真模型的 Modelica 源代码中删除剔除选项中各变量对应的定义语句,可使仿真模型变为相容模型。

　　条件 3.6　在约束表示图中删除剔除选项中的各变量对应的顶点及相应的关联边,约束表示图保持连通。

　　为了能够获取变量的相关源代码信息,我们构造变量属性表,使其包含如下属性。

　　(1) 变量描述:变量的最终表述形式,如 $R1.p.v$。

　　(2) 变量标识:变量的唯一编号或标识号。

　　(3) 类名:表示变量由哪个类定义。

　　(4) 定义语句:表示变量由类中的哪条源代码语句定义。

　　(5) 关联变量:为一个集合,记录变量定义语句产生的所有变量。

通常来说，如果一个变量在两个或两个以上的方程中出现，那么该变量可剔除的可能性很小。如果一个变量没有在任何方程中出现，即为孤立变量，那么该变量极有可能是多余的。为此，我们要求可剔除变量在约束表示图中对应顶点的度不大于 1。

对于上述欠约束电路模型，通过验证后，最终只剩下一个剔除选项，就是在类 Resistor 中剔除变量 s。

3.6.2 补充方程

除了 3.6.1 节所述的剔除变量 s 外，还可以在最小奇异组件 R1 对应的模型 Resistor 中为出现在欠约束子图中的变量 s、i、$p.i$ 和 $n.i$ 中的某个变量补充一个方程。补充的方程除了必须至少包含这 4 个变量中的 1 个外，还可以包含变量 v、$p.v$ 和 $n.v$。

图 3-24 给出了电路模型 Circuit 中的继承和实例化关系。从该图可知，变量 $p.i$ 和 $n.i$ 从类 Pin 中得来，为它们补充的方程可以添加在 Pin、TwoPin、Resistor 或 Circuit 中。然而，Pin 是连接器类，不允许存在方程。在 TwoPin 中添加方程会被 Resistor 和 VsourceAC 继承从而生成两个方程；在 Circuit 中为变量 $R1.p.i$ 和 $R1.n.i$ 添加方程不符合面向对象的数据封装原理。故为变量 $p.i$ 和 $n.i$ 补充的方程最终被确定为添加在 Resistor 中。同样可确定为变量 s 和 i 补充的方程应该添加在 Resistor 中。

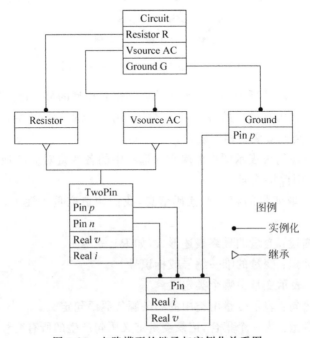

图 3-24　电路模型的继承与实例化关系图

基于上述分析,最终为用户给出的修正方案可描述为:在类 Resistor 中补充一个方程,该方程必须至少包含变量 s、i、$p.i$ 和 $n.i$ 其中的一个,同时还可以包含变量 v、$p.v$ 和 $n.v$。

3.7　复合组件引起的奇异问题

3.4 节分析了由简单奇异组件引起的奇异问题。本节分析由复合组件引起的奇异问题。

对于图 3-25 所示的电动机模型,若将其放置于某个驱动系统中,那么该电动机就成为驱动系统的一个组件。为了得到一个奇异的复合组件,我们在电动机模型 Motor 中添加一个方程 $Ra.v = 220$。由于 Motor 的每个子组件均是相容组件,故利用算法 3.3 可识别出电动机组件为驱动系统的最小奇异组件,并且是过约束组件。

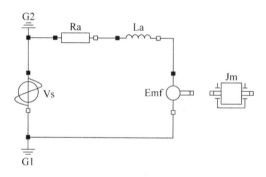

图 3-25　带两个接地端的交流电动机模型

对于过约束问题,条件 3.1 要求被剔除的冗余方程必须来自模型的最小奇异组件。一般来说,包含在 Motor 中的方程可大致地划分为 3 部分:来自成员组件的方程;由 Motor 中的连接产生的方程;在 Motor 中直接定义的方程,即 $Ra.v = 220$。由于 Motor 的所有成员组件均为相容组件,故冗余方程不可能来自第一部分方程。而根据定理 3.6,则可以排除冗余方程由连接产生的可能性。因此,冗余方程只可能来自第三部分方程,即只可能是方程 $Ra.v = 220$。

定理 3.6　在一个模型中多建、少建,或者错建非因果连接既不会增加也不会减少该模型应有的方程个数。

下面分 3 种情况对定理 3.6 进行证明,并且不失一般地假设连接器只包含一个流变量和一个势变量。

1) 多建连接

假设在连接器 a 与连接器 b 之间多建了连接 cn1。

(1) 除了连接 cn1 之外,连接器 a 与 b 之间还存在其他连接,即 cn1 为重复连接。若遇到这种情形，Modelica 编译器会在模型转换时去除重复的连接，因而不会产生冗余方程。

（2）除了连接 cn1 之外，连接器 a 与 b 之间不存在其他连接。假设，在建立 cn1 之前，连接器 a 已经与其他的 m 个连接器建立有连接，连接器 b 已经与其他的 n 个连接器建立有连接。那么根据 Modelica 语义，与连接器 a 相关的连接会生成 $m+1$ 个方程，与连接器 b 相关的连接会生成 $n+1$ 个方程，一共生成 $m+n+2$ 个方程。若加上多余的连接 cn1，全部 $m+n+2$ 个连接器被关联到了一起，这些连接会生成 $m+n+2$ 个方程。方程个数与未加 cn1 时一样。

综合(1)与(2)可知，多余连接 cn1 的存在既不会增加也不会减少模型的方程个数。

2）少建连接

假设少建了本该建立在连接器 a 与连接器 b 之间的连接 cn1，且缺失连接 cn1 后，连接器 a 仍与其他的 m 个连接器建立有连接，连接器 b 仍与其他的 n 个连接器建立有连接。此时，与连接器 a 和 b 相关的连接一共生成 $m+n+2$ 个方程。若在连接器 a 与 b 之间补齐缺失的连接，与连接器 a 和 b 相关的连接同样会生成 $m+n+2$ 个方程。由此可见，缺失连接不影响模型的方程个数。

3）错建连接

假设将本该建立在连接器 a 与 b 之间的连接 cn1 错误地建立到了连接器 a 与 c 之间，且在建立 cn1 之前，连接器 a 已经与其他的 m 个连接器建立了连接，连接器 b 已经与其他的 n 个连接器建立了连接，连接器 c 已经与其他的 p 个连接器建立了连接。若连接 cn1 建立在连接器 a 与 b 之间，与连接器 a 和 b 相关的连接会生成 $m+n+2$ 个方程，与连接器 c 相关的连接会生成 $p+1$ 个方程，一共生成 $m+n+p+3$ 个方程。若连接 cn1 建立在连接器 a 与 c 之间，与连接器 a 和 c 相关的连接会生成 $m+p+2$ 个方程，与连接器 b 相关的连接会生成 $p+1$ 个方程，一共生成 $m+n+p+3$ 个方程。由此可见，错建连接也不影响模型的方程个数。

此外，非因果连接也可能是建立在过约束连接器上，这种情形在多体系统建模中可能出现。针对这种情况，Modelica 语言定义了一套操作符可以使 Modelica 编译器能够删去多余的方程。实现原理为：用户在建模时定义虚拟连接图，Modelica 编译器在转换模型时基于虚拟连接图构造生成树，并根据生成树生成连接方程。因此，对于模型中的连接，不管它是多余的还是错误的，甚至缺失该连接，只要编译器能够从虚拟连接图形成生成树，就不会生成多余的方程。如果不能形成生成树，编译器会报错。也就是说，只要能通过模型编译，多建、少建，或者错建此类连接就不会增加也不会减少该模型的方程个数。

定理 3.6 表明在一个模型中多建、少建，或者错建非因果连接，该模型的由连接生成的那部分方程在数目上不会发生变化。这意味着如果问题出在模型中的非因果连接上，那么该模型应该同时存在过约束问题和欠约束问题，而不会只存在过约束问题，或者只存在欠约束问题。

　　在一个模型的组件之间多建、少建,或者错建连接的行为,均可以认为是没有按正确的方式使用组件,即组件使用不当。因此,如果奇异的复合模型中不存在直接定义的方程,那么很可能是由于组件使用不当而致使复合模型奇异。图 3-25 给出了一个带两个接地端的交流电动机模型。在该模型中,欠约束问题与过约束问题同时存在。

　　该电动机模型的 Modelica 代码描述如下。

```
model ModifiedMotor
    SineVoltage Vs(V = 220, freqHz = 50);
    Resistor Ra(R = 0.5);
    Inductor La(L = 0.1);
    EMF Emf;
    Inertia Jm(J = 0.001);
    Ground G1, G2;
equation
    connect(Vs.p, G2.p);
    connect(Ra.p, G2.p);
    connect(Ra.n, La.p);
    connect(La.n, Emf.p);
    connect(Emf.flange_b, Jm.flange_a);
    connect(Emf.n, G1.p);
    connect(Vs.n, G1.p);
end ModifiedMotor;
```

　　以上电动机模型对应的方程系统包含 38 个方程和 38 个变量,对方程系统的约束表示图进行 DM 分解可得到如图 3-26 所示的过约束子图和欠约束子图。

　　由于模型 ModifiedMotor 中的每个组件均是结构相容的,且其中不存在直接定义的方程,很显然,引起模型奇异的根源是组件使用不当,即使用了多余的接地 G2。此时,删除或补充方程均不是修正模型的有效办法,只有删除接地 G2 才能使模型具有物理意义且结构相容。故遇到此种情形时,修正信息就是提示用户检查奇异模型的组件是否使用得当。

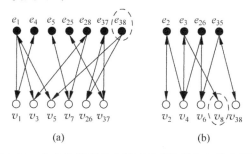

图 3-26　电动机模型对应的过约束子图和欠约束子图

(a) 过约束子图;(b) 欠约束子图

3.8 小结

模型结构相容是其可以仿真求解的一个必要前提,模型的相容性分析是复杂产品多领域建模仿真面临的一个关键问题。本章针对 Modelica 语言研究了陈述式基于方程仿真模型的相容性判定、过约束与欠约束问题的检测及修正策略,提出了一种基于组件的相容性分析方法。该方法首先将方程系统表示为二部图,基于二部图匹配判定模型是否相容,通过二部图规范分解分离出奇异模型的过约束和欠约束部分。接着,通过识别奇异组件细化过约束问题或欠约束问题发生的范围。然后,基于过滤条件对存在嫌疑的方程或变量进行有效排除,并结合模型结构信息给出相应的修正方案。

本章给出的相容性分析方法能够显著地提高奇异模型的识别与修正效率,能够调试过约束和欠约束共存的问题;为设计开发基于 Modelica 语言的建模仿真平台奠定了基础;有效地弥补了基于 Modelica 语言的陈述式建模的一大缺陷,有助于该语言获得更广泛的认可;对其他陈述式仿真模型的相容性分析具有借鉴与参考价值。

第 4 章

陈述式仿真模型的约简策略研究

4.1 引言

仿真模型按照定义方式可分为过程式和陈述式两种。过程式模型类似于一个算法,它具有明确的输入和输出,只要给定输入参数即可顺序求解;陈述式模型则不同,它由混合的微分方程和代数方程构成。方程的陈述式非因果特性决定了陈述式模型不能直接仿真求解,需要先根据方程与变量之间的数据依赖关系将陈述式模型转换为可顺序求解的过程式形式。陈述式模型的仿真求解实质上就是求解非线性的 DAE 方程组。然而,对于复杂物理系统仿真,陈述式模型映射产生的非线性 DAE 方程组规模很大,一个由上百个组件构成的模型通常可以产生上万个方程。对于这样的大规模 DAE 方程组,如果不加约简就直接求解显然十分困难而且非常费时。因此,在方程组求解之前对其进行合适约简是必要的,通过约简可以降低问题的规模和复杂性。三角块分是实现方程系统规模分解的常用方法[71-74],对代数方程系统非常有效。但对于 DAE 系统,特别是高指标 DAE 系统,若单纯地采用三角块分思想对其进行分解,则可能需要将联立求解的微分代数方程集合划分为多个子集,从而不利于数值求解。本章将根据 Modelica 模型的具体特性对此展开研究,进而提出适合于 DAE 系统的约简策略。

4.2 方程表达式的规范转换

数学方程书写自由,用户可以按各自喜欢的方式表述方程,这使得同一个方程可能存在多种不同的表述形式。例如,用户可以把方程表达式中的 x^2 写成 $x \times x$,把 $x+2$ 写成 $2+x$。方程表达式的规范转换就是通过符号操作变换表达式的表述形式,将其改写为特定的规范形式。执行规范转换主要基于以下两方面的原因。

其一,为了避免求解过程中可能出现的重复数值计算。DAE 问题数值求解的基本策略是将连续问题离散化,基于特定的步进公式在一系列的离散时间点上求解出状态变量的近似值。如果采用隐式方法进行求解,那么在每个离散时间点上需要采用迭代法求解非线性方程。故为了提高求解效率,有必要对方程表达式进行一些适当简化以避免某些重复的数值计算。例如，方程 $\dot{x}=\sin(2\times\pi\times f\times t)$，如果将其简化为 $\dot{x}=\sin(6.2831853\times f\times t)$，那么在求解过程中就不必在每个时间步都计算一次 $2\times\pi$ 的值，这显然可以提高求解效率。

其二，由于符号求解的需要。线性代数方程可以通过符号方法求解，即将方程表达式转换为其中某个变量的因果赋值形式。对于一些表述不规范的方程，如果不将其转换为规范形式，符号求解很难实现。例如，方程 $x+x+y=10$，如果不将其转换为 $2x+y=10$，那么在基于 y 求 x 值的情况下，就无法通过符号操作将其转换为求值形式，即 $x=5-y/2$。

4.2.1　转换规则

方程表达式的形式转换可以采用转换规则来描述[112]。转换规则由 3 部分组成：样本表达式、目标表达式和约束条件。可描述为如下一般形式：

$$\text{Rule}(\text{pattern}\rightarrow\text{goal},\{\text{conditions}\})$$

其中，pattern 表示样本表达式，goal 表示目标表达式，conditions 表示约束条件，符号→表示转换操作。样本表达式是转换规则生效的前提，目标表达式是转换规则作用的结果，约束条件是对样本表达式中变量的限定。规则的约束条件部分可以空缺，样本表达式和目标表达式在数学上是等价的，也就是说转换规则将方程表达式从一种形式转换成另一种等价形式。如果方程表达式或方程表达式的某部分与转换规则的样本表达式在形式上匹配，那么我们说该规则适应于该方程表达式，可以用该规则对方程表达式进行形式转换。为实现方程表达式的规范转换，我们提出如下转换规则。

规则 4.1　$\text{Rule}(\text{LHS}=\text{RHS}\rightarrow\text{LHS}-\text{RHS}=0)$

将方程表达式转换为隐式形式，即将方程表达式等号右边部分 RHS 移到等号左边。

规则 4.2　$\text{Rule}(-E\rightarrow(-1)\times E)$

将方程表达式中的负数项转换为正数项。其中 E 表示任意项，可以为常量、变量或表达式。

规则 4.3　$\text{Rule}(/E\rightarrow\times E^{-1})$

将方程表达式中的倒数项（或除法）转换为负指数项。例如：

$$x^2/y \rightarrow x^2\times y^{-1}$$

规则 4.4　将加法和乘法运算转化为多元运算，规则如下：

$$\text{Rule}(E_1+E_2+\cdots+E_n\rightarrow+(E_1,E_2,\cdots,E_n))$$
$$\text{Rule}(E_1\times E_2\times\cdots\times E_n\rightarrow\times(E_1,E_2,\cdots,E_n))$$

本规则在数学上是可行的，因为加法和乘法均满足交换律和结合律。例如：

$$x+y+z=(x+y)+z=x+(y+z)=+(x,y,z)$$
$$x\times y\times z=(x\times y)\times z=x\times(y\times z)=\times(x,y,z)$$

规则 4.5　常量前置,规则如下:

$$\text{Rule}(+(E,c) \to +(c,E),\{c \text{ 为常量}\})$$

$$\text{Rule}(\times(E,c) \to \times(c,E),\{c \text{ 为常量}\})$$

将加法运算或乘法运算中的常量交换到变量或表达式的前面。例如:

$$(x^2+y^2) \times 2 \to 2 \times (x^2+y^2)$$

规则 4.6　局部求值,对方程表达式中的一些特殊子表达式求值,规则如下:

$\text{Rule}(0+E \to E)$

$\text{Rule}(0 \times E \to 0)$

$\text{Rule}(0^E \to 0)$

$\text{Rule}(1 \times E \to E)$

$\text{Rule}(E^1 \to E)$

$\text{Rule}(E^0 \to 1)$

$\text{Rule}(1^E \to 1)$

规则 4.7　常量合并,对方程表达式中操作数全为常量的算术运算和参数为常数的函数运算求值。

规则 4.8　$\text{Rule}((E^P)^Q \to E^{P \times Q})$

将乘方的乘方转换为指数项相乘的乘方形式,其中,E、P、Q 为任意项,可以是常量、变量或表达式。

特例:$\text{Rule}((E^P)^Q \to (E^Q)^P,\{E、Q \text{ 同为常量}\})$

特例:$\text{Rule}((\exp(P))^Q \to \exp(P \times Q))$

规则 4.9　$\text{Rule}((E \times F)^P \to E^P \times F^P,\{E、F \text{ 不同时为常量}\})$

将乘积的乘方转换为乘方的乘积形式。

规则 4.10　$\text{Rule}(\log(P^Q) \to Q \times \log(P))$

将乘方的对数转换为指数项与底数项对数的乘积形式。

规则 4.11　$\text{Rule}(E^P \times E^Q \to E^{P+Q})$

将底数项相同的两个乘方的乘积转换为指数项相加的乘方形式。

特例:$\text{Rule}(\exp(P) \times \exp(Q) \to \exp(P+Q))$

规则 4.12　$\text{Rule}(a^P \times b^P \to (a \times b)^P,\{a、b \text{ 同为常量}\})$

将底数为常数、指数项相同的两个乘方的乘积转换为底数相乘的乘方形式。

规则 4.13　$\text{Rule}(c \times (T_1+T_2+\cdots+T_m) \to c \times T_1+c \times T_2+\cdots+c \times T_m,\{c \text{ 为常量}\})$

将常量与和项的乘积转换为常量与和项中每一项的乘积之和的形式。

规则 4.14　$\text{Rule}(a \times E^P+b \times E^P \to (a+b) \times E^P,\{a、b \text{ 为常量或参数}\})$

合并常系数同类项,例如:

$$2 \times x^2+3 \times x^2 \to (2+3) \times x^2$$

4.2.2　方程的二叉树表示

在仿真模型的约简过程中,我们需要对方程系统中的每个方程表达式进行一系列的符号操作。若将方程表达式表示成二叉树形式,可以有效地提高符号操作的效率。本书将方程表达式对应的二叉树称作表达式树。在表达式树中,非叶子结点为运算符或者函数符,例如＋、－、×、/、^、sin、cos、log、exp 等。叶子结点为操作数或函数参数,可以是常量、参数或变量。需要特别指出的是,为了支持转换规则 4.4,我们采用了一种特殊形式的二叉树,将其称作二叉同属树。与普通二叉树相比,在二叉同属树中,结点的右孩子转变为了左孩子的同属,即左孩子的兄弟。方程 $x^2+a\times e^z=b/\sin(y)$ 的表达式树如图 4-1 所示,其中圆形结点表示叶子结点,椭圆形结点表示非叶子结点。

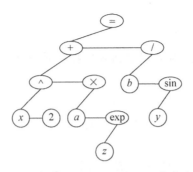

图 4-1　方程 $x^2+a\times e^z=b/\sin(y)$ 的表达式树

在将方程表达式表示成二叉树之前,首先需要对方程表达式字符串进行词法分析,将整个表达式字符串切割成单个的记号,即子字符串,然后根据获得的记号序列构造表达式树[113]。在对表达式进行词法分析时,我们通过分界符来划分记号。分界符包括:算术运算符、左右圆括号、逗号和等号共 8 种,即"＋""－""×""/""^""( )"","""="。两个分界符之间的子字符串构成一个记号,分界符本身也是一个记号。

4.2.3　规范转换过程

基于转换规则的规范转换过程是在方程的表达式树上实现的,转换规则的样本表达式和目标表达式均通过表达式树来表示。因此,执行一次表达式转换就是将某种形式的表达式树或者子树变换为另一种形式的表达式树。例如,要应用规则 4.13 将表达式 $2\times(x+y)$ 转换为 $2\times x+2\times y$,就是将图 4-2(a)所示的表达式树转换为图 4-2(b)所示的表达式树。

如图 4-2 所示,表达式的形式转换表现为表达式树的结点变化,即采用在表达式树上变更结点的方式实现表达式的形式转换。

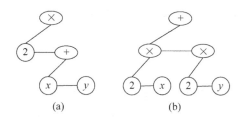

图 4-2　$2\times(x+y)$ 和 $2\times x+2\times y$ 的表达式树

在规则转换过程中,每应用一条转换规则就在相应表达式树上执行一次转换操作。这一转换过程包括匹配规则和应用规则两个步骤。匹配规则就是遍历方程表达式树,去匹配有关规则的样本表达式树。如果匹配成功,则应用该规则将样本表达式树转换为目标表达式树。

至此,基于前面提出的转换规则,我们可以构造一个规范转换算法来实现方程表达式的转换与简化。整个转换过程可划分为两大步。

第一步:形式变换。这是为下一步进行表达式简化所做的预备工作,目的是先将方程表达式转换为便于进行简化操作的形式。其具体过程如下。

(1) 应用规则 4.1 将方程转换为隐式形式。

(2) 应用规则 4.2 转换方程表达式中的减号运算。

(3) 应用规则 4.3 转换方程表达式中的除法运算。

(4) 应用规则 4.4 将加法和乘法转换为多元运算。

(5) 应用规则 4.5 将加法、乘法运算中的常量前置。

第二步:表达式简化。在第一步的基础上,应用规则 4.6～规则 4.14 转换表达式的形式,并进行相应的简化。其具体过程如下。

(1) 应用规则 4.6 对特殊子表达式求值,并应用规则 4.5 使常量前置。

(2) 应用规则 4.7 对常量表达式求值。

(3) 依次应用规则 4.9、规则 4.12 和规则 4.10。

(4) 若上一步发生了表达式转换,则应用规则 4.7 对常量表达式求值,并应用规则 4.5 使常量前置。

(5) 依次应用规则 4.8、规则 4.11 和规则 4.13。

(6) 若上一步发生了表达式转换,则应用规则 4.7 对常量表达式求值,并应用规则 4.5 使常量前置。

(7) 应用规则 4.14 合并同类项。

(8) 若上一步发生了表达式转换,则应用规则 4.7 对常量表达式求值。

上述简化过程需要反复执行,直至每条规则均不再匹配,即方程表达式树不再发生任何变化为止。这是由于某条规则的应用可能使得原本不适用的另一条规则变得适用。例如,对表达式 $\log(x^2\times x)$,无法直接应用规则 4.10 对其进行简化,但如果先应用规则 4.11 和规则 4.7 将表达式简化为 $\log(x^3)$,那么就可以应用规则 4.10 进一步将其简化为 $3\times\log(x)$。又例如，对表达式 $\log(2^x)\times x$，可依次应用规则 4.10、规则 4.7、规则 4.5、规则 4.11 和规则 4.7 对其进行简化，整个转换过程为：$\log(2^x)\times x \rightarrow x\times\log(2)\times x \rightarrow x\times 0.69315\times x \rightarrow 0.69315\times x\times x \rightarrow 0.69315\times x^{1+1} \rightarrow 0.69315\times x^2$。

方程表达式的规范转换可以显著地提高方程组的求解效率，也使得后续的对方程表达式的符号操作变得更加高效。但反复使用规则 4.8～规则 4.14 需要进行很多次二叉树匹配，如果方程的表述比较规范，某些转换规则可能对方程系统中的任何方程均不适用，那么针对这些转换规则所进行的二叉树匹配显然会引起不必要的时间花费。然而，由于模型约简过程是集成在建模仿真环境中随同模型编译一起进行的，因此我们可以采用定制的方式让用户在建模仿真环境中通过定制界面对规则 4.8～规则 4.14 根据具体需要进行挑选。

4.3　方程系统的规模分解

物理系统数学建模形成的方程系统通常规模庞大。稀疏性是大规模方程系统的一个显著结构特性。当方程系统中的方程数大于 5 时，就不太可能出现每个方程都包含全部 5 个变量的情形[100]。一般而言，如果一个方程系统中的每个方程均只包含少数几个变量，则称该方程系统是稀疏的。相反地，如果其中的每个方程均包含所有或大多数变量，则称该方程系统是稠密的。基于面向组件建模方法构建的 Modelica 模型形成的方程系统是稀疏的，这是因为模型组件定义的方程一般只包含该模型定义的变量，组件之间的连接生成的方程也只包含组件的接口变量。稀疏的方程系统可以采用"分而治之"的思想进行求解，即将整个方程系统分解为一系列子方程系统，然后按一定的次序逐个求解这些子系统。

4.3.1　剥离策略

陈述式基于方程模型中的方程按其来源可分为两部分：一部分来源于模型组件；另一部分由模型组件之间的连接生成。根据 Modelica 语义，模型中的连接生成两种类型的方程，即形如 $p=q$ 和 $p+q=0$ 的方程。由于面向对象的陈述式建模方式决定了 Modelica 模型中会存在许多连接，因而会导致在仿真模型形成的方程系统中存在大量形如 $p=q$ 和 $p+q=0$ 的方程。在这两种类型的方程中，不同名字的变量表示的实际上是相同的物理量，不同的是它们分别属于不同的模型组件，其中一个为输入变量，另一个为输出变量。不妨把方程所包含的两个变量中的一个称作另一个的别名，并把表达别名关系的方程称为等值方程。

通过简单的变量替代，可以把等值方程从整个方程系统中剥离出去。下面通过一个例子来说明等值方程的剥离过程。式(4.1)给出了一个简单的代数方程系统。

$$\left.\begin{aligned} e_1 &: x = y \\ e_2 &: z - y = 1 \\ e_3 &: x + z = 7 \end{aligned}\right\} \tag{4.1}$$

在上述方程系统中,第一个方程 $x=y$ 为要剥离的等值方程。我们用 y 替代除该等值方程之外的所有其他方程中的 x,得到式(4.2)所示的方程系统。此时,方程 e_3 变为了 e_3'。

$$\left\{\begin{aligned} e_1 &: x = y \\ e_2 &: z - y = 1 \\ e_3' &: y + z = 7 \end{aligned}\right. \tag{4.2}$$

与方程表达式的规范转换一样,方程表达式中的变量替代也是在方程表达式树上通过树结点替代实现的。替代操作很简单,就是先在图 4-3(a)所示的表达式树中找出变量 x 对应的结点,然后用表示变量 y 的结点将其替代,从而得到图 4-3(b)所示的表达式树。

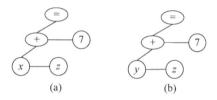

图 4-3　方程 e_3 和 e_3' 的表达式树

变量替代在方程系统的约束表示图上表现为将从方程 e_3 指向变量 x 的边变更为指向变量 y,即从图 4-4(a)所示的形式变换为图 4-4(b)所示的形式。

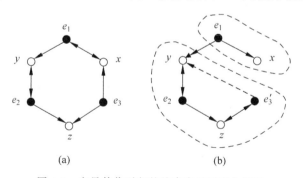

图 4-4　变量替代引起的约束表示图变化情况

从图 4-4 可知,变量替代简化了方程系统的求解。在替代前,全部 3 个方程均包含在代数环中;替代后,只有 e_2 和 e_3' 包含在代数环中,可以先利用方程 e_2 和 e_3' 求出变量 y 和 z,然后通过方程 e_1 求出变量 x。因此,通过变量替代,我们将整个方程系统的求解划分为了两步:①求解除等值方程之外的所有方程;②求解等值方程。此时,等值方程不再影响其他方程的求解,因而可以将其从方程系统中剥离出去。剥离出来的等值方程可以采用符号方法直接转化为因果赋值形式。由此可见,剥离等值方程可以减小需要联立求解的方程子系统的规模,从而提高方程系统数值求解及求解前处理过程的执行效率。

本书将把等值方程从方程系统中除去的操作称作剥离操作。执行剥离操作首先要识别出可剥离方程。除了形如 $p=q$ 和 $p+q=0$ 的方程之外,它们的几种变型 $p=-q,-p=q,-p=-q,p-q=0,-p+q=0$ 和 $-p-q=0$ 也是可剥离的。此外,上述方程的特殊形式,即 p、q 之一为常量的方程也是可剥离的。

通过规范转换方程表达式,可将上述可剥离方程合并为两种形式: $p+q=0$, $p+(-1)\times q=0$。它们分别对应图 4-5 所示的两种形式的表达式树。

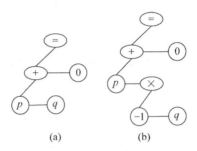

(a)　　　　　　(b)

图 4-5　两种可剥离方程对应的表达式树

一般来说,替代变量可以随意选取。例如,对于方程 $p=q$,我们可以选用 p 替代 q,也可以选用 q 替代 p。但为了减小替代的符号操作量,本书规定:如果包含 p 的方程比包含 q 的方程多,则用 p 替代 q;否则,用 q 替代 p。

剥离操作分两步完成。首先,从方程系统中识别出上述两种类型的方程,即匹配图 4-5 给出的两种表达式树;然后,针对识别出的方程的具体形式进行相应的变量替代。

至此,以剥离方程 $p=q$ 为例,给出剥离算法如下。

算法 4.1　剥离算法

步骤 1:遍历方程系统的约束表示图,找出边数为 2 的方程 e,对其表达式树进行匹配。如果表达式树为图 4-5(a)所示的形式,则转步骤 2;否则,继续遍历。

步骤 2:在约束表示图中删除方程 e 及其关联边。

步骤 3:比较变量 p、q 的关联边的数目,确定替代变量。假定选用变量 q 替代变量 p。

步骤 4:在约束表示图中获取所有与变量 p 邻接的方程集合 S。

步骤 5:对于集合 S 中的每一个方程 f,执行步骤 6、步骤 7。

步骤 6:在 f 的表达式树中进行结点替换,即用表示变量 q 的结点替换表示变量 p 的结点。

步骤 7:在约束二部图中,如果 f 与变量 q 之间已存在关联边,则删除 f 与 p 之间的关联边;否则,将从 f 指向 p 的边改为指向 q。

变量替代可能生成新的可剥离方程。例如,如果方程组中存在 $x=y+z-1$ 和 $y=1$,通过用 1 替代 $x=y+z-1$ 中的 y,得到新的可剥离方程 $x=z$。故上述剥离算法需要反复执行,直至找不到可剥离方程为止。

除此之外,某些代数变量原则上也可以通过用一个表达式对其进行替代,将其从整个系统中剥离出来。但如果被替代的变量在多个方程中出现,用表达式替代变量将导致同一个表达式会被计算多次。因此,本书不主张剥离一般形式的代数方程。相反,如果同一个表达式在不同的方程中出现多次,我们可以为其引入一个辅助代数变量。

4.3.2　凝聚策略

定义 4.1　强连通分量[175]

如果有向图 $\bar{G}=(V,\bar{E})$ 满足条件:对任意顶点 $u,v\in V$,u 与 v 是相互可达的,即存在从 u 到 v 的路径,同时也存在从 v 到 u 的路径,则称有向图 $\bar{G}$ 是强连通的。有向图 $\bar{G}$ 的最大强连通子图,称为它的强连通分量。

在方程系统约束表示图中,强连通分量对应着该方程系统的一个强耦合方程子集。强耦合方程子集可以作为一个求解单元独立求解,包含在强耦合方程子集中的方程需要联立求解。故在方程系统的约束表示图中做强连通分量凝聚操作,可以分割出该方程系统的所有可以独立求解的方程子集。算法 4.2 给出了有向图的强连通分量凝聚算法。

算法 4.2　强连通分量凝聚算法[176]

输入:有向约束表示图 $\bar{G}=(V_1,V_2,\bar{E})$。

输出:强连通分量链表 L。

步骤 1:设 T 为一个用于存放顶点的栈,V 为图中未访问的顶点集合,COUNT 为一个计数变量,初始化 T 为空,$V=V_1\bigcup V_2$,COUNT$=1$。

步骤 2:若 V 为空,退出;否则,取 $v\in V$,从 V 中删除 v。

步骤 3:调用子算法 StrongConnect(v)。

步骤 4:转步骤 2。

算法 4.2 生成的顶点链表 L 保存了图 $\bar{G}$ 中的所有强连通分量。其中,步骤 3 调用的子算法 StrongConnect 描述如下:

Procedure StrongConnect(v)

步骤 1:令 ROOT(v)$=$NUMBER(v)$=$COUNT,COUNT$=$COUNT$+1$。

步骤 2:将顶点 v 压入栈 T 中,获取集合 $U=\{u\,|\,(v,u)\in\bar{E}\}$。

步骤 3:若 U 为空,转步骤 8;否则,取 $w\in U$,从 U 中删除 w。

步骤 4:若 $w\in V$,转步骤 5;否则,转步骤 7。

步骤 5:调用算法 StrongConnect(w)。

步骤 6:令 ROOT(w)$=$min(ROOT(v),ROOT(w))。

步骤 7：若 NUMBER$(w)<$ NUMBER(v)，且 w 存在于栈 T 中，则令 ROOT$(v)=\min($ROOT$(v),$NUMBER$(w))$。

步骤 8：若 ROOT$(v)=$NUMBER(v)，转步骤 11；否则，退出。

步骤 9：创建新的强连通分量 C。

步骤 10：从 T 中弹出顶点 u，并将 u 添加到 C 中，反复执行该操作，直至 NUMBER$(u)=$NUMBER(v) 为止。

步骤 11：将分量 C 插入分量链表 L。

其中，NUMBER(v) 表示顶点 v 的编号，ROOT(v) 为顶点 v 所在强连通分量中最早被遍历到的顶点的编号，$\min($ROOT$(v),$ROOT$(w))$ 表示取二者中的较小者。

整个强连通分量凝聚算法的时间复杂度为 $O(|V|+|\bar{E}|)$，其中，$|V|$ 为有向约束表示图的顶点数，$|\bar{E}|$ 为边数。

包含在一个强耦合方程子集中的变量可划分为两部分：计算变量和引用变量。

定义 4.2   计算变量、引用变量

设 E_k 为约束表示图中某个强连通分量 C_k 对应的方程子集，V_k 为出现在 E_k 中的变量集合。如果变量 $v_i \in V_k$ 在约束表示图中对应的顶点包含在 C_k 内，那么称 v_i 为 E_k 的计算变量；否则，称 v_i 为 E_k 的引用变量。方程子集 E_k 的所有计算变量构成的集合记为 COMP(E_k)，所有引用变量构成的集合记为 IN(E_k)。

方程子集的计算变量由该方程子集负责求解，引用变量对该方程子集来说相当于输入参数，引用变量的值则从其他方程子集中获得。由此可见，一个方程系统的强耦合方程子集的求解顺序是有先后之分的。

定义 4.3   数据依赖[177]

设 E_k 和 E_s 为某个方程系统的两个方程子集，如果存在变量 $v \in$ IN(E_k)，并且 $v \in$ COMP(E_s)，即 E_k 引用了 E_s 的计算变量，则称 E_k 数据依赖于 E_s。

定义 4.4   数据依赖图[116]

如果图 $G=(V,E)$ 的顶点集合 V 表示可以独立求解的方程子集，边 $(s,k) \in E$ 表示顶点 s 与顶点 k 之间的数据依赖关系，即顶点 s 数据依赖于顶点 k，则称图 G 为数据依赖图(DDG)。

为了叙述的方便，我们将数据依赖图中的顶点与该顶点对应的方程子集等同，也就是可以将顶点 i 等同于它对应的方程子集 i。基于约束表示图 G 的数据依赖图生成算法描述如下。

算法 4.3   数据依赖图生成算法

输入：约束表示图 G。

输出：数据依赖图 DDG。

步骤 1：计算约束表示图 $G=(V_1,V_2,E)$ 的一个最大匹配 M。

步骤 2：在 G 中将属于 M 的边变为双向边，将不属于 M 的边定向为从方程顶

点指向变量顶点,生成有向图 $\overline{G}=(V_1,V_2,\overline{E})$。

步骤 3:采用算法 4.2 凝聚有向图 $\overline{G}$ 的强连通分量。

步骤 4:在 $\overline{G}$ 中先将强连通分量用复合顶点替代,接着删除复合顶点之间的重复边,然后将图中剩余的边反向,最终生成数据依赖图 DDG。

对于式(4.3)给出的方程系统,图 4-6 给出了执行算法 4.3 获得的有向约束表示图、强连通分量和数据依赖图。

$$
\left.
\begin{aligned}
e_1&:f(v_1,v_2,v_3)=0\\
e_2&:f(v_1,v_2,v_4)=0\\
e_3&:f(v_3)=0\\
e_4&:f(v_3,v_4,v_5)=0\\
e_5&:f(v_4,v_5)=0
\end{aligned}
\right\}
\tag{4.3}
$$

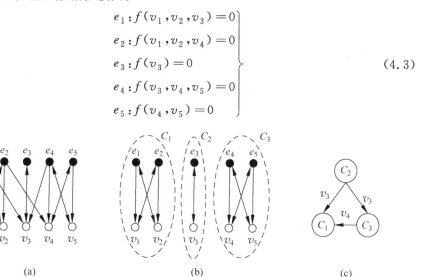

图 4-6　有向约束表示图、强连通分量和数据依赖图
(a)有向约束表示图;(b)强连通分量;(c)数据依赖图

4.3.3　归并策略

定义 4.5　前趋、后继

设 u 与 w 为数据依赖图中的两个方程子集,如果 u 与 w 之间存在有向边 (u,w),则称 u 为 w 的前趋,w 为 u 的后继。

在数据依赖图中,方程子集 s 的计算变量隐含在复合顶点 s 内,s 的引用变量隐含在 s 的前趋内。前趋与后继之间存在变量引用关系,在方程系统求解过程中,前趋先于后继求解,后继需要从前趋获取引用变量才能求解出它的计算变量。在图 4-6(c)中,存在从顶点 C_2 指向顶点 C_3 的有向边,这表明 C_2 为 C_3 的前趋。C_2 的计算变量 v_3 传播到了 C_3 中,C_3 需要从 C_2 引用变量 v_3 才能求解出它的计算变量 v_4 和 v_5。

数据依赖图中的方程子集可划分为两类:代数子集和微分子集。

定义 4.6　代数子集、微分子集

如果方程子集 s 不包含微分方程,则称 s 为代数方程子集,简称代数子集;否则,称 s 为微分方程子集,简称微分子集。

　　数据依赖图是一个有向无环图。根据数据依赖图中有向边的指向,我们可以确定出可以独立求解的方程子集,以及各方程子集的求解次序。然而,对于 DAE 问题,由于凝聚操作只考虑了方程之间的变量依赖关系,而没有考虑变量在方程中的具体表述形式,这表现为在构建方程系统的约束表示图时将变量的导数当作变量本身对待,因此,凝聚操作不能将需要整体求解的多个微分子集聚合到一起。这显然不利于 DAE 问题的数值求解。

　　式(4.4)给出了一个简单的 DAE 方程系统,表示已知质量为 m 的物体的运动轨迹为 $f(t)$,求施加在该物体上的作用力 F。其中,s、v、a 分别表示物体的位移、速度和加速度。对该 DAE 系统进行凝聚操作,获得的数据依赖图如图 4-7(c)所示。

$$
\left.
\begin{aligned}
&e_1 : s = f(t) \\
&e_2 : v = \dot{s} \\
&e_3 : a = \dot{v} \\
&e_4 : F = m \cdot a
\end{aligned}
\right\}
\tag{4.4}
$$

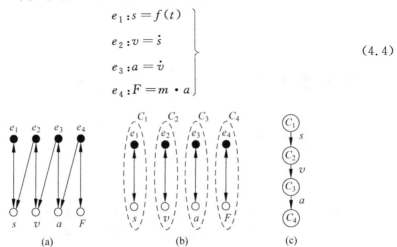

图 4-7　式(4.4)所示 DAE 系统的凝聚结果

(a) 有向约束表示图；(b) 强连通分量；(c) 数据依赖图

　　由图 4-7(c)可知,通过凝聚操作获得的方程子集求解序列为:$\{e_1\}<\{e_2\}<\{e_3\}<\{e_4\}$。此时,利用方程 e_1 可以求出变量 s,但利用方程 e_2 求解变量 v 时需要得到变量 s 的一阶导数值,根据 s 的值通过数值微分运算求出 s 的一阶导数值的方法显然是不可取的。可行的办法是将方程 e_1、e_2 和 e_3 聚合到一起整体求解。由于方程子集 $\{e_1, e_2, e_3\}$ 实质上是一个指标-3 DAE 问题,在求解前需要对其进行指标约简处理,第 5 章我们将讨论这一问题。

　　故对于 DAE 问题,我们还需要在凝聚操作的基础上进行归并操作,将具有导数依赖关系的方程子集归并到一起。归并规则如下。

　　规则 4.15　设方程子集 u 与 w 为一对前趋与后继,如果 w 为微分子集,且 w 从 u 引用的变量为状态变量,即变量的导数出现在方程系统中,那么 u 与 w 可以归并到一起形成一个新的子集。

　　归并操作在凝聚操作获得的数据依赖图上完成,归并算法描述如下。

算法 4.4　方程子集归并算法

输入：数据依赖图 $\bar{G}=(V,\bar{E})$。

输出：已归并的数据依赖图 $\bar{G}$。

步骤 1：设 U 表示图 $\bar{G}$ 中未访问的顶点集合，初始化 $U=V$。

步骤 2：若 U 为空，退出；否则，取顶点 $v\in U$，从 U 中删除 v。

步骤 3：在图中获取 v 的后继集合 $\mathrm{Sequ}(v)$。

步骤 4：若 $\mathrm{Sequ}(v)$ 为空，转步骤 2；否则，取 $u\in\mathrm{Sequ}(v)$，从 $\mathrm{Sequ}(v)$ 中删除 u。

步骤 5：若 $w\in U$，从 U 中删除 u。

步骤 6：检查 v 与 u 是否满足归并条件。若条件满足，合并 v 与 u 生成复合顶点 w，并令 $v=w$，转步骤 3；否则，转步骤 4。

在图 4-7(c) 上进行的归并操作过程可描述为：$\{e_1\}$ 与 $\{e_2\}$ 满足归并条件，合并二者生成新子集 $\{e_1,e_2\}$；$\{e_1,e_2\}$ 与 $\{e_3\}$ 满足归并条件，合并二者生成新子集 $\{e_1,e_2,e_3\}$；最终图中的顶点 C_1、C_2 和 C_3 被合并到了一起。

4.3.4　拓扑排序

拓扑排序就是在数据依赖图上，根据方程子集之间的数据依赖关系确定方程子集的求解次序，生成一个方程子集求解序列。前趋删除法和后继删除法[99] 是两种常用的拓扑排序方法。前趋删除法从数据依赖图中搜索出一个无前趋的顶点，然后将此顶点及其关联边从图中删除，反复执行这两步操作直至所有顶点皆已列出为止，最后根据顶点的列出先后顺序生成求解序列。而后继删除法则是从数据依赖图中搜索一个无后继的顶点，然后将该顶点及其关联边从图中删除，反复执行这两步操作直至所有顶点皆已列出为止，最后根据顶点的列出先后顺序逆向生成求解序列。

本书采用的拓扑排序方法只需对数据依赖图进行一次深度优先遍历，算法主要步骤描述如下。

算法 4.5　拓扑排序算法

输入：数据依赖图 $\bar{G}=(V,\bar{E})$。

输出：顶点链表 L。

步骤 1：设 U 表示图中未访问的顶点集合，W 表示已访问的顶点集合，初始化 $U=V,W=\varnothing$。

步骤 2：若 U 为空，退出；否则，取顶点 $v\in U$，从 U 中删除 v。

步骤 3：若 $v\in W$，转步骤 2；否则，转步骤 4。

步骤 4：调用子算法 dfsSearch(v)。

步骤 5：转步骤 2。

算法 4.5 生成的顶点链表 L 即为可顺序求解的方程子集序列。其中，步骤 4

调用的子算法 dfsSearch 描述如下。

Proceduredfs Search(n)

步骤 1：若 $n \in W$，退出；否则，转步骤 2。

步骤 2：令 $W = W \bigcup \{n\}$，并获取 n 的后继集合 Sequ(n)。

步骤 3：若 Sequ(n)为空，转步骤 4；否则，依次取顶点 $u \in$ Sequ(n)，调用算法 dfsSearch(u)。

步骤 4：将 u 插入链表 L 的头部。

整个拓扑排序算法的时间复杂度相当于对数据依赖图进行一次深度优先遍历的时间复杂度，即为 $O(|\bar{E}|)$，其中 $|\bar{E}|$ 表示数据依赖图的边数。对图 4-6(c)所示的数据依赖图进行拓扑排序，得到的求解序列为：$\{e_3\} < \{e_4, e_5\} < \{e_1, e_2\}$。

4.4 强耦合方程子集约简策略

4.4.1 剥离代数变量

需要联立求解的方程子集构成一个代数环。代数环分为线性代数环和非线性代数环两种。线性代数环，即线性方程组，可采用符号方法求解，比如 Cramer 法则和高斯消元法，可以采用迭代法求解。非线性代数环一般只能采用迭代法求解。在机械、电路等物理系统模型中，代数环的规模通常很大，而且具有明显的稀疏特性，也就是代数环中的每个方程均只包含少数几个变量。针对这种情况，可通过符号方法将某些代数变量从代数环中剥离出来，进一步减小需要联立求解的方程子集的规模，从而简化代数环的数值求解。

不失一般性，我们假定代数环具有以下形式：

$$F(t, x, \dot{x}, y) = 0 \tag{4.5}$$

其中，$x \in \mathbf{R}^n$，为状态变量向量；$y \in \mathbf{R}^m$，为代数变量向量。从代数环中剥离代数变量的一般过程可描述如下。

选取向量 y 的一个子向量 $\tilde{y}$，将式(4.5)改写为如下形式：

$$y_1 = g_1(t, x, \dot{x}, \tilde{y})$$
$$y_2 = g_2(t, x, \dot{x}, \tilde{y}, y_1)$$
$$\vdots$$
$$y_k = g_k(t, x, \dot{x}, \tilde{y}, y_1, \cdots, y_{k-1})$$
$$G(t, x, \dot{x}, \tilde{y}, y_1, \cdots, y_k) = 0 \tag{4.6}$$

其中，$y_1, y_2, \cdots, y_k$ 为 y 中除去 $\tilde{y}$ 后剩余的元素。$y_i = g_i(t, x, \dot{x}, \tilde{y}, y_1, \cdots, y_{i-1})$为赋值表达式，它由式(4.5)中的某个方程通过符号操作转化而来。将 y_k, $y_{k-1}, \cdots, y_1$ 的赋值表达式依次代入式(4.6)得到 $G(t, x, \dot{x}, \tilde{y}) = 0$。从而将代数

环(式(4.5))的求解简化为：先求解 $G(t, x, \dot{x}, \tilde{y}) = 0$，然后依次求出代数变量 y_1，$y_2, \cdots, y_k$。

由此可见，通过剥离代数环中的某些代数变量，可以把需要联立求解的方程从 $n+m$ 个减小到 $n+m-k$ 个。并且，被剥离出来的 k 个代数变量已经表示为因果赋值形式，其求解非常简单。剥离代数变量实质上就是将代数环中的方程划分为两部分：赋值表达式和隐式方程，并使赋值表达式部分尽可能大，隐式方程部分尽可能小。

剥离代数变量与剥离变量别名有许多相似之处。下面我们基于方程系统的约束表示图来剥离代数变量。在约束表示图中，如果方程 e_i 可以通过符号方法转化为关于代数变量 v_k 的赋值表达式，那么 e_i 与 v_k 之间的边用粗线表示。由于代数变量的剥离与状态变量无关，故在表示图中删除状态变量对应的顶点和相应的关联边。基于约束表示图的剥离算法描述如下。

算法 4.6　代数变量剥离算法

输入：方程系统的约束表示图 G。

输出：隐式方程集合 impEqus，赋值表达式集合 assEqus，由赋值表达式求值的变量集合 assVars，由隐式方程求解的变量集合 comVars。

步骤 1：初始化 impEqus $= \varnothing$，assEqus $= \varnothing$，comVars $= \varnothing$，assVars $= \varnothing$。

步骤 2：将方程系统中的所有状态变量置于 comVars 中。

步骤 3：在 G 中搜索无粗线关联边的变量 v_k，将 v_k 置于 comVars 中，并删除 v_k 及与之关联的边；重复该步骤直至 G 中的所有变量均存在粗线关联边。

步骤 4：在 G 中查找一个方程 e_n，要求 e_n 只存在一条粗线关联边 (e_n, v_i)，若能够找到满足条件的 e_n，转步骤 5；否则，转步骤 6。

步骤 5：将 e_n 转化为关于 v_i 的赋值表达式形式，将 e_n 置于 assEqus 中；在 G 中删除 e_n、v_i 及相应的关联边，转步骤 7。

步骤 6：在 G 中选取一个变量 v_r，将 v_r 置于 comVars 中；在 G 中删除 v_r 及相应的关联边。

步骤 7：若 G 中还有变量，转步骤 4；否则，转步骤 8。

步骤 8：将 G 中剩余的方程置于 impEqus 中，退出。

算法获得的赋值表达式的数量依赖于步骤 6 中变量 v_r 的选取方式。本书的选取方法为，检查 G 中是否存在具有非粗线关联边的方程，①若存在，则在这些方程中找出具有最少关联边的一个，删除与该方程存在非粗线关联边的一个变量及该变量的所有关联边。②若不存在，则找出关联边最少的一个方程，删除与该方程关联的一个变量和变量的所有关联边。

4.4.2　撕裂代数环

撕裂代数环就是通过符号方法将代数环中的某些边打断，从而把代数环的联立求解过程转化为一个顺序的迭代求解过程[75]。首先考虑如下方程系统，其因果求值关系已确定：

$$\left.\begin{aligned} x_1 &= f_1(x_3) \\ x_2 &= f_2(x_1) \\ x_3 &= f_3(x_2) \end{aligned}\right\} \tag{4.7}$$

上述方程系统中的 3 个方程相互依赖，需要联立求解。由于方程已表示为赋值表达式形式，故方程系统的结构可采用有向图表示。

从图 4-8(a)可见，方程系统(4.7)构成一个因果代数环。若将有向边(f_1, f_2)打断，可使图 4-8(a)变为图 4-8(b)所示的形式。图中因果求值关系表明可采用如下持续迭代算法求解方程系统。

```
NEWx1 = INITx1
REPEAT
  x1 = NEWx1
  x2 = f2(x1)
  x3 = f3(x2)
  NEWx1 = f1(x3)
UNTIL   |NEWx1 - x1|<ε
```

其中，INITx1 为 x_1 的一个初始估算值，ε 表示可接受误差。

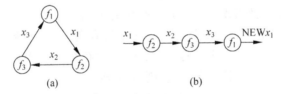

图 4-8   式(4.7)的有向图表示

上述迭代算法实质上只对变量 x_1 进行了反复迭代，也就是将被求解问题的维数从 3 减少到了 1。这种固定点迭代方法可采用牛顿迭代法替代，即以 x_1 为未知量求解非线性方程 $x_1 - f_1(f_3(f_2(x_1))) = 0$。

下面讨论因果求值关系未确定的代数环的撕裂策略。

$$\left.\begin{aligned} f_1(x_1, x_2, x_3) &= 0 \\ f_2(x_1, x_2, x_3) &= 0 \\ f_3(x_1, x_2, x_3) &= 0 \end{aligned}\right\} \tag{4.8}$$

方程系统(4.8)由 3 个相互依赖的方程构成，其约束表示图如图 4-9(a)所示，其中存在代数环。在约束表示图中每打断一条边，就会形成两个新的顶点，因而需要引入一个新的方程和一个新的变量，并将靠近方程的顶点对应新变量，将靠近变量的顶点对应新方程，从而保证方程系统是恰约束的。在约束表示图中打破代数环的一般过程为：打断代数环中的某一条边，并检查图中是否存在新的代数环，若存在,继续执行打断操作直至图中不存在代数环为止。在图 4-9(a)中,我们依次打断边(e_1,x_1)和(e_2,x_2),使其变成图 4-9(b)所示的形式。

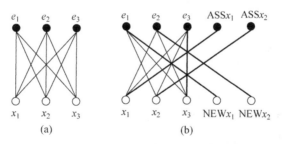

图 4-9　方程系统(4.8)的约束表示图及其分裂生成图

在图 4-9(b)中,方程 $\mathrm{ASS}x_1$ 和变量 $\mathrm{NEW}x_1$ 是打断边(e_1,x_1)时引入的方程和变量,方程 $\mathrm{ASS}x_2$ 和变量 $\mathrm{NEW}x_2$ 是打断边(e_2,x_2)时引入的方程和变量。通过二部图匹配可确定出方程与变量的因果求值关系,图中由粗线表示的匹配边表明了方程与变量的求值关系。例如,粗线边(e_3,x_3)表示用方程 e_3 求解变量 v_3。此时,我们可采用如下迭代算法求解方程系统。

```
NEWx1 = INITx1
NEWx2 = INITx2
REPEAT
  x1 = NEWx1
  x2 = NEWx2
  x3 = f3_CALC_v3 (x1, x2)
  NEWx1 = f1_CALC_v1 (x2, x3)
  NEWx2 = f2_CALC_v2 (x1, x3)
UNTIL |NEWx1 - x1|<ε  AND |NEWx2 - x2|<ε
```

其中,$f_i\_\mathrm{CALC}\_v_j$ 表示用方程 f_i 求解变量 v_j 的值。此时的迭代算法等效于雅可比迭代法。

除了逐条地将边打断之外,也可以将与某个顶点关联的边全部打断,并将该顶点去除。然而,从方程系统的相容性上来说,去除一个变量与为该变量增加一个赋值方程具有相同的效果。同样地,去除一个方程则等效于增加一个多余变量并使方程包含新增变量。

对于方程系统(4.8),可指定 x_1 和 x_2 为撕裂变量,即为 x_1 和 x_2 分别增加赋值方程 $\mathrm{ASS}x_1$ 和 $\mathrm{ASS}x_2$,并为方程 f_1 和 f_2 增加残余变量 $\mathrm{RES}x_1$ 和 $\mathrm{RES}x_2$,使方程系统的约束表示图变为图 4-10 所示的形式。

根据图 4-10 中方程与变量之间的数据依赖关系,可采用如下算法来计算残余变量 $\mathrm{RES}x_1$

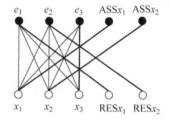

图 4-10　方程系统(4.8)的分裂生成图

和 $\mathrm{RES} x_2$。

```
x1 = …
x2 = …
x3 = f3_CALC_v3(x1, x2)
RESx1 = f1(x1, x2, x3)
RESx2 = f2(x1, x2, x3)
```

通过反复迭代，如果残余变量 $\mathrm{RES} x_1$ 和 $\mathrm{RES} x_2$ 均趋近于 0，那么变量 x_1、x_2 和 x_3 的值即为方程系统 (4.8) 的解。该方法的一个显著优点就是不需要用 f_1 和 f_2 求解变量值，只需计算出它们的残余量。

上述代数环分裂过程可一般化地描述如下。

设代数环具有下式指定的形式：

$$0 = h(z) \tag{4.9}$$

分裂代数环就是要从式 (4.9) 中分离出一部分方程和变量，即 h_1 和 z_1，并使得在假设 z_1 为已知量的情况下，可以用 h 中剩余的方程，即 h_2，依次求解 z 中的剩余变量，即 z_2。按照这一方式分裂后的方程系统可以采用牛顿迭代法求解，过程描述如下。

（1）选取 z_1。

（2）为 z_1 给出估算值。

（3）求出 z_2，即 $z_2 = h_2(z_1)$。

（4）计算残差 $\mathrm{res}(z_1) = h_1(z_1, z_2)$。

（5）若残差 $\mathrm{res}(z_1)$ 小于给定误差，退出；否则，转步骤 2。

由此可见，通过分裂代数环，可以将需要进行迭代求解的方程系统的维数从 $\dim(h_1) + \dim(h_2)$ 减少到 $\dim(h_1)$。

然而，自动地选取变量 z_1 和方程 h_1 是非常困难的。因为一种好的选择应该考虑 h_2 的求解是否困难，不同选取方式带来的计算量和误差各不相同，同时 h_1 的选取还会影响迭代算法的收敛性。因此，综合这些因素，一种可行的办法是让用户根据问题的领域知识手工选取，并通过 Modelica 语言的注释功能在适当位置进行标记，然后由编译器验证用户的选择是否有效。

4.5　内嵌积分

内嵌积分[178] 是一种符号操作与数值计算相结合的 DAE 系统求解方法。该方法主张在模型编译阶段将代表数值积分运算的离散公式插入到 DAE 模型中，将连续问题预先转化为离散问题再进行求解。内嵌积分方法目前在硬件在环仿真问题中应用较多[118-119]。

4.5.1　内嵌积分的基本思想

内嵌积分的基本思想就是采用显式或隐式积分公式将动态连续模型中的微分方程转化为离散代数方程。显式的 ODE 系统可表示为如下一般形式：

$$\dot{\boldsymbol{x}} = \boldsymbol{f}(\boldsymbol{x},t); \quad \boldsymbol{x}(t_0) = \boldsymbol{x}_0 \tag{4.10}$$

目前有许多种显式积分方法可用于求解式(4.10)。在众多的显式积分方法中,显式欧拉方法最简单,它采用如下向前差分公式获取状态变量导数的近似值：

$$\dot{\boldsymbol{x}}(t_n) = \dot{\boldsymbol{x}}_n \approx \frac{\boldsymbol{x}_{n+1} - \boldsymbol{x}_n}{h} \tag{4.11}$$

其中,$\boldsymbol{x}_{n+1} = \boldsymbol{x}(t_{n+1})$ 为 $\boldsymbol{x}$ 在 $t_{n+1} = t_n + h$ 时刻的值,$\boldsymbol{x}_n = \boldsymbol{x}(t_n)$ 为 $\boldsymbol{x}$ 在 t_n 时刻的值,h 为选取的步长。

将式(4.11)代入式(4.10)可得到如下递推公式：

$$\boldsymbol{x}_{n+1} = \boldsymbol{x}_n + h \cdot \boldsymbol{f}(\boldsymbol{x}_n, t_n) \tag{4.12}$$

利用式(4.12)可依次求出状态变量 $\boldsymbol{x}$ 在每个离散时间点上的值。然而,遗憾的是,显式积分方法不适合求解刚性 ODE 问题和含有代数环的 ODE 问题。在这种情况下,隐式积分方法更加适宜。隐式欧拉方法采用向后差分公式获取状态变量导数的近似值,从而得到如下递推公式：

$$\boldsymbol{x}_{n+1} = \boldsymbol{x}_n + h \cdot \boldsymbol{f}(\boldsymbol{x}_{n+1}, t_{n+1}) \tag{4.13}$$

式(4.13)是一个关于 $\boldsymbol{x}_{n+1}$ 的非线性方程,需要采用迭代方法求解。对于任意的隐式积分方法,它们所获得的离散方程具有相同的结构,可描述为如下形式：

$$\boldsymbol{x} = \bar{h} \cdot \dot{\boldsymbol{x}} + \text{old}(\boldsymbol{x}) \tag{4.14}$$

为方便表述,未知量 $\boldsymbol{x}_{n+1}$ 和 $\dot{\boldsymbol{x}}_{n+1}$ 被缩写成为 $\boldsymbol{x}$ 和 $\dot{\boldsymbol{x}}$。其中,$\bar{h}$ 依赖于步长和特定积分方法使用的常数,$\text{old}(\boldsymbol{x})$ 为 $\boldsymbol{x}$ 的先前结点处值的函数。对于 3 阶 BDF (backwards difference formula,向后差分方法)方法,式(4.14)表现为如下形式：

$$\boldsymbol{x}_{n+1} = \frac{6}{11}h \cdot \dot{\boldsymbol{x}}_{n+1} + \left(\frac{18}{11}\boldsymbol{x}_n - \frac{9}{11}\boldsymbol{x}_{n-1} + \frac{2}{11}\boldsymbol{x}_{n-2}\right)$$

将式(4.10)代入式(4.14)可得到：

$$\boldsymbol{x} = \bar{h} \cdot \boldsymbol{f}(\boldsymbol{x},t) + \text{old}(\boldsymbol{x}) \tag{4.15}$$

对于一般函数 $\boldsymbol{f}(\boldsymbol{x},t)$,采用迭代方法求解 $\boldsymbol{x}$ 是不可避免的。对于特定的模型则不然。例如,对于如下方程系统：

$$\begin{cases} T_1\dot{x}_1 + x_1 = u(t) \\ T_2\dot{x}_2 + x_2 = x_1 \end{cases}$$

将离散式(4.14)插入其中,可得到如下求解序列：

$$\dot{x}_1 := (u - \text{old}(x_1))/(T_1 + \bar{h})$$

$$x_1 := \bar{h}\dot{x}_1 + \text{old}(x_1)$$

$$\dot{x}_2 := (x_1 - \text{old}(x_2))/(T_2 + \bar{h})$$

$$x_2 := \bar{h}\dot{x}_2 + \text{old}(x_2)$$

很显然，采用内嵌积分方法可以直接求解上述类型的方程系统，而不需要进行迭代，因为线性方程可以符号求解。再考虑下面的方程系统：

$$\begin{cases} \dot{x}_1 = x_2 \\ \dot{x}_2 = f(x_1, x_2, t) \end{cases}$$

在不知道方程系统结构的情况下，需要采用迭代方法求解全部 2 个方程。然而，若插入离散公式(4.14)，则可得到：

$$x_2 = \bar{h} \cdot f(\bar{h} \cdot x_2 + \text{old}(x_1), x_2, t) + \text{old}(x_2)$$

$$x_1 := \bar{h} \cdot x_2 + \text{old}(x_1)$$

此时，只需采用迭代方法求解第一个方程，第二个方程可以直接符号求解。由此可见，在求解刚性或者含有代数环的 ODE 系统时，如果已知模型方程的结构，那么采用内嵌积分方法可以显著地提高求解效率。

4.5.2　DAE 系统的离散化策略

DAE 系统可用如下一般形式来描述：

$$f(\dot{x}, x, t) = 0; \quad x(t_0) = x_0; \quad \dot{x}(t_0) = \dot{x}_0 \tag{4.16}$$

对于式(4.16)，若采用目前最为通用的数值求解器 DASSL 来求解，$\dot{x}$ 的值将由向后差分公式近似，从而得到如下离散方程系统：

$$f\left(\frac{x - \text{old}(x)}{\bar{h}}, x, t\right) = 0 \tag{4.17}$$

对式(4.17)应用牛顿迭代法可得到如下迭代方程：

$$\left.\begin{aligned} &\left(\frac{1}{\bar{h}}J_{\dot{x}} + J_x\right)\delta^k = -f^k(\dot{x}^k, x^k, t) \\ &x^{k+1} = x^k + \delta^k \\ &\dot{x}^{k+1} = \dot{x}^k + \frac{1}{\bar{h}}\delta^k \end{aligned}\right\} \tag{4.18}$$

其中，指标 k 表示上一次迭代，$k+1$ 表示当前次迭代。雅可比矩阵 $J_{\dot{x}} = \dfrac{\partial f}{\partial \dot{x}}$，

$J_x = \dfrac{\partial f}{\partial x}$。

从迭代方程组(4.18)可看出，采用 DASSL 求解一般 DAE 系统存在如下困难。

(1) 由于 $\bar{h}$ 线性地依赖于步长,故当步长趋近于 0 时,$\bar{h}$ 也趋近于 0。因此,在步长非常小的情况下,可能产生除数为 0 的异常情况。

(2) 若将迭代方程(4.18)中的第一个方程转换为如下形式,情况将更加严重:

$$(\boldsymbol{J}_{\dot{x}} + \bar{h}\boldsymbol{J}_x) \cdot \boldsymbol{\delta}^l = -\bar{h}\boldsymbol{f}^l(\dot{\boldsymbol{x}}^l, \boldsymbol{x}^l, t)$$

当 $\bar{h} = 0$ 时,迭代矩阵将变为 $\boldsymbol{J}_{\dot{x}}$。对一般 DAE 系统而言,$\boldsymbol{J}_{\dot{x}}$ 是奇异的。故在 $\bar{h}$ 趋近于 0 的情况下,牛顿迭代无法进行。

所幸的是,采用内嵌积分方法可克服上述困难。在向 DAE 系统中插入离散公式前,先将式(4.16)转化为如下形式:

$$\boldsymbol{f}(\dot{\boldsymbol{x}}, \boldsymbol{x}, \boldsymbol{y}, t) = \boldsymbol{0}; \quad \boldsymbol{x}(t_0) = \boldsymbol{x}_0 \tag{4.19}$$

其中,$\boldsymbol{y}$ 为代数变量向量;$\boldsymbol{x}$ 为状态变量向量,其中变量的导数出现在方程系统中。采用式(4.14)替换式(4.19)中的 $\boldsymbol{x}$ 可得

$$\boldsymbol{f}(\dot{\boldsymbol{x}}, \bar{h}\dot{\boldsymbol{x}} + \mathrm{old}(\boldsymbol{x}), \boldsymbol{y}, t) = \boldsymbol{0} \tag{4.20}$$

对式(4.20)应用牛顿迭代法可得到如下迭代方程:

$$\left.\begin{aligned} [\boldsymbol{J}_{\dot{x}} + \bar{h}\boldsymbol{J}_x, \boldsymbol{J}_y] \begin{bmatrix} \boldsymbol{\delta}_{\dot{x}}^k \\ \boldsymbol{\delta}_y^k \end{bmatrix} &= -\boldsymbol{f}^k(\boldsymbol{x}^k, \dot{\boldsymbol{x}}^k, \boldsymbol{y}^k, t) \\ \dot{\boldsymbol{x}}^{k+1} &= \dot{\boldsymbol{x}}^k + \boldsymbol{\delta}_{\dot{x}}^k \\ \boldsymbol{y}^{k+1} &= \boldsymbol{y}^k + \boldsymbol{\delta}_y^k \\ \boldsymbol{x}^{k+1} &= \boldsymbol{x}^k + \bar{h}\boldsymbol{\delta}_{\dot{x}}^k \end{aligned}\right\} \tag{4.21}$$

当 $\bar{h} = 0$ 时,迭代矩阵将变为 $[\boldsymbol{J}_{\dot{x}}, \boldsymbol{J}_y]$。对于低指标的 DAE 问题,在 $\bar{h} = 0$ 时,迭代矩阵是非奇异的,牛顿方法可以正常工作,并且离散方程(4.20)将还原为连续方程(4.19)。

由此可见,对于需要采用隐式积分方法求解的 DAE 问题、刚性或者含有代数环的 ODE 问题,均可采用式(4.14)替代其中的 $\boldsymbol{x}$ 实现离散化。

4.5.3　DAE 系统的内嵌积分

在大多数情况下,DAE 模型均含有代数环,而且隐式内嵌积分方法也可能产生新的代数环。因此,将内嵌积分方法与代数环撕裂技术(见 4.4.2 节)结合使用显然有利于离散方程系统的快速求解。为了能够自动地将由式(4.19)描述的 DAE 模型转化为合适的离散形式,文献[178]给出了如下方法。

(1) 假设 $\boldsymbol{x}$ 为已知量,$\dot{\boldsymbol{x}}$ 和 $\boldsymbol{y}$ 为未知量,对 DAE 系统进行强连通分量凝聚和拓扑排序,将 DAE 系统分解为方程子集序列。

(2) 对于每个 x_i,如果 $\dot{x}_i$ 可由与其匹配的方程显式地求解出来,则向 DAE 系统添加如下离散方程:

$$x_i = \bar{h}\dot{x}_i + \text{old}(x_i) + \text{res}(x_i)$$

否则，向 DAE 系统添加如下离散方程：

$$x_i = \bar{h}\dot{x}_i + \text{old}(x_i)$$

（3）如果与 $\dot{x}_j$ 或者 y_k 匹配的方程 e_n 处于某个代数环中，即 e_n 所处的方程子集包含多个方程，则在 e_n 的表达式中添加一个新项 $\text{res}(\dot{x}_j)$ 或者 $\text{res}(y_k)$。

（4）以 $\boldsymbol{x}$、$\dot{\boldsymbol{x}}$ 和 $\boldsymbol{y}$ 为未知量，重新对增广的离散方程系统进行强连通分量凝聚和拓扑排序，将其分解为可顺序求解的方程子集序列。

其中，$\text{res}(x_i)$ 表示将 x_i 当作迭代变量，需要采用迭代方程求解 x_i。

$$\left.\begin{aligned}
e &= w - v \\
\dot{x}_c &= ax_c + be \\
u &= cx_c + de \\
\dot{x}_p &= f(x_p, u) \\
v &= g(x_p)
\end{aligned}\right\} \tag{4.22}$$

在式（4.22）中，w、a、b、c 和 d 为常数，f 和 g 为函数，e、x_c、u、x_p 和 v 为变量。采用上面的方法可将式（4.22）转化为如下离散方程系统：

$$\left.\begin{aligned}
e &= w - v \\
v &= g(x_p) \\
u &= cx_c + de \\
\dot{x}_c &= ax_c + be \\
x_c &= \bar{h}\dot{x}_c + \text{old}(x_c) + \text{res}(x_c) \\
\dot{x}_p &= f(x_p, u) \\
x_p &= \bar{h}\dot{x}_p + \text{old}(x_p) + \text{res}(x_p)
\end{aligned}\right\} \tag{4.23}$$

求解式（4.23）只需对 x_c 和 x_p 使用迭代。若采用 DASSL 直接求解式（4.22），则需要对全部 5 个变量使用迭代。由此可见，内嵌积分方法可以显著地减少迭代变量的数目，从而提高求解效率。

总的来说，在最坏的情况下，内嵌积分方法与通用积分方法一样需要采用迭代方法求解全部方程。但在绝大多数情况下，由于内嵌积分方程能够使需要迭代求解的非线性代数方程变得更少，或者能够将整个方程系统分解为多个可单独迭代求解的子系统，因而内嵌积分方法效果更好。

4.6　小结

仿真模型的数值求解是系统性能仿真分析过程的一个重要环节。本章以减少 DAE 系统的求解时间为目标，结合 Modelica 模型的特点，研究了从 Modelica 模型映射而来的 DAE 系统的符号约简策略。针对方程表达式的规范转换、方程系统的规模分解、强耦合方程子集的约简，以及内嵌积分等问题，提出了有效的处理策略，并给出了相应算法。本章提出的约简方法效果显著，有利于复杂多领域系统仿真模型的快速求解，为多领域仿真模型统一求解引擎的实现奠定了基础，为陈述式基于方程建模语言的推广应用创造了条件。本章以 Modelica 语言为例研究提出的约简策略同样适用于其他陈述式基于方程仿真模型。

第 5 章

DAE模型的指标分析与相容初始化

5.1 引言

在第 2 章中已经介绍了 Modelica 语言采用 DAE 系统描述物理系统的动态特性和行为。DAE 系统由一组混合的微分方程和代数方程构成,一般形式如下:

$$f(x, \dot{x}, t) = 0 \tag{5.1}$$

其中,$x \in \mathbf{R}^n$,$\dot{x} \in \mathbf{R}^n$,$f: \mathbf{R}^n \times \mathbf{R} \to \mathbf{R}^n$。如果式(5.1)中只包含微分方程而不存在代数方程,即其中的 $\dot{x}$ 可以显式或隐式地表达为 x 和 t 的函数,那么此时的式(5.1)实质上表示的是 ODE 系统。因此,ODE 系统是 DAE 系统的一种特殊形式。

为了能够从形式上区分 DAE 系统与 ODE 系统,可将式(5.1)中的变量划分为两种不同的类型,从而将式(5.1)改写为如下形式:

$$f(x, \dot{x}, y, t) = 0 \tag{5.2}$$

其中,$x \in \mathbf{R}^n$,$\dot{x} \in \mathbf{R}^n$,$y \in \mathbf{R}^m$,$f: \mathbf{R}^n \times \mathbf{R}^n \times \mathbf{R}^m \times \mathbf{R} \to \mathbf{R}^{n+m}$。向量 x 中的元素为状态变量,向量 y 中的元素为代数变量。本书把 x 称作状态变量向量,把 y 称作代数变量向量。通过对 DAE 系统中的某些或全部方程求微分,可以将 DAE 系统转化为 ODE 系统。

定义 5.1 微分指标[179]

DAE 系统的微分指标是为了将其转化为 ODE 系统,而需要对其部分或全部方程求微分的最小次数。

微分指标通常简称为指标,记为 i_d。ODE 系统的指标值为 0。指标值为 n 的 DAE 问题可称为指标-n 问题。指标是 DAE 系统的一个重要特征量,是衡量 DAE 系统求解难易程度的一个重要尺度。通常来说,DAE 系统的指标越高其求解越困难。现有通用数值求解器,如 DASSL、RADAU5 等,通常只能求解指标-1 问题或者特殊形式的较高指标值问题。

求解高指标值 DAE 系统的常用做法是先进行指标转换,再数值求解。指标转换就是通过一系列的符号操作,将高指标值 DAE 问题转化为等价的易于求解的低指标值形式。这一思想由 Gear 于 1988 年首先提出[180]。

求解 DAE 系统需要给定初始值,即初始条件。与 ODE 系统不一样,DAE 系统的初始值不能随意设定,而必须满足一定的约束条件,即要求初始值($\boldsymbol{x}_0, \dot{\boldsymbol{x}}_0$, $\boldsymbol{y}_0$)是相容的,否则将无法求解。对于式(5.2)所示的 DAE 系统,其初始值($\boldsymbol{x}_0$, $\dot{\boldsymbol{x}}_0, \boldsymbol{y}_0$)必须满足下式:

$$f(\boldsymbol{x}_0, \dot{\boldsymbol{x}}_0, \boldsymbol{y}_0, t_0) = \boldsymbol{0} \tag{5.3}$$

可是,式(5.3)给出的条件并不总是初始值相容的充分条件。因为 DAE 系统中可能存在隐含约束,初始值必须同时满足这部分约束。通过对 DAE 系统中的某些或全部方程求微分可以把这些隐含约束揭露出来。

本书分析讨论的 DAE 系统是基于组件的物理系统数学建模的产物。这样的 DAE 系统常常是高指标问题,这是由于支持模型重用的缘故。为了能使一个模型可用于求解不同的问题,或稍加修改即可描述类似的系统,模型组件通常被定义为最通用的形式。一个简单的例子就是牛顿第二定律 $m\ddot{x} = F$,其中 m 为某个常量,表示物体的质量,x 表示物体的位移,F 表示物体所受的作用力。如果已知作用力 $F = F_R(t, x, \dot{x})$ 为时间、位移和速度的函数使用牛顿定律求解动态问题,那么可以通过两次积分运算求出物体的速度和位移。但如果已知物体的运动轨迹 $x = x_R(t)$ 使用牛顿定律求解动态问题,那么为了求出物体所受的作用力 F 则需要对 x 求两次时间导数。此时的 DAE 系统就是一个高指标问题。由此可见,对于物理系统建模,高指标 DAE 问题是自然而成的。

5.2　高指标问题及相关概念

5.2.1　高指标问题

方程系统的结构信息,即方程与变量的依赖关系,可通过雅可比矩阵表示。方程系统 $\boldsymbol{f}(\boldsymbol{x}) = \boldsymbol{0}$ 的雅可比矩阵为

$$\boldsymbol{J}(\boldsymbol{x}) = \frac{\partial \boldsymbol{f}}{\partial \boldsymbol{x}}$$

如果变量 x_j 没有出现在方程 f_i 中,那么雅可比矩阵的相应元素等于 0,也就是

$$\boldsymbol{J}(\boldsymbol{x})_{i,j} = \frac{\partial f_i}{\partial x_j} = 0$$

定义 5.2　结构奇异

设 $\boldsymbol{A}$ 为一个方阵,如果无法通过行或列的对换,使得 $\boldsymbol{A}$ 的主对角线上的所有元素均不恒等于 0,则称 $\boldsymbol{A}$ 是结构奇异的;否则,称 $\boldsymbol{A}$ 是结构非奇异的。

矩阵的结构奇异是相对于数值奇异而言的,数值奇异在文献[120]中简称为奇异。下面参考文献[121]给出数值奇异的定义。

定义 5.3　数值奇异

设 $\boldsymbol{A}$ 为一个 $m \times m$ 方阵,如果 $\boldsymbol{A}$ 满足下列任意一个等价条件,则称 $\boldsymbol{A}$ 是数值

非奇异的；否则，称 A 是数值奇异的。

(1) A 可逆，即 $AA^{-1} = A^{-1}A = I$。

(2) A 的行列式不等于 0，即 $\det(A) \neq 0$。

(3) A 的秩等于 m，即 $\text{rank}(A) = m$。

(4) 对于任意向量 $z \neq 0$，均有 $Az \neq 0$。

如果一个矩阵结构奇异，那么该矩阵必定数值奇异。因为结构奇异的矩阵显然不满足定义 5.3 中的条件 3。反之则不然。DAE 系统(5.2)的一个典型特征就是 f 关于 $\dot{x}$ 的雅可比矩阵 $J_{\dot{x}}$ 结构奇异，这是因为 DAE 系统中存在代数方程的缘故。

一般来说，求解 DAE 系统不只是涉及积分运算与代数运算，还可能涉及微分运算[77]。由于在步长很小的情况下，数值微分运算的误差随步长的减小而增大，这种误差常常致使求解算法不收敛从而导致求解失败，因此求解涉及微分运算的 DAE 系统是十分困难的。

然而，若如 4.5.2 节所介绍的那样，将离散积分公式 $x = h\dot{x} + \text{old}(x)$ 代入式(5.2)中可得到：

$$f(h\dot{x} + \text{old}(x), \dot{x}, y, t) = 0 \qquad (5.4)$$

其中，$\text{old}(x)$ 为 x 在先前多个时间步的值的某个函数。利用牛顿迭代法求解式(5.4)可得到：

$$\left.\begin{aligned}
[J_{\dot{x}} + hJ_x, J_y]\begin{bmatrix} \delta_{\dot{x}}^k \\ \delta_y^k \end{bmatrix} &= -f^k(x^k, \dot{x}^k, y^k, t) \\
\dot{x}^{k+1} &= \dot{x}^k + \delta_{\dot{x}}^k \\
y^{k+1} &= y^k + \delta_y^k \\
x^{k+1} &= x^k + h\delta_{\dot{x}}^k
\end{aligned}\right\} \qquad (5.5)$$

其中，指标 $k+1$ 表示当前次迭代，k 表示上一次迭代。雅可比矩阵 $J_{\dot{x}} = \dfrac{\partial f}{\partial \dot{x}}$，

$J_x = \dfrac{\partial f}{\partial x}$。

如果 $[J_{\dot{x}}, J_y]$ 结构非奇异，那么式(5.5)中的迭代矩阵 $[J_{\dot{x}} + hJ_x, J_y]$ 结构非奇异。也就是说，如果 $[J_{\dot{x}}, J_y]$ 结构非奇异，那么从结构上说式(5.5)可以正常求解。

由此可见，对于 DAE 系统(5.2)，如果 f 关于 $\dot{x}$ 和 y 的雅可比矩阵 $[J_{\dot{x}}, J_y]$ 结构非奇异，那么从结构上说，只采用积分运算就可以从 f 中求解出变量的最高阶导数，即 $\dot{x}$ 和 y，从而求出 x。反之，如果雅可比矩阵 $[J_{\dot{x}}, J_y]$ 结构奇异，则意味着在 DAE 系统的某些状态变量之间存在代数约束。为了能够求出 $\dot{x}$ 和 y，必须采用微分运算。

通常来说,高指标 DAE 问题是指微分指标值大于 1 的 DAE 问题,求解这样的 DAE 问题需要进行指标转换以避免数值微分运算。然而,对于某些特殊的指标-1 的 DAE 系统,它关于其中变量的最高阶导数的雅可比矩阵也是结构奇异的,其数值求解同样涉及微分运算,如式(5.6):

$$
\left.
\begin{array}{l}
\dot{x} + \dot{y} = 1 \\
x - y = 0
\end{array}
\right\}
\tag{5.6}
$$

对于以上 DAE 系统,对第二个方程求一次时间导数,可以将其转化为 ODE 系统,故式(5.6)的指标为 1。式(5.6)关于其中变量的最高阶导数的雅可比矩阵 $\boldsymbol{J} = \begin{bmatrix} 1 & 1 \\ 0 & 0 \end{bmatrix}$,显然是结构奇异的。

为此,本书为高指标 DAE 系统给出如下定义。

定义 5.4　高指标 DAE 系统

如果一个 DAE 系统关于其中变量的最高阶导数的雅可比矩阵奇异,则称该 DAE 系统为高指标 DAE 系统。

根据上述定义,式(5.6)是高指标 DAE 系统。求解高指标 DAE 系统涉及微分运算。高指标 DAE 系统中存在关于状态变量的隐含代数约束,这些代数约束与式(5.3)一起构成该 DAE 系统的初始值约束条件。隐含代数约束可以通过对方程系统中的某部分方程求微分揭露出来,本章后续部分将讨论这一问题。

5.2.2　结构奇异方程子集

本节将讨论高指标 DAE 系统中的隐含约束的揭露问题。首先,定义新向量 $\boldsymbol{u} = (\dot{\boldsymbol{x}}, \boldsymbol{y})$,将式(5.2)改写为如下形式:

$$
\boldsymbol{f}(\boldsymbol{x}, \boldsymbol{u}, t) = \boldsymbol{0}
\tag{5.7}
$$

设上述方程系统的一个子集

$$
\bar{\boldsymbol{f}}(\bar{\boldsymbol{x}}, \bar{\boldsymbol{u}}, t) = \boldsymbol{0}
\tag{5.8}
$$

包含 k 个方程,其中 $\bar{x} \in \mathbb{R}^q, \bar{u} \in \mathbb{R}^l$。若假设 $[\bar{\boldsymbol{f}}_{\bar{x}}, \bar{\boldsymbol{f}}_{\bar{u}}]$ 行满秩,且式(5.8)可微,那么对式(5.8)求一次时间导数得到:

$$
\bar{\boldsymbol{f}}_{\bar{x}} \dot{\bar{\boldsymbol{x}}} + \bar{\boldsymbol{f}}_{\bar{u}} \dot{\bar{\boldsymbol{u}}} + \bar{\boldsymbol{f}}_t = \boldsymbol{0}
\tag{5.9}
$$

其中,$\bar{\boldsymbol{f}}_{\bar{x}}$ 是方程 $\bar{\boldsymbol{f}}(\bar{\boldsymbol{x}}, \bar{\boldsymbol{u}}, t) = \boldsymbol{0}$ 关于变量 $\bar{x}$ 的偏导数的简化表示方式;若假设 $\bar{\boldsymbol{f}}_{\bar{u}}$ 的行秩为 r,那么

$$
r \leqslant \min(k, l)
\tag{5.10}
$$

对式(5.9)进行适当的行操作(如高斯消元),可将其简化为如下形式:

$$
\boldsymbol{A}\dot{\bar{\boldsymbol{x}}} + \boldsymbol{B}\dot{\bar{\boldsymbol{u}}} = \boldsymbol{a}
\tag{5.11a}
$$

与

$$
\boldsymbol{C}\dot{\bar{\boldsymbol{x}}} = \boldsymbol{b}
\tag{5.11b}
$$

其中，$A \in \mathbb{R}^r \times \mathbb{R}^q$、$B \in \mathbb{R}^r \times \mathbb{R}^l$、$C \in \mathbb{R}^{k-r} \times \mathbb{R}^q$ 为矩阵；$a \in \mathbb{R}^r$、$b \in \mathbb{R}^{k-r}$ 为向量。

上述微分运算引入了一组新变量 $\dot{\bar{u}}$ 和一组新方程式(5.11)，它们没有出现在原始方程系统(5.2)中。根据式(5.10)可知，l 总是大于或等于 r，故可将向量 $\dot{\bar{u}}$ 划分为 $\dot{\bar{u}}_1 \in \mathbb{R}^r$ 和 $\dot{\bar{u}}_2 \in \mathbb{R}^{l-r}$，将矩阵 B 划分为 $B_1 \in \mathbb{R}^r \times \mathbb{R}^r$ 和 $B_2 \in \mathbb{R}^r \times \mathbb{R}^{l-r}$，从而使得 B_1 可逆。故根据式(5.11a)可求出

$$\dot{\bar{u}}_1 = B_1^{-1} a - B_1^{-1}(A\dot{\bar{x}} + B_2 \dot{\bar{u}}_2) \tag{5.12}$$

因此，任意给定向量 $(\bar{x}, \dot{\bar{x}}, \bar{y})$ 一组值，总可以为新向量 $\dot{\bar{u}}$ 找到一组值，使式(5.11a)可以得到满足。其中，$\dot{\bar{u}}_2$ 的值可以任意给定，$\dot{\bar{u}}_1$ 的值由式(5.12)求出。由此可见，式(5.11a)与方程系统的初始化无关，不是方程系统的初始值约束条件。

由于前面已经假定 $[\bar{f}_{\bar{x}}, \bar{f}_{\bar{u}}]$ 行满秩，即 $\text{rank}[\bar{f}_{\bar{x}}, \bar{f}_{\bar{u}}] = k$，故矩阵 C 行满秩，即 $\text{rank}(C) = k - r$。这表明式(5.11b)包含 $k - r$ 个方程，这 $k - r$ 个方程是关于状态变量的隐含约束。它们与方程系统的初始化有关，初始值必须满足这些隐含约束。很显然，方程组(5.11b)可以通过找出满足条件(5.13)的方程子集(5.8)得到。

$$\text{rank}\left(\frac{\partial \bar{f}}{\partial \bar{u}}\right) = r < k \tag{5.13}$$

在式(5.8)中，$\bar{u}$ 表示变量的最高阶导数。故式(5.13)意味着 $\bar{f}$ 关于其中变量的最高阶导数的雅可比矩阵奇异。

由于 $\bar{f}_{\bar{u}}$ 的秩 r 总是小于或等于 l，故如果式(5.14)成立：

$$l < k \tag{5.14}$$

那么条件(5.13)显然也成立。条件(5.14)是方程子集(5.8)具有属性(5.13)的一个充分条件，故可以根据条件(5.14)来寻找方程子集(5.8)，从而避免繁琐的矩阵秩计算。

定义 5.5　结构奇异子集、最小结构奇异子集

满足条件(5.14)的方程子集称作关于变量子集 $\{\bar{u}\}$ 的结构奇异子集。如果某个结构奇异子集的任意一个真子集均不是结构奇异子集，那么称该子集为最小结构奇异子集，记为 MSS(minimally structurally singular)子集。

很显然，如果条件(5.14)成立，那么 $\bar{f}$ 关于其中变量的最高阶导数 $\bar{u}$ 的雅可比矩阵 $\bar{f}_{\bar{u}}$ 结构奇异。正是基于这一点，定义 5.5 才将满足条件(5.14)的方程子集称作结构奇异子集。

综上所述，找出 DAE 系统中的 MSS 子集，并对 MSS 子集求微分就可以揭露出该 DAE 系统的初始值必须满足的一部分隐含约束条件。重复该过程直至其中不存在任何 MSS 子集，就可以揭露出所有的隐含约束条件。

5.2.3 指标约简

若将 DAE 系统(5.1)中的代数约束分离出来,可以将其表示为如下形式:

$$\left.\begin{array}{c} f(x,\dot{x},t)=0 \\ g(x,t)=0 \end{array}\right\} \tag{5.15}$$

式(5.15)关于 $\dot{x}$ 的雅可比矩阵

$$J=\begin{bmatrix} \dfrac{\partial f}{\partial \dot{x}} \\ \dfrac{\partial g}{\partial \dot{x}} \end{bmatrix}=\begin{bmatrix} f_{\dot{x}} \\ 0 \end{bmatrix}$$

结构奇异。

对 $g(x,t)$ 求一次时间导数可得:

$$g^{(1)}=\frac{\mathrm{d}g}{\mathrm{d}t}=g_x(x,t)\dot{x}+g_t(x,t) \tag{5.16}$$

用式(5.16)替代式(5.15)中的 $g(x,t)$ 可得到:

$$\left.\begin{array}{c} f(x,\dot{x},t)=0 \\ g_x(x,t)\dot{x}+g_t(x,t)=0 \end{array}\right\} \tag{5.17}$$

此时,式(5.17)关于 $\dot{x}$ 的雅可比矩阵

$$J=\begin{bmatrix} f_{\dot{x}}(x,\dot{x},t) \\ g_x(x,t) \end{bmatrix}$$

结构非奇异。

因此,式(5.17)是一个隐式的 ODE 系统。本书将通过适当微分操作将 DAE 系统(5.15)转化为 ODE 系统(5.17)的过程称作指标约简。

定义 5.6 内在 ODE 系统

从某个 DAE 系统通过适当微分操作转化而成的 ODE 系统称为该 DAE 系统的内在 ODE 系统,记为 UODE。

ODE 系统(5.17)是 DAE 系统(5.15)通过指标约简所获得的内在 ODE 系统。如果式(5.17)的初始值满足 $g(y_0,t_0)=0$,那么它与式(5.15)具有同样的解。也就是说,给定相容初始值,UODE 系统即可用于求解相应的 DAE 系统。

定义 5.7 增广的内在 ODE 系统

内在 ODE 系统与被约去的方程一起构成的扩展方程系统称为增广的内在 ODE 系统,记为 AUODE。

DAE 系统(5.15)的 AUODE 系统表示如下:

$$\left.\begin{array}{c} f(x,\dot{x},t)=0 \\ g_x(x,t)\dot{x}+g_t(x,t)=0 \\ g(x,t)=0 \end{array}\right\} \tag{5.18}$$

AUODE 系统可用于求解原始 DAE 系统的相容初始值，在后续章节中我们将详细讨论这一问题。

虽然对 DAE 系统的全部方程求微分足够多次可以将该 DAE 系统转化为 ODE 系统，但这种对全部方程求微分的方法对大系统而言不但不切实际而且相当不必要。一方面是因为求解某些指标-1 的 DAE 问题从原理上讲并不比求解 ODE 问题困难少；另一方面是可能进行许多不必要的微分。因此，研究有选择性地进行微分的指标约简方法是必要的。

5.3　现有指标约简方法

5.3.1　Gear 方法

Gear 方法[180] 是一种符号的 DAE 系统指标转换方法，也是最先提出的指标转换方法。该方法通过一系列符号操作找出 DAE 系统中的代数方程，并对这些代数方程求微分，反复执行这一过程，直至将 DAE 系统转化为 ODE 系统。Gear 方法的指标转换过程包含如下步骤。

步骤 1：初始化 $i=0, n_0=n, z_0=z, F_0=F, X_{-1}=\varnothing$。

步骤 2：确定 $r_i=\mathrm{rank}(\partial F_i/\partial \dot{z}_i)$，其中 $z_i \in \mathbb{R}^{n_i}$。

步骤 3：划分 $F_i(z, \dot{z}_i)=\begin{bmatrix} F_i^{(1)}(z, \dot{x}_i, \dot{y}_i) \\ F_i^{(2)}(z, \dot{x}_i, \dot{y}_i) \end{bmatrix}$，使得 $\det \dfrac{\partial F_i^{(1)}}{\partial \dot{x}_i} \neq 0$，其中 $F_i^{(1)}$，

$x_i \in \mathbb{R}^{r_i}, z_i=[x_i, y_i]^{\mathrm{T}} \in \mathbb{R}^{n_i}, F_i^{(2)}, y_i \in \mathbb{R}^{n_i-r_i}$。

步骤 4：从 $F_i^{(1)}(z, \dot{x}_i, \dot{y}_i)=0$ 求出 $\dot{x}_i=h(z, \dot{y}_i)$，并将 $\dot{x}_i$ 添加到 X_{i-1} 中，得到 $X_i=[\dot{x}_0, \dot{x}_1, \cdots, \dot{x}_{i-1}, \dot{x}_i]^{\mathrm{T}}=H_i(z, \dot{x}_i, \dot{y}_i)$。

步骤 5：将 $\dot{x}_i=h(z, \dot{y}_i)$ 代入 $X_i=H_i(z, \dot{x}_i, \dot{y}_i)$ 中，得到 $X_i=H_i(z, \dot{y}_i)$。

步骤 6：如果 $r_i=n_i$，退出；否则，转步骤 7。

步骤 7：将 $\dot{x}_i=h(z, \dot{y}_i)$ 代入 $F_i^{(2)}(z, \dot{x}_i, \dot{y}_i)=0$ 中，得到 $G_i(z)=0$。

步骤 8：对 $G_i(z)=0$ 求一次时间导数，得到 $\dfrac{\partial G_i}{\partial X_i}\dot{X}_i+\dfrac{\partial G_i}{\partial y_i}\dot{y}_i=0$。

步骤 9：将 $X_i=H_i(z, \dot{y}_i)$ 代入 $\dfrac{\partial G_i}{\partial X_i}\dot{X}_i+\dfrac{\partial G_i}{\partial y_i}\dot{y}_i=0$ 中，得到 $F_{i+1}(z, \dot{y}_i)=0$。

步骤 10：令 $z_{i+1}=y_i, n_{i+1}=n_i-r_i, i=i+1$，转步骤 2。

以上指标转换算法结束后，变量 i 的值即为 DAE 系统的指标。Gear 方法能够彻底地实现指标约简。但对于一般的非线性 DAE 系统，Gear 方法的计算量很大，而且第 4 步操作很难，有时甚至无法实现。

5.3.2　Pantelides 方法

Pantelides 方法[118]起初是为了实现 DAE 系统的相容初始化而提出的,但由于该方法在揭露 DAE 系统中的隐含约束条件的同时,实际上也降低了 DAE 系统的指标,故该方法后来也被广泛应用于 DAE 系统的指标约简。

Pantelides 方法首先通过一个图论算法检测 DAE 系统的 MSS 子集,然后对 MSS 子集求微分,并对 DAE 系统的二部图进行相应修改。反复执行 MSS 子集的检测和微分过程,直至系统中不存在 MSS 子集为止。Pantelides 方法的 MSS 子集检测算法利用了如下由 Hall 提出的组合学基本定理[180]。

定理 5.1　设 $V=\{V_1,V_2,\cdots,V_m\}$ 为一个对象集合,$S=\{S_1,S_2,\cdots,S_n\}$ 为 V 的子集的集合。那么 S 的每一个元素均可以分配给 V 的一个相异元素,当且仅当 S 的每一个 $k(k \leqslant n)$ 个元素的集合均至少包含 V 的 k 个互异的元素。

在检测 MSS 子集时,V 被确定为 $\{\dot{x},y\}$,而 S 的每一个元素对应于 $\{f\}$ 中的一个方程,是出现在该方程中的 V 中元素的集合,即 V 的一个子集。从条件(5.12)来看,MSS 子集显然不满足分配存在的充分必要条件。因此,MSS 子集检测算法就是找出不存在分配的方程子集。

在 Pantelides 方法中,二部图的构造方式有些特别,变量和变量的导数在二部图中对应不同的顶点。具体构造方式为:令 $X=(x,\dot{x},y)$,改写方程系统(5.2)为 $F(X,t)=0$,以 F 和 X 为互补顶点集合构造二部图 $G=(V_1,V_2,E)$,其中,顶点集 V_1 表示方程集合,顶点集 V_2 表示变量集合。

基于二部图的 Pantelides 方法包含如下主要步骤。

步骤 1:为 DAE 系统 $F(X,t)=0$ 构造二部图 $G=(V_1,V_2,E)$。

步骤 2:令 $S=V_1$。

步骤 3:若 S 为空,退出;否则,取 $e \in S$,从 S 中删除 e。

步骤 4:在 G 中删除全部状态变量 x 对应的顶点及其关联边。

步骤 5:从 e 开始搜索增广路径,若存在增广路径,转步骤 3;否则,取本次搜索过程遍历过的所有方程构成 MSS 子集。

步骤 6:对 MSS 子集中的方程求微分,在 G 中创建与之对应的新顶点和新边,并将新建方程顶点加入到 S 中,转步骤 3。

执行完 Pantelides 算法后,取每个方程的最高次微分对应的方程构成约简的方程系统。该方程系统并不一定是原始 DAE 系统的 UODE 系统,它可能是一个 ODE 系统,也可能是一个指标-1 的 DAE 系统。但即使约简方程系统为指标-1 的 DAE 系统,也可以通过适当的变量替代使其成为 ODE 系统。因此,可以不失一般性地说,由 Pantelides 方法获得的约简方程系统是一个 UODE 系统。该约简方程系统从原理上而言可以采用隐式 ODE 求解方法求解。

Pantelides 方法的显著优点是不会进行不必要的微分,而且同时实现了相容初始化。Pantelides 方法相对于 Gear 方法效率显著提高,应用更加广泛。

5.3.3　哑导方法

利用 UODE 系统求解初始值问题虽然通常能够取得良好的收敛结果,但存在如下缺陷[119]:

(1) 可能出现增解;

(2) 可能出现违约。

哑导方法是为克服上述缺陷而提出的一种指标约简方法。下面我们通过一个简单的例子阐述哑导方法的基本原理。

式(5.19)是一个指标-3 DAE 系统:

$$\left.\begin{array}{l} e_1:s=f(t) \\ e_2:v=\dot{s} \\ e_3:a=\dot{v} \\ e_4:F=m\times a \end{array}\right\} \tag{5.19}$$

该系统表示已知质量为 m 的物体的运动轨迹 $f(t)$,求施加在该物体上的作用力 F。其中,s、v、a 分别表示位移、速度和加速度。对 e_1 求两次时间导数,对 e_2 求一次时间导数,可以将式(5.19)转化为如下指标-1 系统:

$$\left.\begin{array}{l} e_1'':\ddot{s}=\ddot{f}(t) \\ e_2':\dot{v}=\ddot{s} \\ e_3:a=\dot{v} \\ e_4:F=m\times a \end{array}\right\} \tag{5.20}$$

其中,e_2' 表示 e_2 的一阶时间导数。将每次微分生成的新方程添加到原始 DAE 系统(5.19)中得到增广的方程系统:

$$\left.\begin{array}{l} e_1:s=f(t) \\ e_1':\dot{s}=\dot{f}(t) \\ e_1'':\ddot{s}=\ddot{f}(t) \\ e_2:v=\dot{s} \\ e_2':\dot{v}=\ddot{s} \\ e_3:a=\dot{v} \\ e_4:F=m\times a \end{array}\right\} \tag{5.21}$$

在增广原始方程系统的过程中,每向原始 DAE 系统添加一个方程,就需要为其引入一个新的因变量,使得增广的方程系统正好恰约束而不是过约束。这可以通过采用一个新的代数变量替换方程系统中的某个导数来实现。故采用变量 s'' 替

代方程系统中的 $\ddot{s}$ 可以消除 $\ddot{s}$,虽然 $s'' \equiv \ddot{s}$,但 s'' 是一个纯粹的代数变量,不会采用基于 s'' 的离散公式求解 $\dot{s}$ 和 s,因而将其称为哑导。类似地,可以采用 s' 替代 $\dot{s}$,采用 v' 替代 $\dot{v}$,从而使式(5.21)变成如下形式:

$$
\left.
\begin{aligned}
&e_1 : s = f(t)\\
&e_2 : s' = \dot{f}(t)\\
&e_3 : s'' = \ddot{f}(t)\\
&e_4 : v = s'\\
&e_5 : v' = s''\\
&e_6 : a = v'\\
&e_7 : F = m \times a
\end{aligned}
\right\} \tag{5.22}
$$

式(5.22)是一个纯代数方程系统,它在数学上等价于式(5.19)。代数方程系统的求解不需要给定初始值,也无需离散化。尽管例子很简单,但它还是阐述了哑导技术的一个重要观点,那就是不用离散化任何导数即可数值求解约简方程系统。

基于以上例子,可将哑导方法的基本原理归结为:每对一个方程求一次微分,随即引入一个新的因变量,使得增广的方程系统正好恰约束而不是过约束。最终利用增广的方程系统而非约简方程系统求解初始值问题。

在文献[80]中,哑导方法利用 Pantelides 方法检测 MSS 子集,在此基础上引入哑导数,故可以认为哑导方法是对 Pantelides 方法的扩展。

5.3.4 现有方法的不足

对于复杂物理系统建模,正如第 4 章所介绍的那样,其形成的 DAE 系统规模很大,而且其中的绝大多数方程均为代数方程。因此直接采用 Gear 方法进行指标分析显然是不切实际的,因为 Gear 方法需要将所有的代数方程均转化为微分方程。采用 Pantelides 方法和基于 Pantelides 方法的哑导方法效率会很低,因为 DAE 系统中的许多代数方程通常与指标约简无关,而这两种方法均将 DAE 系统作为一个整体来处理。此外,Pantelides 方法无法处理包含二阶和高阶导数的 DAE 系统。并且由于 Pantelides 方法起初是为 DAE 系统的相容初始化而提出的,没有对指标约简的原理进行论述,因而其理论依据不清晰,难以理解。

5.4 基于加权二部图的指标约简

5.4.1 广义 ODE 系统

非高指标 DAE 系统实际上也可以当作隐式 ODE 系统对待。下面我们考虑一个简单的例子。

$$\left.\begin{array}{l} \dot{x} = x + y \\ 0 = x + 2y + a(t) \end{array}\right\} \quad (5.23)$$

在式(5.23)中,变量 y 通常被当作为代数变量,故式(5.23)通常被认为是指标-1 DAE 系统。但如果将变量 y 看作是某一个变量的导数,比如 $\dot{z}$,那么式(5.23)就是一个隐式 ODE 系统。为此,我们给出如下定义。

定义 5.8 广义 ODE 系统

如果方程系统(5.2)关于 $\dot{x}$ 和 y 的雅可比矩阵 $(\boldsymbol{J}_{\dot{x}} : \boldsymbol{J}_y)$ 结构非奇异,那么称该方程系统为广义 ODE 系统。

根据定义 5.8,半显式指标-1 的 DAE 系统可以当作广义 ODE 系统。在广义 ODE 系统中,变量的最高阶导数可以表示为低阶导数和时间的函数。广义 ODE 系统可采用隐式 ODE 系统的求解策略求解,即可当作隐式 ODE 系统求解。故如果某个 DAE 系统为广义 ODE 系统,就不需要对其进行指标约简。

5.4.2 加权二部图及其特性

定义 5.9 主导导数、主导指标

设 x_i 为出现在方程 f_k 中的一个变量,若存在一个整数 m,使得

$$\frac{\partial f_k}{\partial x_i^{(m)}} \neq 0, \quad \text{且} \quad \frac{\partial f_k}{\partial x_i^{(m+n)}} = 0, \quad \text{其中,} \quad n = 1, 2, \cdots,$$

则称 $\dfrac{\partial f_k}{\partial x_i^{(m)}}$ 为 f_k 关于 x_i 的主导导数,称 m 为 x_i 在 f_k 中的主导指标。

定义 5.10 加权二部图

对于一个如式(5.1)所示的方程系统,以 $\{\boldsymbol{f}\}$ 和 $\{\boldsymbol{x}\}$ 为互补顶点集合 V_1 和 V_2 构建二部图 $G = (V_1, V_2, E)$,并将变量 x_i 在方程 f_k 中的主导指标 m 设置为边 (f_k, x_i) 的权重。我们称这样的二部图 G 为方程系统的加权二部图。

一个长度为 L、质量为 m 的平面单摆系统在笛卡儿坐标系中的运动状态可用如下方程系统描述:

$$\left.\begin{array}{l} e_1 : m\ddot{x} = -\dfrac{x}{L}F \\[2mm] e_2 : m\ddot{y} = -\dfrac{y}{L}F - mg \\[2mm] e_3 : x^2 + y^2 = L^2 \end{array}\right\} \quad (5.24)$$

图 5-1(a)给出了方程系统(5.24)的加权二部图。

如果我们对式(5.24)中第三个方程求一次时间导数,使其变为式(5.25)所示的形式:

$$m\ddot{x} = -\frac{x}{L}F$$

$$m\ddot{y} = -\frac{y}{L}F - mg$$

$$2x\dot{x} + 2y\dot{y} = 0$$

(5.25)

此时,加权二部图随之变成了图 5-1(b)所示的形式。

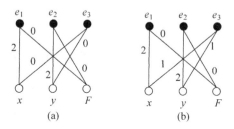

图 5-1　加权二部图

比较图 5-1(a)和(b)可知,对 DAE 系统中的某个方程求一次导数,加权二部图中对应方程顶点的每条关联边的权重就增加 1。利用加权二部图可判定一个方程系统是否为广义 ODE 系统。

定理 5.2　设 G 为某个方程系统的加权二部图,如果能够为 G 计算一个最大匹配 M,并使得 M 中的每条边均为与之关联的变量顶点的所有关联边中权重最大的边,那么该方程系统是广义 ODE 系统。

证明:如果定理 5.2 的条件得到满足,那么表明方程系统关于其变量的最高阶导数的雅可比矩阵是结构非奇异的。根据定义 5.8,这样的方程系统为广义 ODE 系统。

根据定理 5.2,基于图 5-1(b)可以判定 DAE 系统(5.25)不是广义 ODE 系统。

5.4.3　基于加权二部图的指标约简

本书将加权二部图的最大匹配的权重定义为该最大匹配所包含的所有边的权重之和。如果最大匹配中的每条边均为与之关联的变量顶点的所有关联边中权重最大的边,那么该最大匹配的权重是加权二部图的所有最大匹配的权重的最大值。

要判断最大匹配中的某条边 e 是否为与之关联的变量顶点 v 的所有关联边中权重最大的边,通常需要遍历 v 的所有关联边,并进行一一比较。但如果 v 的所有关联边的权重的最大值为 0,那么就只要检查 e 的权重是否等于 0。

为此,我们修改一下加权二部图中边的权重。将每个变量顶点的每条关联边的权重均减去该变量顶点的所有关联边的权重的最大值,从而使得每个变量顶点的所有关联边的最大权重为 0。例如,在图 5-1(b)所示的加权二部图中,与变量顶点 x 关联的边的最大权重为 2,将与 x 关联的每条边的权重均减去 2。与变量顶点

y 关联的边的最大权重为 2，将与 y 关联的每条边的权重均减去 2。与变量顶点 F 关联的边的最大权重为 0，无需修改 F 的关联边的权重。修改后的加权二部图如图 5-2(a) 所示。

在图 5-2(a) 所示的加权二部图中，某些边的权重为负数，这可以理解为变量的时间导数没有在方程中出现，而时间导数的相反形式，即变量的时间积分，出现在了方程中。为方便叙述，本书将图 5-2(a) 这样的边的权重为非正值的加权二部图称为负权形式的加权二部图，简称负权二部图。

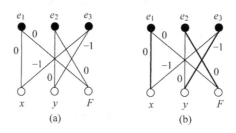

图 5-2　负权二部图

综上所述，结合定理 5.2，可得到如下推论。

推论 5.1　如果一个方程系统的负权二部图的最大匹配的最大权重为 0，那么该方程系统是广义 ODE 系统。

在图 5-2(b) 中，由粗线表示的边构成一个最大匹配，该最大匹配具有最大权重，为 -1。根据推论 5.1 可知 DAE 系统 (5.25) 不是广义 ODE 系统。因此，如果方程系统的负权二部图的最大匹配的最大权重不为 0，就需要对该方程系统进行指标约简以获得一个广义 ODE 系统。

众所周知，一个命题成立，其逆否命题必然成立。故根据定理 5.1 可得到如下推论。

推论 5.2　设 $V=\{V_1, V_2, \cdots, V_m\}$ 为一个对象集合，$S=\{S_1, S_2, \cdots, S_n\}$ 为 V 的子集的集合。当且仅当 S 中至少有一个元素不能分配给 V 的一个相异元素，那么至少存在一个 S 的 k 个元素的集合，该集合包含的 V 的互异的元素少于 k 个。

定理 5.3　方程系统 (5.2) 是高指标 DAE 系统，当且仅当其中存在关于变量集合 $\{\dot{x}, y\}$ 的某个特定子集的 MSS 子集。

证明：将推论 5.2 中的 V 确定为变量集合 $\{\dot{x}, y\}$，将 S 的每一个元素 S_i 对应于 $\{f\}$ 中的一个方程 f_i，并将 S_i 确定为出现在 f_i 中的 V 中元素的集合。很显然，S 的每一个元素均是 V 的一个子集。

首先证明定理的充分性。如果方程系统 (5.2) 中存在关于变量集合 $\{\dot{x}, y\}$ 的某个特定子集的 MSS 子集，即存在一个 S 的 k 个元素的集合，该集合包含的 V 的互异的元素少于 k 个。那么根据推论 5.2，S 中至少有一个元素不能分配给 V 的一个相异元素。这表明方程系统关于 $\{\dot{x}, y\}$ 的雅可比矩阵结构奇异。因此，该方程系统为高指标 DAE 系统。

　　然后证明定理的必要性。由高指标 DAE 系统的定义可知,高指标 DAE 系统关于 $\{\dot{x}, y\}$ 的雅可比矩阵结构奇异。这也就是说,无法把集合 S 的每一个元素均分配给集合 V 中的一个相异元素。根据推论 5.2,至少存在一个 S 的 k 个元素的子集,该子集包含的 V 的互异的元素少于 k 个。很显然,这样的子集对应于方程系统的一个 MSS 子集。

　　如果某个方程系统是高指标 DAE 系统,那么基于该方程系统的负权二部图 G 可得到该方程系统的一个 MSS 子集。对于一个如式(5.2)所示的方程系统,将 V 确定为变量集合 $\{\dot{x}, y\}$,将 S 的每一个元素 S_i 对应于 $\{f\}$ 中的一个方程 f_i,并将 S_i 确定为出现在 f_i 中的 V 中元素的集合。那么 S 的每个元素对应于 G 的某个方程顶点,V 的每个元素对应于 G 的某个变量顶点。基于推论 5.2,如果不能为负权二部图 G 找到一个完美匹配,那么 G 中的某些方程和变量就构成一个 MSS 子集。基于负权二部图 $G = (V_1, V_2, E)$ 的 MSS 子集检测算法描述如下。

算法 5.1　MSS 子集检测算法

1：　DetectingMSSSubset( )
2：　$V_{\text{MSS}} = \varnothing$
3：　$E_{\text{MSS}} = \varnothing$
4：　Assign(:) = None
5：　for each $e \in V_1$ do
6：　　begin
7：　　　InSearch(:) = False
8：　　　Result = FindAssignment(e)
9：　　　if Result = False then
10：　　　 begin
11：　　　　 $V_{\text{MSS}} = \{v \in V_2 \mid \text{InSeach}(v)\}$
12：　　　　 $E_{\text{MSS}} = \{e\} \bigcup \text{Assign}(V_{\text{MSS}})$
13：　　　　 return
14：　　　 end
15：　 end

　　其中,向量 Assign 用于记录方程与变量的匹配信息,Assign(v) = e 表示变量 v 与方程 e 匹配,Assign(v) = None 表示变量 v 为自由变量。Assign(:) = None 表示将向量 Assign 中的元素的值均设置为 None。InSearch(v) = True 表示变量 v 已遍历过;InSearch(v) = False,表示变量 v 没遍历过。InSearch(:) = False 表示向量 InSearch 中的元素的值均设置为 False。V_{MSS} 表示 MSS 子集中的变量集合,E_{MSS} 表示 MSS 子集中的方程集合。算法 5.1 在第 8 行调用如下子算法获取方程 e 的匹配变量。

算法 5. 2　获取匹配变量

1：　FindAssignment(e)

2：　for each $v \in V_2$ do

3：　　if $v \in$ AssignCandidates(e) and Assign(v)＝None then

4：　　　begin

5：　　　　InSearch(v)＝True

6：　　　　Assign(v)＝e

7：　　　　return True

8：　　end

9：　for each $v \in V_2$ do

10：　　if $v \in$ AssignCandidates(e) and InSearch(v)＝False then

11：　　　begin

12：　　　　InSearch(v)＝True

13：　　　　e'＝Assign(v)

14：　　　　Result＝FindAssignment(e')

15：　　　　if Result＝True then

16：　　　　　　Assign(v)＝e；return True

17：　　　end

18：　return False

其中，AssignCandidates(e)＝$\{v \in V_2 \,|\, w(e,v)=0\}$ 表示所有与方程 e 之间的关联边(e,v)的权重 $w(e,v)$ 为 0 的变量 v，即所有可与方程 e 匹配的变量。如果算法 5.2 能找到方程 e 的匹配变量，则返回 True，同时将匹配信息记录在 Assign 中。若找不到方程 e 的匹配变量，则返回 False。这也就表明在方程集合$\{f\}$与变量集合$\{\dot{x},y\}$之间不存在完美匹配。此时，算法遍历过的所有方程和变量构成 MSS 子集，即：

$$V_{\text{MSS}} = \{v \in V \mid \text{InSeach}(v)\}, E_{\text{MSS}} = \{e\} \cup \text{Assign}(V_{\text{MSS}})。$$

下面分两步证明由 E_{MSS} 和 V_{MSS} 构成的方程子集 ES 为 MSS 子集。第一步证明 ES 是结构奇异子集，第二步证明 ES 为 MSS 子集。

第一步，从 $E_{\text{MSS}}=\{e\}\cup \text{Assign}(V_{\text{MSS}})$ 可知，$|E_{\text{MSS}}|=|V_{\text{MSS}}|+1$，即 E_{MSS} 中的元素比 V_{MSS} 中的元素多 1 个。对于 ES，显然有 $l=|V_{\text{MSS}}|<k=|E_{\text{MSS}}|$，这表明 ES 满足条件(5.12)，故 ES 为结构奇异子集。

第二步，从算法 FindAssignment 可知，V_{MSS} 中的每个变量均至少出现在 E_{MSS} 中的两个特定方程中，故在 ES 中去除任意的 m 个方程，同时去除的变量必定不超过 $m-1$ 个。设 ES′ 是在 ES 中去除 m 个方程而获得的一个方程子集，ES′ 的方程数 $k=|E_{\text{MSS}}|-m=|V_{\text{MSS}}|+1-m$，变量数 $l \geqslant |V_{\text{MSS}}|-(m-1)=|V_{\text{MSS}}|+1-m=k$。很显然，ES′不满足条件(5.12)。这也就是说，ES 的任意一个非空方程子集均不是结构奇异子集，故 ES 为 MSS 子集。

为方便叙述,将负权二部图 G 中权重为 n 的边记为 $edge(w=n)$。例如,权重为 0 的边记为 $edge(w=0)$。MSS 子集检测算法 5.2 只关注 G 中的 $edge(w=0)$。一个包含 k 个方程的 MSS 子集包含 $k-1$ 个变量,由于 MSS 子集包含的方程与变量是通过 $edge(w=0)$ 关联的,故这 k 个方程具有 $k-1$ 条权重为 0 的关联边。下面我们讨论对一个 MSS 子集求微分所引起的负权二部图 G 的变化情况。

(1) 如果对 MSS 子集中的 k 个方程求微分,那么 G 中相应方程顶点的所有关联边的权重将增加 1。这将使得这些边中的 $edge(w=0)$ 变为 $edge(w=1)$。故对 MSS 子集求一次微分将使得 G 中出现 $k-1$ 条 $edge(w=1)$。

(2) 若要将 G 转化为负权形式,需要把其中的 $k-1$ 个变量顶点的所有关联边的权重均减去 1。

我们注意到上述微分过程(1)使得 G 的 k 个方程顶点的所有关联边的权重增加 1,从而使得 G 的最大匹配的权重增加 k。而转化过程(2)使得 G 的 $k-1$ 个变量顶点的所有关联边的权重均减去 1,从而使得 G 的最大匹配的权重减少 $k-1$。故上述过程(1)和(2)的综合作用将使得 G 的最大匹配的权重增加 1。

基于以上陈述,可得如下定理。

定理 5.4　设 G 为方程系统 A 的负权二部图,对 A 中的一个 MSS 子集求一次微分,并将微分后 A 对应的加权二部图 G 转化为负权形式,可使 G 的最大匹配的权重增加 1。

如果一个方程系统的负权二部图的最大匹配的最大权重不为 0,我们总可以在该方程系统中找到一个 MSS 子集。而对该 MSS 子集求微分可以使得负权二部图的最大匹配的权重增加 1。故我们可以重复这一过程直至最大匹配的最大权重等于 0。此时的方程系统为广义 ODE 系统。因此,根据定理 5.4 和推论 5.1 可得到如下推论。

推论 5.3　持续地对高指标 DAE 系统中的 MSS 子集求微分可将该高指标 DAE 系统转化为广义 ODE 系统。

定理 5.5　要将高指标 DAE 系统转化为广义 ODE 系统,对 MSS 子集求微分是充分且必要的。

A. 充分性证明

根据推论 5.3,定理 5.5 的充分性得证。

B. 必要性证明

必要性证明分两步进行,首先证明至少需要对 MSS 子集中的一个方程求微分,然后证明必须对 MSS 子集中的所有方程求微分。

(1) 假设检测到的 MSS 子集包含 k 个方程。从 $E_{MSS}=\{e\}\bigcup Assign(V_{MSS})$ 可知,该 MSS 子集包含的变量的最高阶导数为 $k-1$ 个。由于广义 ODE 系统关于变量的最高阶导数的雅可比矩阵结构非奇异,故它的任意一个包含 k 个方程的子集均至少包含 k 个变量的最高阶导数。因此,为了将高指标 DAE 系统转化为广义

ODE 系统,必须使得其 MSS 子集至少包含 k 个变量的最高阶导数,而在 MSS 子集中引入新的变量最高阶导数的唯一办法就是对 MSS 子集中的一个或多个方程求微分。

(2) 假设不需要对 MSS 子集的全部 k 个方程求微分,而只需要对其中的包含 $m(m < k)$ 个方程的子集 T 求微分,就能使 MSS 子集至少包含 k 个变量的最高阶导数。由 MSS 子集的定义可知,MSS 子集的任意一个真子集均不是结构奇异子集,故方程子集 T 至少包含 m 个变量的最高阶导数。剩余的 $k-m$ 个方程对应的子集 R 虽然也至少包含 $k-m$ 个变量的最高阶导数,但只出现在方程子集 R 中而没有出现在方程子集 T 中的变量最高阶导数不超过 $(k-1)-m$ 个。对方程子集 T 求微分将使出现在 T 中的所有变量导数的阶数均增加 1。因此,对方程子集 T 求一次微分之后,方程子集 R 将最多包含 $(k-1)-m$ 个变量的最高阶导数。这表明方程子集 R 为结构奇异子集。根据第(1)步的证明可知,要使整个方程系统成为广义 ODE 系统,必须至少对方程子集 R 中的一个方程求微分。这与之前只需对 MSS 子集中的 m 个方程求微分的假设相矛盾。故为了将高指标 DAE 系统转化为广义 ODE 系统,必须对 MSS 子集中的所有方程求微分。

综上所述,高指标 DAE 系统的指标约简就是找出其中的 MSS 子集,并对 MSS 子集求微分。反复执行这一过程,直至其中不存在 MSS 子集。在这一思想的指导下,基于负权二部图 $G = (V_1, V_2, E)$ 的指标约简算法描述如下。

算法5.3　基于负权二部图的指标约简算法

1：　IndexReduction( )

2：　Assign(:)＝None

3：　for each $e \in V_1$ do

4：　　begin

5：　　　repeat

6：　　　　InSearch(:)＝False

7：　　　　Result＝FindAssignment(e)

8：　　　　if Result＝False then

9：　　　　　begin

10：　　　　　　for each $u \in V_{\mathrm{MSS}} = \{v \in V_2 \mid \mathrm{InSeach}(v)\}$ do

11：　　　　　　　for each $d \in \mathrm{incident}(u)$ do

12：　　　　　　　　$w(d) = w(d) - 1$

13：　　　　　　for each $f \in E_{\mathrm{MSS}} = \{e\} \cup \mathrm{Assign}(V_{\mathrm{MSS}})$ do

14：　　　　　　　for each $d \in \mathrm{incident}(f)$ do

15：　　　　　　　　$w(d) = w(d) + 1$

16：　　　　　end

17：　　　until Result＝True

18：　end

其中,$w(d)$ 表示边 d 的权重,incident(u) 表示顶点 u 的所有关联边的集合。

5.4.4　指标约简实例

下面给出一个高指标 DAE 系统指标约简的例子。

由于大多数建模语言均只支持变量的一阶导数,故可将式(5.24)所示的 DAE 系统改写为如下形式:

$$
\left.\begin{aligned}
&e_1 : u = \dot{x} \\
&e_2 : m\dot{u} = -\frac{x}{L}F \\
&e_3 : v = \dot{y} \\
&e_4 : m\dot{v} = -\frac{y}{L}F - mg \\
&e_5 : x^2 + y^2 = L^2
\end{aligned}\right\} \tag{5.26}
$$

方程系统(5.26)对应的负权二部图如图 5-3(a)所示。在图 5-3(a)上应用算法 5.3 可为方程 e_1、e_2、e_3 和 e_4 找到匹配变量,如图 5-3(b)所示,匹配边用粗线表示。但无法为 e_5 找到匹配变量,取此次调用算法 FindAssignment 遍历过的所有方程构成 MSS 子集,即为 $\{e_5\}$。对 e_5 求导,更新负权二部图使其变为图 5-4(a)所示的形式。

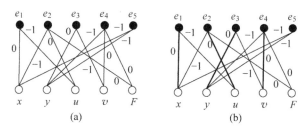

图 5-3　负权二部图

基于图 5-4(a)再次调用算法 FindAssignment 为 e_5 查找匹配变量,但仍然无法找到。此次调用算法 FindAssignment 遍历了方程 e_5、e_1 和 e_3,因此 MSS 子集为 $\{e_1, e_3, e_5\}$。分别对 e_5、e_1 和 e_3 求导,使方程系统的加权二部图变为图 5-4(b)所示的形式。

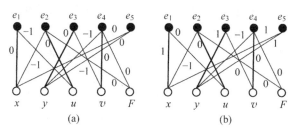

图 5-4　负权二部图

将图 5-4(b)所示加权二部图转化为负权形式,如图 5-5(a)。基于图 5-5(a)再次调用算法 FindAssignment 为 e_5 查找匹配变量,沿增广路径 $\{e_5,x,e_1,u,e_2,F\}$ 调整匹配关系可以为 e_5 找到匹配变量,如图 5-5(b)所示。这表明此时的方程系统是一个广义 ODE 系统,故指标约简就此终止,从而得到下式所示的广义 ODE 系统:

$$
\left.
\begin{aligned}
&e_1':\dot{u}=\ddot{x}\\
&e_2:m\dot{u}=-\frac{x}{L}F\\
&e_3':\dot{v}=\ddot{y}\\
&e_4:m\dot{v}=-\frac{y}{L}F-mg\\
&e_5'':2\dot{x}^2+2x\ddot{x}+2\dot{y}^2+2y\ddot{y}=0
\end{aligned}
\right\}
\tag{5.27}
$$

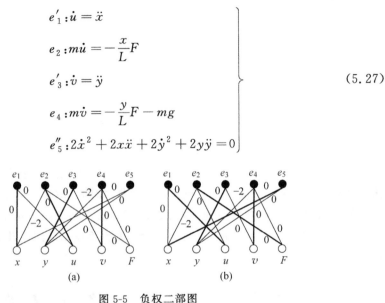

图 5-5　负权二部图

5.4.5　基于二叉树的符号微分

记 D=d/dx,我们可将函数求导的和、差、积、商规则,以及链规则表示为如下形式。

和规则: $D(u+v)=D(u)+D(v)$。

差规则: $D(u-v)=D(u)-D(v)$。

积规则: $D(u\times v)=v\times D(u)+u\times D(v)$。

商规则: $D(u/v)=D(u)/v+(u\times D(v))/(v^2)$。

链规则: $D(f(\varphi(x)))=(df(\varphi(x))/d\varphi(x))\times D(\varphi(x))$。

基于上述函数求导规则和基本初等函数的求导公式,采用符号方法可求出方程表达式的导数。本书将这种基于符号操作实现的求导运算称为符号微分。方程的符号微分采用与方程表达式的规范转换类似的方法实现,即将函数求导规则和求导公式表述为转换规则,在方程表达式树上通过树结点的变更实现表达式的变换。

为方便表示,采用符号 der 表示微分运算符,并将表达式 expr 的一阶时间导数记为 der(expr,1),n 阶时间导数记为 der(expr,n)。例如,将 $\dot{x}$ 记为 der(x,1),将 $\ddot{y}$ 记为 der(y,2)。方程 $\dot{a}+b\times c=\sin(e)$ 的二叉树表示如图 5-6 所示。

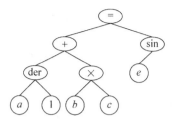

图 5-6　方程 $\dot{a}+b\times c=\sin(e)$ 的二叉树表示

　　基于二叉树的符号微分过程描述为：首先对根结点的左右孩子结点分别求导，然后采用"深度优先"方式将微分运算从上往下向叶子结点推进。在遍历过程中，每遇到一个微分运算结点，则利用函数求导规则和求导公式将微分运算向其孩子结点推进一级，直至二叉树中所有微分运算结点的左孩子均成为变量。二叉树上的每一次局部微分运算结果表现为某部分结点的变更。方程 $\dot{a}+b\times c=\sin(e)$ 的符号微分过程如图 5-7 所示。图中二叉树结点的变化情况反映了微分运算的进展情况。

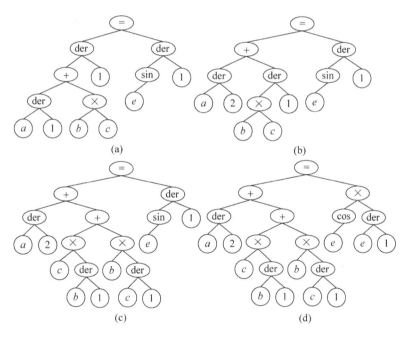

图 5-7　方程 $\dot{a}+b\times c=\sin(e)$ 的微分过程示意图

5.4.6　哑导的选取

　　鉴于哑导方法的良好特性，在算法 5.3 描述的指标约简过程结束之后，进而采用哑导思想增广获得的广义 ODE 系统。哑导选取的基本思想是：从广义 ODE 系统开始，沿方程和变量的微分关系链回溯，每回溯一步就增广方程系统一次，并根据新加入的方程选出合适的导数作为哑导,最终用选取的哑导替换方程系统中所有相对应的变量导数。

在 5.4.4 节给出的例子中,方程 e_5 所处的微分关系链为 $e_5 \rightarrow e_5' \rightarrow e_5''$,变量 x 所处的微分关系链为 $x \rightarrow \dot{x} \rightarrow \ddot{x}$。在微分关系链上,相邻的前一个节点为后一个结点的前身,即后一个结点由前一个结点通过微分运算得来。例如,e_5 为 e_5' 的前身,$\dot{x}$ 为 $\ddot{x}$ 的前身。

基于广义 ODE 系统的哑导选取过程包括如下主要步骤。

步骤 1:取广义 ODE 系统中的方程构成方程集合 EquSet。

步骤 2:取广义 ODE 系统中的变量的最高阶导数构成导数集合 DerSet。

步骤 3:将所有被约去的方程加入到广义 ODE 系统中构成增广方程系统。

步骤 4:如果 EquSet 中的某些方程存在前身,则获取这些方程的前身构成新的 EquSet;如果 EquSet 中的所有方程均不存在前身,则转步骤 8。

步骤 5:如果 DerSet 中的某些导数存在前身,则获取这些导数的前身构成新的 DerSet。

步骤 6:以 EquSet 为方程集合,以 EquSet 中方程所包含的 DerSet 的元素为变量集合,在方程集合与变量集合之间计算最大匹配;选取匹配变量的导数,并将它们加入到集合 DumSet 中。

步骤 7:转步骤 4。

步骤 8:为 DumSet 中的每个导数选择一个合适的哑导名,并在增广方程系统中用该哑导名替换与之相对应的导数。

下面以式(5.20)为例说明哑导的选取过程。

(1) 取广义 ODE 系统包含的方程 e_1''、e_2'、e_3 和 e_4 构成方程集合 EquSet。

(2) 取每个变量的最高阶导数 $\ddot{s}$、$\dot{v}$、a 和 F 构成导数集合 DerSet。

(3) 将被约去的方程 e_1'、e_1 和 e_2 加入到式(5.20)中。

(4) 在 EquSet 中方程 e_1'' 和 e_2' 存在前身,获取这两个方程的前身 e_1' 和 e_2,并令 EquSet $=\{e_1', e_2\}$。

(5) 在 DerSet 中导数 $\ddot{s}$ 和 $\dot{v}$ 存在前身,获取这两个导数的前身 $\dot{s}$ 和 v,并令 DerSet $=\{\dot{s}, v\}$。

(6) 在方程集合 $\{e_1', e_2\}$ 和变量集合 $\{\dot{s}, v\}$ 之间计算最大匹配。由于变量 $\dot{s}$ 和 v 均为匹配变量,故将它们的导数 $\ddot{s}$ 和 $\dot{v}$ 加入到集合 DumSet 中。

(7) 在 EquSet 中方程 e_1' 存在前身,获取其身 e_1,并令 EquSet $=\{e_1\}$。

(8) 在 DerSet 中导数 $\dot{s}$ 存在前身,获取其前身 s,并令 DerSet $=\{s\}$。

(9) 在方程集合 $\{e_1\}$ 和变量集合 $\{s\}$ 之间计算最大匹配,将 s 的导数 $\dot{s}$ 加入到集合 DumSet 中。

(10) 为 DumSet 中的导数 $\ddot{s}$ 选取哑导名 s'',为 $\dot{v}$ 选取哑导名 v',为 $\dot{s}$ 选取哑

导名 s'，用这些哑导名替代与之相对应的导数，最终得到式(5.21)所示的增广方程系统。

在上述例子中，每次哑导的选取均是唯一的。然而，在某些特殊问题中，哑导的选取不但不唯一，而且有可能导致增广方程系统在某些时间点奇异而无法求解。例如，式(5.26)给出的单摆 DAE 系统就是如此。其哑导选取过程如下。

(1) 取广义 ODE 系统(5.27)包含的方程 e_1'、e_2、e_3'、e_4 和 e_5'' 构成方程集合 EquSet。

(2) 取变量的最高阶导数 $\ddot{x}$、$\ddot{y}$、$\dot{u}$、$\dot{v}$ 和 F 构成导数集合 DerSet。

(3) 将被约去的方程 e_1、e_3、e_5 和 e_5' 加入到式(5.27)中。

(4) 在方程的微分关系链中获取 EquSet 中的方程 e_1'、e_3' 和 e_5'' 的前身 e_1、e_3 和 e_5'，并令 EquSet $=\{e_1,e_3,e_5'\}$。

(5) 在变量的微分关系链中获取 DerSet 中的导数 $\ddot{x}$、$\ddot{y}$、$\dot{u}$、$\dot{v}$ 的前身 $\dot{x}$、$\dot{y}$、u 和 v，并令 DerSet $=\{\dot{x},\dot{y},u,v\}$。

(6) 在方程集合 $\{e_1,e_3,e_5'\}$ 和变量集合 $\{\dot{x},\dot{y},u,v\}$ 之间计算最大匹配。很显然，此时存在多个最大匹配。例如，匹配变量可以为 $\{\dot{x},\dot{y},u\}$，也可为 $\{\dot{x},\dot{y},v\}$，还可为其他几种组合。在此选取 $\dot{x}$、$\dot{y}$、u 的导数 $\ddot{x}$、$\ddot{y}$、$\dot{u}$ 加入到集合 DumSet 中。

(7) 在方程的微分关系链中获取方程 e_5' 的前身 e_5，并令 EquSet $=\{e_5\}$。

(8) 在变量的微分关系链中获取导数 $\dot{x}$、$\dot{y}$ 的前身 x、y，并令 DerSet $=\{x,y\}$。

(9) 在方程集合 $\{e_5\}$ 和变量集合 $\{x,y\}$ 之间计算最大匹配，在此选取 x 的导数 $\dot{x}$ 加入到集合 DumSet 中。

(10) 为 DumSet 中的导数 $\ddot{x}$ 选取哑导名 x''，为 $\ddot{y}$ 选取哑导名 y''，为 $\dot{u}$ 选取哑导名 u'，为 $\dot{v}$ 选取哑导名 v'，用这些哑导名替代与之相对应的导数，最终得到如下增广方程系统：

$$
\left.
\begin{aligned}
&e_1: u = x'\\
&e_1': u' = x''\\
&e_2: mu' = -\frac{x}{L}F\\
&e_3: v = \dot{y}\\
&e_3': \dot{v} = y''\\
&e_4: m\dot{v} = -\frac{y}{L}F - mg\\
&e_5: x^2 + y^2 = L^2\\
&e_5': 2xx' + 2y\dot{y} = 0\\
&e_5'': 2x'^2 + 2xx'' + 2\dot{y}^2 + 2yy'' = 0
\end{aligned}
\right\}
\tag{5.28}
$$

其中，第(6)步用哑导替换导数 $\ddot{x}$、$\ddot{y}$、$\dot{u}$ 的前提是，认定可以用 $e_5': 2x\dot{x} + 2y\dot{y} = 0$

求出 $\dot{x}$，而不需要采用基于 $\ddot{x}$ 的离散积分公式来求解 $\dot{x}$，故可以断开 $\dot{x}$ 和 $\ddot{x}$ 的耦合关系。然而，当 x 等于 0 时，显然无法用 e_5'：$2x\dot{x}+2y\dot{y}=0$ 求出 $\dot{x}$。此时，可用 e_5'：$2x\dot{x}+2y\dot{y}=0$ 求出 $\dot{y}$，而采用哑导替换导数 $\ddot{y}$。这表明对于此类问题，需要在求解过程中在接近奇异点时转换哑导，即采用另一种合适的哑导组合。处理哑导转换的一种简单方法是，选取某种初始的哑导组合，只要数值求解器能够正常求解就一直沿用这种组合，直到求解失败，也就是必须转换时，才转换哑导。当然，更可取的方法是，在适当时刻进行转换以保证问题能够持续求解。对于上述单摆问题，当 $|x|\geqslant|y|$ 时，可选用哑导替换导数 $\ddot{x}$、$\ddot{y}$、$\dot{u}$、$\dot{x}$；当 $|x|<|y|$ 时，可选用哑导替换导数 $\ddot{x}$、$\ddot{y}$、$\dot{v}$、$\dot{x}$。

5.4.7 与现有指标约简方法的比较

基于加权二部图的指标约简（weighted bipartite graph based index reduction，WBGBIR）方法采用了与 Pantelides 方法相同的机理检测 MSS 子集，而且二者都以定理 5.1 作为 MSS 子集检测算法的理论基础。故 WBGBIR 方法也是一种结构分析方法，它具有与 Pantelides 方法同样的良好特性，也就是只需要进行最小次数的微分，因而计算量较 Gear 方法显著减少。与 Pantelides 方法相比，WBGBIR 方法的理论依据更加清晰易懂。另一方面，WBGBIR 方法可以处理包含高阶导数的 DAE 系统，而 Pantelides 方法无法处理。此外，WBGBIR 方法吸收了哑导思想，因而具备哑导方法的优点。

5.5 复杂 DAE 系统的指标分析

在第 4 章中，我们已经讨论了大规模 DAE 系统的约简问题，并提出了有效的处理策略。通过采用第 4 章提出的剥离、凝聚和归并策略对 DAE 系统进行约简，我们可以把一个完整 DAE 方程系统划分为一系列的方程子集。在这些方程子集中，有微分子集，也有代数子集。代数子集显然不需要进行指标约简，而只需分析微分子集。例如，第 4 章给出了如下 DAE 系统：

$$
\left.\begin{aligned}
e_1&: s = f(t)\\
e_2&: v = \dot{s}\\
e_3&: a = \dot{v}\\
e_4&: F = m \times a
\end{aligned}\right\} \tag{5.29}
$$

该 DAE 系统通过符号约简后被划分为两个子集 $\{e_1,e_2,e_3\}$ 和 $\{e_4\}$。在对式(5.29)进行指标分析时，我们只需对微分子集 $\{e_1,e_2,e_3\}$ 进行指标约简，并获得低指标形式的微分子集 $\{e_1'',e_2',e_3\}$。故式(5.29)最终被转化为如下的广义 ODE 系统：

$$
\left.\begin{aligned}
&e_1'' : \ddot{s} = \ddot{f}(t) \\
&e_2' : \dot{v} = \ddot{s} \\
&e_3 : a = \dot{v} \\
&e_4 : F = m \times a
\end{aligned}\right\} \tag{5.30}
$$

基于上述例子可知,先对大规模 DAE 系统进行符号约简,然后基于数据依赖图对其中的方程子集进行指标分析与约简是合适的。

然而,基于数据依赖图进行的指标分析,并不只是单纯地依次对每个微分子集进行指标分析。因为对一个微分子集中的某些方程进行微分,可能引起该微分子集与其前趋之间的数据依赖关系发生变化。因此,在某个微分子集的指标约简过程结束后,还需要检查该微分子集与其前趋是否满足规则 4.15 给出的归并条件。若满足归并条件,则需要合并两个方程子集,并对合并而成的新方程子集重新进行指标分析。

假设存在如下 DAE 系统:

$$
\left.\begin{aligned}
&e_1 : p = g(t) \\
&e_2 : s + p = f(t) \\
&e_3 : v = \dot{s} \\
&e_4 : a = \dot{v} \\
&e_5 : F = m \times a
\end{aligned}\right\} \tag{5.31}
$$

该 DAE 系统通过符号约简可划分为 3 个子集 $\{e_1\}$、$\{e_2,e_3,e_4\}$ 和 $\{e_5\}$。对微分子集 $\{e_2,e_3,e_4\}$ 进行指标约简可将其转化为 $\{e_2'',e_3',e_4\}$。此时,$\{e_2'',e_3',e_4\}$ 与 $\{e_1\}$ 满足归并条件,将二者合并为 $\{e_1,e_2'',e_3',e_4\}$。然后,对新的方程子集进行指标约简将其转化为 $\{e_1'',e_2'',e_3',e_4\}$。最终得到如下广义 ODE 系统:

$$
\left.\begin{aligned}
&e_1'' : \ddot{p} = \ddot{g}(t) \\
&e_2'' : \ddot{s} + \ddot{p} = \ddot{f}(t) \\
&e_3' : \dot{v} = \ddot{s} \\
&e_4 : a = \dot{v} \\
&e_5 : F = m \times a
\end{aligned}\right\} \tag{5.32}
$$

基于上述策略,我们给出基于数据依赖图的指标约简算法步骤如下。

算法 5.4　大规模 DAE 系统的指标约简算法

步骤 1:设 L 为通过剥离、凝聚与归并操作生成的方程子集序列,First(L) 为序列 L 的第一个方程子集,令 S=First(L)。

步骤 2:若 S 为微分子集,转步骤 4。

步骤 3:若 S 为序列 L 上的最后一个方程子集,退出;否则,在 L 上取紧随 S

的下一个子集 Next(S),令 $S=$Next(S),转步骤 2。

步骤 4：采用算法 5.3 对方程子集 S 进行指标约简。

步骤 5：在数据依赖图中依次检查子集 S 与其每一个前趋是否满足归并条件，将满足归并条件的前趋合并到 S 中，并在序列 L 中删除该前趋，在数据依赖图中凝聚相应的顶点。若发生归并，转步骤 4；否则，转步骤 3。

算法 5.4 是针对大规模 DAE 系统提出的指标约简算法,目的是提高效率。但如果 DAE 系统的规模较小,可直接采用算法 5.3 进行指标约简。

下面我们通过一个简单的例子说明算法 5.4 的必要性。在图 5-8 所示的简单机械系统中,两个由杆连接在一起的质量块 M_1 和 M_2 放置在光滑平面上,在 M_2 上施加有一个随时间变化的外力 $f(t)$。在此只给出系统模型的 Modelica 代码。

```
Model TwoMass
  Mass M1(m = 4,L = 1.2);
  Mass M2(m = 2,L = 0.8);
  Force F;
equation
  connect(M1.fb, M2.fa);
  connect(M2.fb, F.fb);
end TwoMass;
```

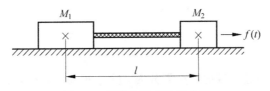

图 5-8　简单机械系统示意图

以上 Modelica 模型 TwoMass 可转换为一个 DAE 系统,如表 5-1 所示。

表 5-1　图 5-8 所示机械系统模型对应的 DAE 系统

方　　　　程	变　　　量
$e_1: M_1.fa.s = M_1.s - 0.5 \times M_1.L$	$v_1: M_1.s$
$e_2: M_1.fb.s = M_1.s + 0.5 \times M_1.L$	$v_2: M_1.v$
$e_3: M_1.v = der(M_1.s, 1)$	$v_3: M_1.a$
$e_4: M_1.a = der(M_1.v, 1)$	$v_4: M_1.fa.s$
$e_5: M_1.m \times M_1.a = M_1.fa.f + M_1.fb.f$	$v_5: M_1.fa.f$
$e_6: M_2.fa.s = M_2.s - 0.5 \times M_2.L$	$v_6: M_1.fb.s$
$e_7: M_2.fb.s = M_2.s + 0.5 \times M_2.L$	$v_7: M_1.fb.f$
$e_8: M_2.v = der(M_2.s, 1)$	$v_8: M_2.s$
$e_9: M_2.a = der(M_2.v, 1)$	$v_9: M_2.v$
$e_{10}: M_2.m \times M_2.a = M_2.fa.f + M_2.fb.f$	$v_{10}: M_2.a$
$e_{11}: F.f = 6 \times \sin(31.416 \times time)$	$v_{11}: M_2.fa.s$
$e_{12}: F.fb.f = -F.f$	$v_{12}: M_2.fa.f$

方　　　程	变　　量
$e_{13}: F.fb.f + M_2.fb.f = 0$	$v_{13}: M_2.fb.s$
$e_{14}: M_2.fb.s = F.fb.s$	$v_{14}: M_2.fb.f$
$e_{15}: M_1.fa.f = 0$	$v_{15}: F.f$
$e_{16}: M_1.fb.f + M_2.fa.f = 0$	$v_{16}: F.fb.s$
$e_{17}: M_2.fa.s = M_1.fb.s$	$v_{17}: F.fb.f$

首先,剥离方程组中的别名变量。通过用 $-F.fb.f$ 替代 $F.f$,用 $-F.fb.f$ 替代 $M_2.fb.f$,用 $-M_1.fb.f$ 替代 $M_2.fa.f$,用 $M_2.fa.S$ 替代 $M_1.fb.s$,可以把方程 e_{12}、e_{13}、e_{16} 和 e_{17} 从方程组中分离出来,并使方程 e_2、e_{10}、e_{14} 变为如下形式:

$$\left. \begin{aligned} e_2 &: M_2.fa.s = M_1.s + 0.5 \times M_1.L \\ e_{10} &: M_2.m \times M_2.a = -F.fb.f - M_1.fb.f \\ e_{11} &: F.fb.f = -6 \times \sin(31.416 \times \text{time}) \end{aligned} \right\} \quad (5.33)$$

然后,通过凝聚与归并操作,可得到如下方程子集及由其求解的变量:

$$\left. \begin{aligned} S_1 &: \{e_{15}, v_5\} \\ S_2 &: \{e_{11}, v_{15}\} \\ S_3 &: \{e_{12}, v_{17}\} \\ S_4 &: \{e_2, e_3, e_4, e_5, e_6, e_8, e_9, e_{10}, v_1, v_2, v_3, v_7, v_8, v_9, v_{10}, v_{11}\} \\ S_5 &: \{e_1, v_4\} \\ S_6 &: \{e_7, v_{13}\} \\ S_7 &: \{e_{14}, v_{16}\} \\ S_8 &: \{e_{13}, v_{14}\} \\ S_9 &: \{e_{16}, v_{12}\} \\ S_{10} &: \{e_{17}, v_6\} \end{aligned} \right\} \quad (5.34)$$

在上述 10 个方程子集中,只有 S_4 是微分子集,它是指标-3 问题。对 S_4 进行指标约简,确定出需要对 e_2 和 e_6 各求两次微分,对 e_3 和 e_8 各求一次微分,对这 4 个方程进行符号微分得到:

$$\left. \begin{aligned} e''_2 &: \text{der}(M_2.fa.s, 2) - \text{der}(M_1.s, 2) = 0 \\ e''_6 &: \text{der}(M_2.fa.s, 2) - \text{der}(M_2.s, 2) = 0 \\ e'_3 &: \text{der}(M_2.v, 1) - \text{der}(M_2.s, 2) = 0 \\ e'_8 &: \text{der}(M_1.v, 1) - \text{der}(M_1.s, 2) = 0 \end{aligned} \right\} \quad (5.35)$$

通过指标约简,微分子集 S_4 被转化为 $\{e''_2, e'_3, e_4, e_5, e''_6, e'_8, e_9, e_{10}\}$,这是一个广义 ODE 系统。$S_4$ 与其前驱不满足归并条件,无需进行归并。

如上所述,采用算法 5.4 处理上述 DAE 系统的指标约简问题,只需分析其中的 8 个方程；而采用算法 5.3 或者 Pantelides 算法则需要分析全部 17 个方程。由此可见，对于规模较大的 DAE 问题，采用算法 5.4 进行指标约简能够显著地提高约简效率。

5.6　Modelica 模型的相容初始化

如前面所述，高指标 DAE 系统中存在隐含代数约束，通过检测并对其中的 MSS 子集求微分可以将这些隐含约束揭露出来。由此可见，WBGBIR 方法在降低 DAE 系统的指标的同时，也揭露出了这些隐含约束。因此，IMBIR 方法生成的增广方程系统就是初始值必须满足的所有约束条件。DAE 系统的相容初始化就是将变量和变量的导数均看作未知的代数量，然后求解增广方程系统。然而，这样的增广方程通常是欠约束系统，因而需要用户在定义模型时为模型的某些变量或变量的导数给定初始值。

Modelica 语言提供了如下两种方式为变量或变量的导数设定初始值[123]。

1. 直接为变量设定初始值

变量的属性 start 和 fixed 用于为变量设定初始值。例如：

```
  parameter Real x0 = 1.2;
  Real x(start = x0, fixed = true);
equation
  der(x) = 2 * x - 1;
```

求解如下初始化方程系统可得到上述 DAE 问题的初始值，即

$$\begin{cases} x = 1.2 \\ \mathrm{der}(x) = 2 \times x - 1 \end{cases}$$

如果用户没有为某个变量设定 start 属性，那么该变量的初始值被默认地设置为 0。如果变量的属性 fixed 被设置为 true，那么该变量的初始值必须设定为由 start 属性指定的值。如果变量的属性 fixed 被设置为 false 或者默认，那么由 start 属性指定的值只是变量的初始猜测值，求解器可以根据相容初始化方程系统中的约束条件为其选择一个不同的初始值。在求解非线性代数环时，变量的初始猜测值可作为迭代的起始值。

2. 给定初始化方程

初始化方程可看作是变量初始值和变量导数初始值之间的代数约束，常用于为变量导数设定初始值。例如：

```
  Real x;
initial equation
  der(x) = 0;
```

equation
　der(x) = 2 * x - 1;

根据上述初始条件可求得 x 的初始值为

$$x = (\mathrm{der}(x) + 1)/2 = (0 + 1)/2 = 0.5$$

综上所述,可将用户为模型给定的初始条件划分为如下 3 类:

(1) 由属性 start 表示的初始条件,且属性 fixed 被设置为 true。

(2) 由属性 start 表示的初始条件,且属性 fixed 被设置为 false 或者默认。

(3) 初始化方程。

其中,第(1)类和第(3)类初始条件是初始值必须满足的约束条件,即必选初始条件。第(2)类初始条件为可选初始条件。当必选初始条件少于需要的初始条件时,采用可选初始条件补足差额。

对于式(5.2)所示的 DAE 系统,如果将其中的变量和变量的导数均看作未知的代数量,那么式(5.2)具有 $2 \times \dim(\boldsymbol{x}) + \dim(\boldsymbol{y})$ 个未知量,$\dim(\boldsymbol{f}) = \dim(\boldsymbol{x}) + \dim(\boldsymbol{y})$ 个方程。由于式(5.2)可能是高指标系统,即其中可能存在隐含约束条件,故在初始化式(5.2)时最多需要为其给定 $\dim(\boldsymbol{x})$ 个初始条件。

对于一个特定的 DAE 问题,需要用户为其给定的初始条件的个数和可以为哪些变量或变量的导数设定初始条件均可以根据对该 DAE 系统进行指标约简所生成的增广方程系统确定。

对于式(5.26)给出的 DAE 系统,通过前面的分析可知,式(5.28)为式(5.26)经过指标约简所获得的增广方程系统。在式(5.28)中,有 11 个未知量和 9 个约束方程,故需要为其指定 2 个初始条件。以式(5.28)中的方程集合 $\{e_1, e_1', e_2, e_3, e_3', e_4, e_5, e_5', e_5''\}$ 和未知量集合 $\{x, x', x'', y, \dot{y}, y'', u, u', v, \dot{v}, F\}$ 为互补顶点集合构造二部图,如图 5-9 所示。

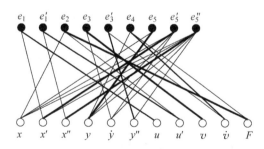

图 5-9　方程系统(5.28)的约束表示图(粗线表示匹配边)

在图 5-9 所示的二部图中,只包含了增广方程系统中的方程,没有加入用户给定的初始约束条件。在图 5-9 中计算一个最大匹配可使某两个变量成为自由变量,例如 x 和 $\dot{y}$,这表明用户可以为这两个变量设定初始值或初始条件。在获得了必要的初始条件后,求解由增广方程系统和初始条件混合构成的初始化方程系统可获得其他变量的初始值。由于一个二部图通常存在多个不同的最大匹配,故一个 DAE 系统通常存在多种初始化方案。

为 DAE 系统设定初始条件实际上就是向增广方程系统中补充约束方程,使其正好恰约束,并且可解。如果用户给定的初始条件能够保证这一点,那么初始条件是相容的,也就是实现了 DAE 问题的相容初始化。判定用户给定的初始条件是否相容的一般过程可描述如下。

步骤 1:以指标约简生成的增广方程系统中的方程集合和变量集合为互补顶点集构造二部图 G。

步骤 2:提取用户给定的必选初始条件,将这些初始条件作为约束方程加入到增广方程系统中,并在二部图 G 中创建相应的方程顶点和边。

步骤 3:在二部图 G 中计算一个最大匹配 W。

步骤 4:如果最大匹配 W 不是完美匹配,转步骤 5;否则,对二部图进行强连通分量凝聚和拓扑排序,根据获得的方程子集求解序列,采用数值或者符号方法逐个求解方程子集。如果初始化方程系统可解,则表明初始条件是相容的,求解出的变量及变量导数的值即为它们的初始值;否则,初始条件是不相容的,提示用户重新给定初始条件。

步骤 5:如果 G 中存在方程顶点没有被 W 覆盖,则表明用户为模型指定的必选初始条件过多以致产生了过约束问题,提示用户减少初始条件;否则,需要选取可选初始条件加入到初始化方程系统中。

步骤 6:在 G 中通过调整匹配关系,获得所有可能的自由变量组合。

步骤 7:依次取一种自由变量组合,将相应的可选初始条件加入到初始化方程系统中,对 G 进行强连通分量凝聚和拓扑排序,并根据方程子集序列求解初始化方程系统。若初始化方程系统可解,则表明已获得相容初始值;否则,重复本步骤,直至初始化方程系统可解。如果每一种可选初始条件组合均无法使初始化方程系统可解,则表明用户给定的初始条件不相容,提示用户重新给定初始条件。

对于式(5.26)给出的 DAE 系统,可给定如下初始条件:

```
Real x(start = 0.866);
Real y(start = - 0.5, fixed = true);
Real v(start = 0, fixed = true);
```

根据上述初始条件可得到两个必选初始条件:

$$\begin{cases} ic_1: y = -0.5 \\ ic_2: \dot{y} = 0 \end{cases}$$

以及一个可选初始条件 $ic_3: x = 0.866$。

将这两个必选初始条件作为约束方程补充到式(5.28)中,此时,图 5-9 所示的二部图将变为图 5-10 所示的形式。

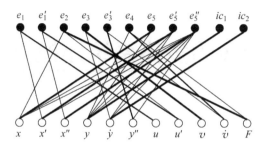

图 5-10　初始化方程系统的约束表示图

在图 5-10 中,由粗线表示的最大匹配为完美匹配。求解恰约束的代数方程系统可获得其他变量或变量导数的初始值如下:

$$x=0.866, x'=0, x''=-4.2435, y''=-7.35, u=0, u'=-4.2435, v=0,$$
$$v'=-7.35, F=4.9。$$

总而言之,只有在初始化方程系统的表示图中,能够不被至少一个最大匹配覆盖的变量才能由用户设定初始值,并且用户提供的初始值必须要能够确保可求出其他变量和变量导数的初始值。

5.7　小结

本章首先讨论了 DAE 问题的指标分析策略,阐明了指标约简的基本原理;通过定义最小结构奇异子集和加权二部图,给出了基于加权二部图的指标约简方法;采用二叉树表示方程表达式,提出了基于二叉树的符号微分方法。其次,针对大规模 DAE 系统的指标问题进行了研究,给出了基于方程子集的针对大规模 DAE 系统的指标分析方法。最后,讨论了 DAE 模型的相容初始化问题,介绍了 Modelica 语言提供的初始条件设置方式,给出了初始条件的相容性判定方法和初始化约束方程系统求解策略。

第6章

基于Modelica的多体系统建模方法

6.1 概述

当前复杂工程系统通常具有多领域耦合的特点,如飞机、航天器、汽车、工程机械等系统通常由机械、控制、液压、电子等多领域子系统组成。在这些子系统中,机械子系统常用作动力、传动、执行等机构,地位重要。在多领域统一建模框架下,提供对机械系统的支持具有重要意义。机械系统按维度可分为一维平动、一维转动与多体系统。一维机械系统常用于简单机构或可以简化为一维系统的建模场景。在实际复杂工程系统中,更常用的机械是三维多体系统。根据系统中物体的力学特性,多体系统可分为多刚体系统、柔性多体系统和刚柔混合多体系统[165]。本章只研究多刚体系统。

多刚体系统动力学自 20 世纪 60 年代以来经过几十年的发展已经比较成熟,形成了以笛卡儿方法和拉格朗日方法为代表的完整数学建模方法[165],并产生了MSC. ADAMS①、LMS Virtual. Lab Motion②、SIMPACK③ 等代表性的多体系统动力学软件。但是在多领域统一建模环境下,多体系统建模要求遵循广义基尔霍夫定律,并且必须在统一的编译求解框架下进行仿真,这将带来以下几项挑战:

(1) 如何实现基于广义基尔霍夫定律的多体建模。

(2) 如何基于多领域统一编译求解框架实现多体系统求解。

(3) 如何解决常规多体动力学中普遍的平面闭环、非线性代数环、求解违约等问题。

目前,Modelica 规范提供了标准多体库[65],支持多体机械与其他领域组件的统一建模;MapleSim 基于 Modelica 规范提供了多领域统一建模支持,但其多体库基于线性图理论单独构建[58];SimMechanics 基于 Simscape 框架接口提供了机械与其他有限领域的一致建模[62]。

---

① MSC. ADAMS:http://www.mscsoftware.com/Products/CAE-Tools/Adams.aspx。

② LMS Virtual. Lab Motion:http://www.lmsintl.com/simulation/motion-introduction。

③ SIMPACK:http://www.simpack.com/。

本章将以 Modelica 为基础,研究基于广义基尔霍夫定律的多体动力学;以标准多体库为对象,分析基于 Modelica 统一编译求解框架的多体系统建模仿真关键问题;然后集中探讨 Modelica 环境下的多体系统平面闭环、非线性代数约束处理等问题;最后给出 Modelica 多体系统模型编译与求解的实现。

6.2　基于广义基尔霍夫定律的多体动力学

6.2.1　多体动力学基本概念

力学模型:由物体、运动副、力元和外力等元素组成并具有一定拓扑构型的系统。

物体:多体系统中的构件定义为物体。

运动副:也称为铰,在多体系统中将物体间的运动约束定义为运动副。

力元:在多体系统中物体间的相互作用定义为力元,也称为内力。常见力元有移动弹簧-阻尼器-致动器(TSDA)、扭转弹簧-阻尼器-致动器(RSDA)等。

外力:多体系统外的物体对系统中物体的作用定义为外力。狭义外力分为外力和外力矩,力矩也称为力偶。

拓扑构型:多体系统中各物体的联系方式称为系统的拓扑构型,简称拓扑。拓扑一般只包括物体和连接物理的运动副。

数学模型:分为静力学数学模型、运动学数学模型和动力学数学模型,是指在相应条件下对系统力学模型的数学描述。

坐标系:也称为标架,用于确定物体的位置与姿态,定义运动副的相对运动,或者作为确定矢量坐标的参考。坐标系分为绝对坐标系与相对坐标系,绝对坐标系也称为世界坐标系或惯性坐标系。

6.2.2　位置、姿态与坐标变换

1. 位置与姿态

三维空间机构采用固联在构件上的连体坐标系来确定系统运动。构件的广义坐标由两个部分组成:一是连体坐标系的原点坐标,称为位置坐标;二是确定连体坐标系相对于全局坐标系的姿态参数,称为姿态坐标。位置坐标与姿态坐标合称为位姿,也称为方位。如图 6-1 所示,连体坐标系 $o'x'y'z'$ 原点 o' 的矢径为 $r = [x, y, z]^T$,$o'x'y'z'$ 相对于全局坐标系 $oxyz$ 的方位可用不同形式表示,如方向余弦矩阵、欧拉参数、欧拉角、有限转动四元数、正交轴等。这些表示具有相同的几何意义,但具有不同的特性。

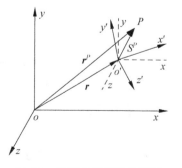

图 6-1　空间坐标变换示意图

方向余弦矩阵定义为

$$\boldsymbol{A}=[\boldsymbol{f},\boldsymbol{g},\boldsymbol{h}]=\begin{bmatrix} a_{11} & a_{12} & a_{13} \\ a_{21} & a_{22} & a_{23} \\ a_{31} & a_{32} & a_{33} \end{bmatrix} \tag{6.1}$$

其中，$\boldsymbol{f}$、$\boldsymbol{g}$ 和 $\boldsymbol{h}$ 分别为连体坐标系 $o'x'y'z'$ 坐标轴 $o'x'$、$o'y'$ 和 $o'z'$ 的单位矢量，即 3 个单位**正交轴**。方向余弦矩阵全称为坐标系 $o'x'y'z'$ 相对于坐标系 $oxyz$ 的方向余弦矩阵。方向余弦矩阵 $\boldsymbol{A}$ 为正交矩阵，因此，$\boldsymbol{A}$ 中 9 个变量受 6 个独立方程的约束(正交归一化约束)，方向余弦矩阵中只存在描述 3 个转动自由度的独立变量。

根据刚体转动的欧拉定理，确定刚体的方位可以采用欧拉定理中的转动轴和转动角。如果坐标系 $oxyz$ 与坐标系 $o'x'y'z'$ 原点重合，由欧拉定理，$oxyz$ 可绕某单位轴矢量 $\boldsymbol{u}$ 转动 χ 角与 $o'x'y'z'$ 重合。单位矢量 $\boldsymbol{u}$ 和转角 χ 可定义一个**有限转动四元数**，以描述刚体姿态。由 $\boldsymbol{u}$ 和 χ 可再定义一个等价的 4 分量**欧拉参数**。定义：

$$\left.\begin{aligned} e_0 &= \cos\frac{\chi}{2} \\ \boldsymbol{e} &= \begin{bmatrix} e_1 \\ e_2 \\ e_3 \end{bmatrix} \equiv \boldsymbol{u}\sin\frac{\chi}{2} \end{aligned}\right\} \tag{6.2}$$

则欧拉参数用 4×1 列向量表示为

$$\boldsymbol{p}=[e_0,\boldsymbol{e}^{\mathrm{T}}]^{\mathrm{T}}=[e_0,e_1,e_2,e_3]^{\mathrm{T}} \tag{6.3}$$

欧拉参数要满足欧拉参数归一化约束，即

$$\boldsymbol{p}^{\mathrm{T}}\boldsymbol{p}=e_0^2+e_1^2+e_2^2+e_3^2=1 \tag{6.4}$$

故欧拉参数 4 个分量中存在描述物体转动的 3 个独立分量。

根据欧拉定理，刚体运动还可以分解为依次绕连体坐标系 $o'x'y'z'$ 的不同坐标轴进行的 3 次有限转动，其中的 3 个转角序列可用于描述刚体姿态，称为广义欧拉角。广义欧拉角要求任何两次连续转动的转轴必须不同，共有 12 种组合序列，最常用的是欧拉角和卡尔丹角。欧拉角是依次绕 $o'z'$、$o'x'$、$o'z'$ 转动的转角序列 $[\psi,\theta,\phi]^{\mathrm{T}}$，当 $\theta=0$ 时欧拉角出现奇异点。卡尔丹角是依次绕 $o'x'$、$o'y'$、$o'z'$ 转动的转角序列 $[\alpha,\beta,\gamma]^{\mathrm{T}}$，当 $\beta=\pm\pi/2$ 时卡尔丹角出现奇异点。

方向余弦矩阵、欧拉参数、欧拉角、有限转动四元数、正交轴等都是描述物体方位的参数，它们是等价的，任何两种表示之间存在着双向的变换关系。

2. 坐标变换

如果连体坐标系 $o'x'y'z'$ 和全局坐标系 $oxyz$ 的原点重合，即 $\boldsymbol{r}=\boldsymbol{0}$，则矢量 $\boldsymbol{s}$ 在连体坐标系中的表示形式 $\boldsymbol{s}'$ 和在全局坐标系中的表示形式 $\boldsymbol{s}$ 存在如下变换关系(矢量表示为列向量形式)：

$$s = As' \tag{6.5}$$

更一般的坐标变换式为

$$r^P = r + As'^P \tag{6.6}$$

其中，r^P 为点 P 在坐标系 $oxyz$ 中的矢径，r 为坐标系 $o'x'y'z'$ 原点 o' 在坐标系 $oxyz$ 中的矢径，s'^P 为点 P 在坐标系 $o'x'y'z'$ 中的矢径，A 为 $o'x'y'z'$ 相对于 $oxyz$ 的方向余弦矩阵。

对式(6.6)求时间导数，得速度变换式：[7,149]

$$\dot{r}^P = \dot{r} + \dot{A}s'^P = \dot{r} + \tilde{\omega}s^P \tag{6.7}$$

其中，$\tilde{\omega}$ 是 ω 的斜对称矩阵，ω 称为连体坐标系 $o'x'y'z'$ 相对于全局坐标系 $oxyz$ 的角速度矢量，表示为

$$\tilde{\omega} = \dot{A}A^T \tag{6.8}$$

若将角速度矢量 ω 运用式(6.5)的逆变换变换到坐标系 $o'x'y'z'$ 并表示为 ω'，则存在

$$\tilde{\omega}' = A^T\dot{A} \tag{6.9}$$

$$\dot{A} = \tilde{\omega}A = A\tilde{\omega}' \tag{6.10}$$

对式(6.7)求时间导数，得加速度变换式：[7,149]

$$\ddot{r}^P = \ddot{r} + \ddot{A}s'^P \tag{6.11}$$

其中

$$\ddot{A} = \dot{\tilde{\omega}}A + \tilde{\omega}\,\tilde{\omega}A \tag{6.12}$$

角速度 ω' 是不可积的[7,165]，因此角速度也被称为拟坐标。

6.2.3　空间自由刚体牛顿-欧拉运动方程

对于空间任意刚体构件 i，令其连体坐标系 $o'_ix'_iy'_iz'_i$ 的原点 o'_i 固定于刚体质心，此时连体坐标系也称为质心坐标系。设刚体质量为 m_i，其相对于质心坐标系 $o'_ix'_iy'_iz'_i$ 的惯性张量为 J'_i，再设作用在刚体上的总外力为 F_i，外力相对于质心坐标系 $o'_ix'_iy'_iz'_i$ 原点的力矩为 n'_i，则相对于刚体质心坐标系的刚体牛顿-欧拉运动方程为[7,165]

$$m_i\ddot{r}_i = F_i \tag{6.13}$$

$$J'_i\dot{\omega}'_i = n'_i - \tilde{\omega}'_iJ'_i\omega'_i \tag{6.14}$$

其中，r_i 为刚体质心位移，ω'_i 为刚体绝对角速度在坐标系 $o'_ix'_iy'_iz'_i$ 中的表示。

6.2.4　基于广义基尔霍夫定律的多体动力学

1. 多体系统连接器

基于广义基尔霍夫定律的多领域统一建模，以连接器传递能量流，连接器一般

要求包含所属领域的流变量与势变量。对于机械动力学而言,流变量一般为力(包括力和力矩),势变量一般为位移(包括平动位置和转动姿态)或速度(包括平动速度和转动角速度)。在多体系统连接器中,定义力和力矩为流变量;为了避免模型中的积分运算,选择位置和姿态为势变量。

多体系统连接器,也称为端口,具有位置和姿态,可以作为参考坐标系。当作为参考坐标系时,连接器也称为连接器标架,或端口标架。多体系统连接器定义的关键在于姿态的选择。

姿态可以选择欧拉角、欧拉参数、方向余弦矩阵等任何一种表示。如果以欧拉角为姿态表示,由于在方程映射之后不再存在领域信息,必须在建模过程中处理欧拉角奇异点问题,动态进行欧拉角序列的切换,一般切换欧拉角和卡尔丹角。如果以欧拉参数或方向余弦矩阵为姿态表示,必须处理其相关的冗余坐标问题,要求考虑欧拉参数归一化约束或方向余弦矩阵正交约束。方向余弦矩阵表示姿态便于坐标变换,但是增加了连接器变量数和约束方程。

多体系统连接器可以 Modelica 代码形式近似定义,如图 6-2 所示。

```
connector Frame
 flow Real[3]f;        // 力
 flow Real[3]t;        // 力矩
 Real[3]r;             // 位置
 Real[3]                // 姿态形式化定义
end Frame;
```

图 6-2　多体系统连接器形式化代码

2. 刚体相对于端口标架的牛顿-欧拉运动方程

如图 6-3 所示,刚体 Part 左右两端连接器组件分别为 frame_a 和 frame_b,连接器类型为 Frame。Frame 具有位置和姿态,可以作为参考坐标系。以 frame_a 为 Part 连体坐标系,以 frame_cm 为质心坐标系,质心坐标系为逻辑坐标系,原点位于质心,姿态与连体坐标系 frame_a 相同。

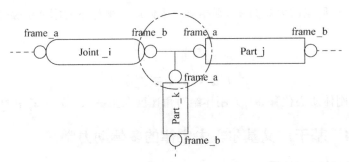

图 6-3　运动副与部件连接示意图

令 frame_a 原点相对于全局坐标系的位置矢量为 r^a，frame_a 方向余弦矩阵为 A^a，frame_a 绝对角速度在全局坐标系和 frame_a 中分别表示为 $\boldsymbol{\omega}^a$ 和 $\boldsymbol{\omega}^a_a$。设 Part 质量为 m，相对 frame_cm 的惯性张量为 $\boldsymbol{I}_{cm}$，质心 cm 相对于全局坐标系和 frame_a 的位置矢量分别为 r^{cm} 和 r^{cm}_a，frame_cm 绝对角速度在 frame_cm 中表示为 $\boldsymbol{\omega}^{cm}_{cm}$，Part 所受的外部作用力（不含重力）和外部力矩矢量在 frame_a 和 frame_cm 中分别表示为 f^a、t^a、f^{cm}、t^{cm}。重力加速度矢量在 frame_a 和 frame_cm 中分别表示为 g^a 和 g^{cm}。

根据式(6.13)和式(6.14)，刚体 Part 相对于质心坐标系的牛顿-欧拉方程表示为

$$m\ddot{r}^{cm} = f^{cm} + mg^{cm} \tag{6.15}$$

$$\boldsymbol{I}_{cm}\dot{\boldsymbol{\omega}}^{cm}_{cm} = t^{cm} - \tilde{\boldsymbol{\omega}}^{cm}_{cm}\boldsymbol{I}_{cm}\boldsymbol{\omega}^{cm}_{cm} \tag{6.16}$$

由于质心坐标系 frame_cm 姿态与连体坐标系 frame_a 相同，故

$$g^{cm} = g^{cm} \tag{6.17}$$

$$\boldsymbol{\omega}^{cm}_{cm} = \boldsymbol{\omega}^a_a \tag{6.18}$$

$$\dot{\boldsymbol{\omega}}^{cm}_{cm} = \dot{\boldsymbol{\omega}}^a_a \tag{6.19}$$

$$\tilde{\boldsymbol{\omega}}^{cm}_{cm} = \tilde{\boldsymbol{\omega}}^a_a \tag{6.20}$$

在质心坐标系 frame_cm 与连体坐标系 frame_a 上定义的外力和外力矩存在关系

$$f^a = f^{cm} \tag{6.21}$$

$$t^a = t^{cm} + r^{cm}_a \times f^{cm} = t^{cm} + \tilde{r}^{cm}_a f^{cm} \tag{6.22}$$

由加速度变换式(6.11)和式(6.12)，有

$$\ddot{r}^{cm} = \ddot{r}^a + \ddot{A}^a r^{cm}_a = \ddot{r}^a + (\tilde{\dot{\boldsymbol{\omega}}}^a + \tilde{\boldsymbol{\omega}}^a \tilde{\boldsymbol{\omega}}^a)A^a r^{cm}_a = \ddot{r}^a + A^a(\tilde{\dot{\boldsymbol{\omega}}}^a_a + \tilde{\boldsymbol{\omega}}^a_a \tilde{\boldsymbol{\omega}}^a_a)r^{cm}_a \tag{6.23}$$

据此，可将式(6.15)和式(6.16)化为相对于连体坐标系 frame_a，即连接器端口坐标系的牛顿-欧拉公式：

$$f^a = m(\ddot{r}^a - g^a + A^a(\tilde{\dot{\boldsymbol{\omega}}}^a_a + \tilde{\boldsymbol{\omega}}^a_a \tilde{\boldsymbol{\omega}}^a_a)r^{cm}_a) \tag{6.24}$$

$$t^a = \boldsymbol{I}_{cm}\dot{\boldsymbol{\omega}}^a_a + \tilde{\boldsymbol{\omega}}^a_a \boldsymbol{I}_{cm}\boldsymbol{\omega}^a_a + \tilde{r}^{cm}_a f^a \tag{6.25}$$

式(6.24)和式(6.25)即构成刚体相对于连接器端口标架的牛顿-欧拉公式。

3. 基于端口标架的运动副约束方程

如图 6-3 所示，运动副 Joint 左右两端连接器组件分别为 frame_a 和 frame_b，连接器类型为 Frame。Joint 通过定义 frame_a 与 frame_b 之间的方程来描述运动副的运动约束。下面以转动副为例分析运动副基于连接器端口标架的运动约束描述。

以 frame_a 和 frame_b 为端口标架的转动副，定义 frame_b 绕固定在 frame_a 上的转轴 n 转动，n 的单位矢量为 e，当 frame_b 相对于 frame_a 的转角为零时，两

标架重合。设 frame_b 绕 n 相对于 frame_a 转动的转角为 φ。令 frame_a 和 frame_b 原点相对于全局坐标系的位置矢量分别为 r^{a} 和 r^{b}，frame_b 相对于 frame_a 的方向余弦矩阵为 A^{ab}，frame_a 相对于 frame_b 的方向余弦矩阵为 A^{ba}，定义在 frame_a 和 frame_b 上的切割力和切割力矩分别为 f^{a}、t^{a}、f^{b}、t^{b}。

转动副基于 frame_a 和 frame_b 定义的约束方程：

标架位置关系为

$$r^{\mathrm{a}} = r^{\mathrm{b}} \tag{6.26}$$

$$A^{\mathrm{ab}} = \mathrm{planarRotation}(e, \varphi) \tag{6.27}$$

或

$$A^{\mathrm{ba}} = \mathrm{planarRotation}(-e, \varphi) \tag{6.28}$$

标架切割力与力矩（约束反力）的关系为

$$f^{\mathrm{a}} + A^{\mathrm{ab}} f^{\mathrm{b}} = 0 \tag{6.29}$$

$$t^{\mathrm{a}} + A^{\mathrm{ab}} t^{\mathrm{b}} = 0 \tag{6.30}$$

或

$$A^{\mathrm{ba}} f^{\mathrm{a}} + f^{\mathrm{b}} = 0 \tag{6.31}$$

$$A^{\mathrm{ba}} t^{\mathrm{a}} + t^{\mathrm{b}} = 0 \tag{6.32}$$

在转动副中，端口标架 frame_a 与 frame_b 的方位存在约束关系，两者的方位约束为转轴和转角的函数。其他转动副也会以不同方式约束两端口标架之间的方位。

4. 多体系统广义基尔霍夫定律

如图 6-3 所示，对于 Joint_i、Part_j 和 Part_k 之间的连接应用广义基尔霍夫定律。根据广义基尔霍夫定律，Joint_i、Part_j 和 Part_k 连接器端口标架 Joint_i. frame_b、Part_j. frame_a 及 Part_k. frame_a 之间存在如下关系：

$$\mathrm{frame}_i.r = \mathrm{frame}_j.r, \quad i = 1, \cdots, n, j = 1, \cdots, n, i \neq j \tag{6.33}$$

$$\mathrm{frame}_i.R = \mathrm{frame}_j.R, \quad i = 1, \cdots, n, j = 1, \cdots, n, i \neq j \tag{6.34}$$

$$\sum_{i=1}^{n} \mathrm{frame}_i.f = 0 \tag{6.35}$$

$$\sum_{i=1}^{n} \mathrm{frame}_i.t = 0 \tag{6.36}$$

这里，上述各式中 $n=3$。

由多体系统广义基尔霍夫定律可知，在多体系统模型中，任何两个连接器之间的连接约束连接标架之间的位置和姿态相等。

5. 基于广义基尔霍夫定律的多体动力学

由刚体相对于连接器端口标架的牛顿-欧拉方程式（6.24）和式（6.25）、以转动副为代表的基于连接器端口标架的运动副约束方程式（6.26）～式（6.32），以及多体系统广义基尔霍夫定律方程式(6.33)~式(6.36)共同构成完整的基于广义基尔霍夫定律的多体动力学方程。

基于广义基尔霍夫定律的多体动力学建模方法不同于传统的笛卡儿建模方法和拉格朗日建模方法。笛卡儿方法[7,165]以系统每一个物体为单元,建立固联在刚体上的坐标系,刚体的位置相对于全局坐标系进行定义,其位置坐标统一为刚体坐标系基点的笛卡儿坐标与坐标系的方位坐标,对于由 N 个刚体组成的系统,位置坐标阵中的坐标个数为 $6N$(三维)。由于铰的存在,这些位置坐标不独立,致使动力学方程形式为微分-代数方程。笛卡儿方法动力学方程中的位置、速度、加速度、姿态、角速度、角加速度、力、力矩等都相对于全局坐标系定义。

拉格朗日方法以系统每个铰的一对邻接刚体为单元,以一个刚体为参考物,另一个刚体相对该刚体的位置由铰的广义坐标(又称拉格朗日坐标)来描述。这样开环系统的位置完全可由所有铰的拉格朗日坐标阵所确定,可以得到二阶微分方程组形式描述的动力学方程。对于存在闭环的系统,需要为每一个回路选择一个铰予以切断,生成开环的派生树系统,并将切割铰作用于邻接刚体的约束反力视为外力施加于派生树系统,而且派生树系统在切割铰处要求满足相应的运动约束条件,因此,闭环系统的动力学方程形式为微分-代数方程。

基于广义基尔霍夫定律的多体动力学建模方法,分别以系统每个带有左右连接器端口标架的物体为单元,选择某端口标架为连体坐标系,相对于连体坐标系给出单体的牛顿-欧拉方程,再以系统每个带有左右连接器端口标架的铰为单元,基于左右端口标架给出铰的运动约束方程,最后基于广义基尔霍夫定律通过连接机制实现刚体和铰的位置、姿态、力及力矩的传递。基于连接机制的多体动力学建模方法,同笛卡儿方法一样,一般不需要专门考虑闭环问题,生成的动力学方程为微分-代数方程。在刚体牛顿-欧拉方程与铰运动约束方程中,端口标架的位置、速度、加速度、姿态相对于全局坐标系定义和表示;角速度、角加速度相对于全局坐标系定义,在端口标架中表示;力、力矩以端口标架中的相对坐标参与运算。

6.3　Modelica 标准多体库

6.3.1　标准多体库概述

机械多体作为多领域统一建模框架下的关键领域,在 Modelica 规范内置的标准领域库中占据重要地位。多体系统由于其复杂性,在多领域统一框架下实现建模与仿真,要求建模语言和编译工具提供特别的功能与能力,这虽然增加了语言的复杂性和工具实现的难度,但同时也丰富了多领域统一建模的内容。

Modelica 多体库的标准化经历了一个发展演变的过程。早期多体库是 Martin Otter 于 2000 年在 ModelicaAdditions 附加库中实现的 MultiBody 库,该多体库采用传统的拉格朗日方法[166]，专门提供了 CutJoints 集合，供用户在建模中遇到回路时切割铰使用。2003 年，Martin Otter 等采用基于连接机制的牛顿-欧拉方法，重新实现了新版多体库 MultiBody，这版多体库引入了众多革命性的特性与功能。2004 年，在 Modelica 标准库 2.1(MSL 2.1)发布时，纳入新版多体库，多体库正式成为标准。此后，在 MSL 2.2、MSL 2.2.1、MSL 2.2.2、MSL 3.0、MSL 3.1、MSL 3.2 等系列版本中，多体库持续有所更新，但没有根本性变化。

本书将以 MSL 2.2.2 或之后版本的标准多体库为对象进行分析。标准多体库以基于连接机制的牛顿-欧拉方法为基础，具备以下特点：

（1）完全采用面向对象的技术实现。

（2）不需要针对回路引入切割铰。

（3）提出超定连接机制，通过符号处理自动消除由冗余姿态坐标引入的冗余约束。

（4）引入组合铰的概念，可以采用分析的方法处理运动环中的非线性问题。

（5）定义了一套完整的机制支持多体三维动画。

6.3.2　端口标架与姿态表示

1. 端口标架

标准多体库连接器定义为 Frame，其既为连接端口，也为参考标架。全局坐标系、部件连体坐标系、运动副铰坐标系都由 Frame 表示。部件不定义质心坐标系，由连体坐标系计算。如果部件带有两个端口，则以左端口为连体坐标系，即参考坐标系。

Frame 定义如图 6-4 所示。

```
connector Frame  "Coordinate system fixed to the component with one cut-force and cut-torque (no icon)"
    SI.Position r_0[3] "Position vector from world frame to the connector frame origin, resolved in world frame";
    Frames.Orientation R "Orientation object to rotate the world frame into the connector frame";
    flow SI.Force f[3] "Cut-force resolved in connector frame" ( unassignedMessage=
"All Forces cannot be uniquely calculated. The reason could be that the mechanism contains a planar loop or that joints
constrain the same motion. For planar loops, use in one revolute joint per loop the option PlanarCutJoint=true in the
Advanced menu.");
    flow SI.Torque t[3] "Cut-torque resolved in connector frame";
end Frame ;
```

图 6-4　标准多体库连接器标架定义

上述 Frame 定义与 6.2.4 节基本一致，其中 SI. Position、SI. Force、SI. Torque 为 Modelica 定义的带单位的实型类型。这里 Frame 中的姿态采用方位（Orientation）结构定义，即以变换矩阵为姿态，并带有绝对角速度信息。方位结构定义如图 6-5 所示，其中嵌套函数 equalityConstraint 用于消除冗余约束，详见 6.4

节。以变换矩阵为姿态,同方向余弦矩阵一样,可以避免欧拉角的奇异点问题,并利于坐标变换,但存在冗余分量。方位定义带有绝对角速度,可以在建模中避免角速度的频繁计算。

```
record Orientation   "Orientation object defining rotation from a frame 1 into a frame 2"
  Real T[3, 3] "Transformation matrix from world frame to local frame";
  SI.AngularVelocity w[3] "Absolute angular velocity of local frame, resolved in local frame";
  encapsulated function equalityConstraint "Return the constraint residues to express that two frames have the same or
ientation"
    input Frames.Orientation R1 "Orientation object to rotate frame 0 into frame 1";
    input Frames.Orientation R2 "Orientation object to rotate frame 0 into frame 2";
    output Real residue[3]
      "The rotation angles around x-, y-, and z-
axis of frame 1 to rotate frame 1 into frame 2 for a small rotation (should be zero)";
  algorithm
    residue := {
      cross(R1.T[1, :], R1.T[2, :])*R2.T[2, :], -cross(R1.T[1, :],R1.T[2, :])*R2.T[1, :], R1.T[2, :]*R2.T[1, :]
      };
  end equalityConstraint;
end Orientation ;
```

图 6-5　标准多体库连接器标架中方位的定义(MultiBody v1.0.1)

注意,标准多体库方位定义中表示姿态的 T 是世界坐标系到局部坐标系的变换矩阵,6.2.2 节定义的方向余弦矩阵 A 是从局部坐标系到世界坐标系的变换矩阵,即满足:

$$A = T^{-1} = T^{\mathrm{T}} \tag{6.37}$$

但为统一表示,仍然称 Frame 以方向余弦矩阵为姿态。

由 Frame 定义可知,多体系统连接器以切割力和切割力矩为流变量,以标架原点绝对位置、标架方向余弦矩阵、标架绝对角速度为势变量。势变量中,方向余弦矩阵 9 个分量中存在 6 个冗余分量。

2. 姿态表示

标准多体库虽然以方向余弦矩阵表示连接器标架的姿态,但也支持其他常用各种姿态表示,如欧拉参数(欧拉四元数)、欧拉角、正交轴、有限转动四元数(转轴加转角),并提供了各种表示之间的转换计算。MultiBody 提供了 Frames、Quaternions、TransformationMatrices 3 个子包以支持各种方位表示,每个包中定义了 Orientation 结构或类型,并封装了方位构造、角速度计算、矢量与张量坐标变换以及各种姿态表示之间变换的函数。

在这些姿态表示中,正交轴和有限转动四元数主要用于姿态构造,方向余弦矩阵主要用于广义坐标和坐标变换,欧拉四元数和卡尔丹角用于部件初始姿态计算。

在动力学方程中,部件位置、速度和加速度采用绝对坐标,角速度和角加速度相对于全局坐标系定义,但采用相对坐标(相对于连体坐标系)表示。

6.3.3　多体库结构与主要元素

1. 多体库结构

Modelica 标准多体库结构如表 6-1 所示[166]。表中多体库为 MSL 2.2.2 版本。

表 6-1　Modelica 标准多体库组成

名　字	描　述
UsersGuide	多体库用户指南
World	世界坐标系、重力场及默认动画设置定义
Examples	多体库应用示例
Forces	施加力和/或力矩于标架间的组件
Frames	姿态表示定义,姿态变换函数
Interfaces	多体系统连接器定义
Joints	约束两标架间运动的组件
Parts	刚体组件,如带质量和惯性张量的物体和无质量杆
Sensors	测量变量的传感器
Types	用于界面菜单的带选项的常量和类型定义
Visulizers	用于动画的三维可视化对象定义

2. 力与力矩

MultiBody.Forces 包中定义了不同类型的力与力矩,包括定义在世界坐标系中作用于标架的外力或/和外力矩(World Force/World Torque/World Force And Torque)、定义在某标架中作用于标架的外力或/和外力矩(Frame Force/Frame Torque/Frame Force And Torque)、定义在某标架中作用于两标架间的外力或/和外力矩(Force/Torque/Force And Torque)、可选带点质量的线性力(Line Force With Mass/Line Force With Two Mass)、线性移动弹簧(Spring)、线性阻尼器(Damper)、并行或串行连接的线性弹簧阻尼器(Spring Damper Parallel/Spring Damper Series)。

3. 运动副与组合铰

MultiBody.Joints 包中定义了约束标架间运动的运动副集合,包括移动副和带激励的移动副(Prismatic/Actuated Prismatic)、转动副和带激励的转动副(Revolute/Actuated Revolute)、圆柱副(Cylindrical)、万向铰(Universal)、平面副(Planar)、球副(Spherical)、自由运动副(Free Motion)、球-球组合副(Spherical Spherical)、万向铰-球组合副(Universal Spherical)、齿轮约束副(Gear Constraint)以及组合铰包(Assemblies)。

组合铰主要用于设计运动回路(Kinematic Loop)结构,每个组合铰包含 3 个基本运动副,组合铰的广义坐标以及定义在组合铰中的所有标架都可从 frame_a 和 frame_b 的运动计算而来,即在 frame_a 与 frame_b 之间没有约束,从而可以通过分析方法求解多体系统运动环中的非线性方程系统[166]。

将移动副(Prismatic)、转动副(Revolute)、球副(Spherical)、万向铰(Universal)分别简记为 P、R、S、U,组合铰中 3 个基本副组合以其简记的组合表示。Multi Body. Joints. Assemblies 包中定义了组合铰 JointUPS、JointUSR、JointUSP、JointSSR、JointSSP、JointRRR、JointRRP。其中 JointUPS、JointUSR、JointUSP、JointSSR 及 JointSSP 用于空间运动回路,每个组合铰具有 6 个自由度,没有约束方程; JointRRR 和 JointRRP 用于平面运动回路,每个组合铰具有 3 个自由度,没有约束方程。

4. 部件与牛顿-欧拉方程

MultiBody. Parts 包中定义的刚体组件包括接地固定标架(Fixed)、固定移动偏移(Fixed Translation)、固定移动和转动偏移(Fixed Rotation)、带质量和惯性张量的单标架刚体(Body)、带质量和惯性张量且可定制动画的双标架刚体(Body Shape)、长方体刚体(Body Box)、圆柱体刚体(Body Cylinder)、点质量体(Point Mass)、一维力矩向三维系统转换(Mounting1D)、一维转子惯量向三维刚体转换(Rotor1D)、一维斜齿向三维轴承转换(Bevel Gear1D)。其中,Fixed、Fixed Translation、Fixed Rotation、Body Shape 可以指定参数定制动画。

在多体部件库中,可以应用牛顿-欧拉方程的部件包括 Body、Body Shape、Body Box 及 Body Cylinder。相对于端口标架的牛顿-欧拉运动方程定义于部件 Body 中,如图 6-6 所示,图中牛顿-欧拉运动方程形式与式(6.24)和式(6.25)一致。Body Shape、Body Box 及 Body Cylinder 通过包含 Body 组件体现牛顿-欧拉运动定律。

```
model Body "Rigid body with mass, inertia tensor and one frame connector (12 potential states)"
  ......
  Interfaces.Frame_a frame_a(...) "Coordinate system fixed at body";
  parameter SI.Position r_CM[3]={0,0,0} "Vector from frame_a to center of mass, resolved in frame_a";
  parameter SI.Mass m(min=0) = 1 "Mass of rigid body";
  final parameter SI.Inertia I[3, 3]=... "inertia tensor";
  SI.Acceleration a_0[3] "Absolute acceleration of frame_a resolved in world frame";
  SI.AngularVelocity w_a[3](...) "Absolute angular velocity of frame_a resolved in frame_a";
  SI.AngularAcceleration z_a[3] "Absolute angular acceleration of frame_a resolved in frame_a";
  SI.Acceleration g_0[3] "Gravity acceleration resolved in world frame";
equation
  ......
  frame_a.f = m*(Frames.resolve2(frame_a.R, a_0 - g_0) + cross(z_a, r_CM) + cross(w_a, cross(w_a, r_CM)));
  frame_a.t = I*z_a + cross(w_a, I*w_a) + cross(r_CM, frame_a.f);
end Body;
```

图 6-6　标准多体库 Body 部件中相对于端口标架的牛顿-欧拉运动方程

5．多体可视化

MultiBody. Visualizers 包中包含定义元素三维可视化的形状组件,包括具有固定形状类型和尺寸的部件形状(Fixed Shape/Fixed Shape2)、标架形状(Fixed Frame)、固定长度箭头形状(Fixed Arrow)、可变长度箭头形状(Signal Arrow)以及具有动态尺寸的三维可视化形状高级包(Advanced)。FixedShape/FixedShape2 的形状类型包括长方体(Box)、球(Sphere)、圆柱体(Cylinder)、圆台(Cone)、圆管(Pipe)、梁(Beam)、齿环(Gear Wheel)、弹簧(Spring)。

MultiBody. Visualizers. Advanced 包中组件没有连接器标架,其位置、姿态或数据通过变型设置。包括可动态变化的箭头形状(Arrow)、可动态变化的双箭头形状(Double Arrow)、尺寸可变的部件形状(Shape)。Shape 支持的形状类型与 FixedShape 相同。

6.4 相容性冗余约束与超定连接机制

6.4.1 多体系统冗余约束

1．方向余弦矩阵相等

方向余弦矩阵是正交矩阵,其中 9 个分量受 6 个独立方程约束,只存在描述标架转动自由度的 3 个独立变量。方向余弦矩阵 6 个独立方程约束可以选为 3 个列向量的归一化约束和两两正交约束。

考虑针对方向余弦矩阵的赋值与等式关系。对于方向余弦矩阵 A 和 B,如果存在赋值关系

$$B := A \qquad (6.38)$$

则存在

$$B_{ij} := A_{ij} \quad (i=1,2,3,j=1,2,3) \qquad (6.39)$$

方向余弦矩阵 B 中的所有元素由 A 中的对应元素赋值,自然满足 6 个独立方程约束。

对于方向余弦矩阵 A 和 B,如果存在等式关系

$$A = B \qquad (6.40)$$

则存在

$$A_{ij} = B_{ij} \quad (i=1,2,3,j=1,2,3) \qquad (6.41)$$

且方向余弦矩阵 A 和 B 同时满足 6 个独立方程约束。式(6.41)引入了 6 个冗余约束。

对于方向余弦矩阵 A 和 B 相等,可以认为是 A 代表的标架经过零转动与 B 代表的标架重合。描述从 A 转到与 B 重合的小转动的变换矩阵可以近似表示为[165]

$$\boldsymbol{R}_{\mathrm{rel}} = \boldsymbol{A}^{\mathrm{T}}\boldsymbol{B} \approx \begin{bmatrix} 1 & -\varphi_3 & \varphi_2 \\ \varphi_3 & 1 & -\varphi_1 \\ -\varphi_2 & \varphi_1 & 1 \end{bmatrix} \qquad (6.42)$$

卡尔丹角 α、β、γ 在小转动条件下近似等于 φ_1、φ_2、φ_3。取变换矩阵下三角元素为卡尔丹角的近似值：

$$\alpha \approx \varphi_1 = \boldsymbol{A}[:,3] \times \boldsymbol{B}[:,2] \qquad (6.43)$$

$$\beta \approx \varphi_2 = -\boldsymbol{A}[:,3] \times \boldsymbol{B}[:,1] \qquad (6.44)$$

$$\gamma \approx \varphi_3 = \boldsymbol{A}[:,2] \times \boldsymbol{B}[:,1] \qquad (6.45)$$

当 α、β、γ 趋近于零时，$\boldsymbol{A}$ 和 $\boldsymbol{B}$ 趋近重合。

可以将表示方向余弦矩阵 $\boldsymbol{A}$ 和 $\boldsymbol{B}$ 相等的式(6.40)替换为如下公式：

$$\varphi_1 = \boldsymbol{A}[:,3] \times \boldsymbol{B}[:,2] = 0 \qquad (6.46)$$

$$\varphi_2 = -\boldsymbol{A}[:,3] \times \boldsymbol{B}[:,1] = 0 \qquad (6.47)$$

$$\varphi_3 = \boldsymbol{A}[:,2] \times \boldsymbol{B}[:,1] = 0 \qquad (6.48)$$

如此，在方向余弦矩阵 $\boldsymbol{A}$ 和 $\boldsymbol{B}$ 相等的等式方程中不会引入冗余约束。

2. 超定连接冗余约束

标准多体库连接器标架定义中，将方向余弦矩阵作为表示姿态的势变量，引入了 6 个冗余分量。通过连接机制构建的多体模型，每两个连接器标架之间的连接表示这两个标架具有相同的姿态。每个部件或运动副中左右连接器标架的姿态存在一定的变换关系。如此，在多体模型中通过连接建立了从世界坐标系方位计算各部件或运动副连接器方位的计算路径。如果这个计算路径是树状结构，那么方向余弦矩阵计算是赋值运算；如果这个计算路径带有回路，那么存在两个方向余弦矩阵之间的等式关系。

当多体模型的部件或运动副连接器方位的计算路径出现回路时，连接器势变量相等导致的方向余弦矩阵等式约束，将由于方向余弦矩阵的超定性导致冗余约束，冗余约束的个数与方向余弦矩阵正交归一化约束个数相同，且与正交归一化约束是相容的，称为**超定连接冗余约束**。因此，如果不作特别处理，由于连接器标架姿态选用超定的方向余弦矩阵，在进行多体模型的方程映射时，连接方程在某些情况下会产生冗余约束，从而导致最终生成的方程系统具有超定性，为过约束系统。

Modelica 规范明确规定，Modelica 遵循单赋值原则，即方程与变量总数相等且恰定。对于过约束系统或超定方程系统，编译器后端基于二部图的结构分析无法区分冗余约束是相容的还是矛盾的。方程系统冗余约束性质的判断，一般可以通过方程系统雅可比矩阵奇异性的数值分析来处理[7]，但多领域统一建模与仿真框架下的编译分析为效率考虑不会引入这一过程。编译器后端约定的输入为前端生成的方程系统，如果方程系统存在冗余方程，分析器进行方程结构分析时将报告过约束错误，从而使得编译求解无法顺利进行。

因此,超定连接冗余约束问题必须在模型分析之前处理,即由编译器前端在方程映射过程中解决。为此,Modelica 约定了一套基于连接图的超定连接机制,可以在方程映射时指导编译器通过符号处理自动消除超定连接冗余约束。

对于超定连接冗余约束处理,必须解决以下问题:

(1) 具体在什么情况下,连接方程映射的势变量等式约束产生冗余方程?

(2) 超定连接机制采用什么标识指导编译器剔除连接产生的冗余约束?

(3) 编译器如何实现超定连接机制,在模型编译过程中自动剔除冗余约束?

3. 自由度重复限制冗余约束

多体系统建模存在一个普遍问题,即如何处理用户在建模过程中人为引入的重复约束,这个问题在三维多体建模中尤为突出。这类对自由度重复限制导致的冗余约束,属于相容性冗余约束。在实际装配过程中,如果出现装配误差,将使相容冗余约束变为矛盾冗余约束,不过这不属于多体建模研究的范畴。

重复限制自由度导致的冗余约束,一般是用户在建模过程中不当地使用运动副所致。但一个良好的多体系统建模仿真工具,要求能够自动判断处理此类问题,或者给出恰当的错误提示。例如多体系统建模与仿真软件 MSC. ADAMS,能够通过方程系统雅可比矩阵奇异性分析自动消除相容性冗余约束。

目前在基于 Modelica 的建模与仿真框架下尚未实现此类冗余约束的自动消除。因为 Modelica 方程系统一般由微分方程、代数方程和离散方程组成,其中还可能包含函数或算法,难以对其进行雅可比矩阵奇异性数值分析。即使实现奇异性数值分析,也将面临大规模系统导致的效率问题。基于 Modelica 的建模与仿真工具对于此类问题通常是给出适当的错误提示并提供替代性的运动副。

6.4.2 虚拟连接图

1. 虚拟连接图的定义与特性

1) 虚拟连接图的定义

虚拟连接图(virtual connection graph),即超定连接图(overdetermined connection graph),不同于常规连接图用于连接方程生成,虚拟连接图不直接生成方程,只用于判断超定连接器之间的连接何时产生冗余约束并指导如何消除超定连接冗余约束。

嵌套带有等式约束函数(equality constraint)定义的 Type 类型被称为超定类型(overdetermined type)。嵌套带有等式约束函数定义的 Record 类型被称为超定记录(overdetermined record)。含有超定类型和/或超定记录实例的连接器被称为超定连接器(overdetermined connector)。超定类型或超定记录的分量间存在约束,两个超定类型或超定记录实例之间的等式方程会产生冗余约束。

超定类型与超定记录的定义形式如图 6-7 所示。

等式约束函数用于确定超定类型或超定记录实例之间等式方程的实际约束。

```
type Type // overdetermined type
  extends <base type>;

  function equalityConstraint // non-redundant equality
    input Type T1;
    input Type T2;
    output Real residue[ <n> ];
  algorithm
    residue := ...
  end equalityConstraint;
end Type;
```

```
record Record
  < declaration of record fields>

  function equalityConstraint // non-redundant equality
    input Record R1;
    input Record R2;
    output Real residue[ <n> ];
  algorithm
    residue := ...
  end equalityConstraint;
end Record;
```

图 6-7　超定类型与超定记录定义形式

其输入为两个超定类型或超定记录实例,输出为残量向量,残量即为两个输入相等对应的实际约束。假设给定超定记录 $R1$ 和 $R2$,其等式方程

$$R1 = R2 \tag{6.49}$$

中存在冗余约束。如果将等式方程(6.49)替换为

$$0 = \text{Record. equalityConstraint}(R1, R2) \tag{6.50}$$

则不存在冗余约束。

　　常规连接图结点为连接器实例组件,虚拟连接图结点为超定连接器中的超定类型或记录实例。虚拟连接图的分支或边通过 connect(...) 隐式定义或通过 Connections. branch(...) 显式定义。虚拟连接图的特定结点可以用函数 Connections. root(...) 和 Connections. potentialRoot(...) 定义为根(root)或潜根 (potential root)。相关定义参见表 6-2。Connections 是从 MLS 2.1 开始定义的包含超定连接内置操作符的全局包。在 MLS 2.1 之前,虚拟连接图结点与边的定义使用 defineBranch(...,...)、defineRoot(...)、definePotentialRoot(...)、isRoot(...) 等内置操作符。

表 6-2　超定连接内置操作符与虚拟连接图结点、边定义

超定连接内置操作符	在虚拟连接图中的含义
connect(A,B);	为虚拟连接图定义从连接器实例 A 中的超定类型或记录实例到连接器实例 B 中相应的超定类型或记录实例的**可打断分支**
Connections. branch(A. R,B. R); define Branch(A. R,B. R);	为虚拟连接图定义一个从连接器实例 A 中的超定类型或记录实例 R 到连接器实例 B 中相应的超定类型或记录实例 R 的**不可打断分支**。该函数可以用在 connect(...) 语句允许出现的所有位置
Connections. root(A. R); defineRoot(A. R);	定义连接器实例 A 中的超定类型或记录实例 R 为虚拟连接图中的**根结点**

续表

超定连接内置操作符	在虚拟连接图中的含义
Connections. potentialRoot(A. R)； Connections. potentialRoot(A. R, priority＝p)； definePotentialRoot(A. R)	定义连接器实例 A 中的超定类型或记录实例 R 为虚拟连接图中的优先级为 p(p ＞ ＝ 0)的**潜根结点**。在没有 Connections. root 定义的虚拟连接子图中，具有最低优先级的潜根被选为根
b＝Connections. isRoot(A. R)； isRoot(A. R)；	如果连接器实例 A 中的超定类型或记录实例 R 被选为虚拟连接图中的根，返回真

表 6-2 提供了虚拟连接图的边与结点的定义方式，在这些定义中：

connect(A,B)：常规连接子句为两个超定连接器中所有对应的超定类型或记录实例之间定义了可打断边。可打断边被打断时，其对应的超定类型或记录实例等式方程被等式约束方程替代，以避免冗余约束。

Connections. branch(A. R,B. R)：如果在带有连接器 A 和 B 的模型中，超定类型或记录 A. R 和 B. R 存在代数耦合，例如 B. R＝f(A. R,＜ other unkowns ＞)，则使用该操作符定义不可打断边。

Connections. root(A. R)：如果在带有连接器 A 的模型中，超定类型或记录 A. R 被显式赋值，则使用该操作符定义根结点。虚拟连接图中根结点表示该超定类型或记录实例值已知。

Connections. potentialRoot(A. R)：如果在带有连接器 A 的模型中，超定记录 A. R 的导数 der(A. R)与 A. R 的约束方程一起出现，即 A. R 的非冗余子集可能被用作状态，则使用该操作符定义潜根结点。

Connections. isRoot(A. R)：用于判断在虚拟连接图分析之后 A. R 是否为生成树的根。在 Connections. root(A. R)中定义的 A. R 必然是根，在 Connections. potentialRoot(A. R)中定义的 A. R 为候选根。

2）虚拟连接图的特性

虚拟连接图与常规连接图相比，具有以下特性：

(1) 虚拟连接图从属于主模型。常规连接图可以认为从属于正规类，但虚拟连接图不同，其从属于主模型。虚拟连接图用于判断元素中超定记录组件的计算路径，这只有在整个模型环境下才可以进行。不过在虚拟连接图构建过程中，可以分别构建不同子模型的虚拟连接图，再进行主模型虚拟连接图的合并。

(2) 虚拟连接图的结点对应类型为超定记录。常规连接图用于生成连接方程，其结点对应类型为连接器。虚拟连接器用于分析超定连接器中超定记录等式方程的冗余性，其结点对应类型为超定连接器中的超定记录。一个超定连接器可以包含几个超定记录，每个超定记录都有其对应的虚拟连接图。常规连接图中超定连接器的连接，可以映射为虚拟连接图中相应超定记录的连接。

(3) 虚拟连接图不用于生成方程，而用于判断和消除超定连接冗余约束。单赋值原则决定每一个变量必可找到对应的一个方程来求解,超定记录组件作为连接器的势变量,存在着由模型拓扑决定的计算路径,虚拟连接图即用于标示超定记录的计算路径。由超定记录赋值或相等特性,结合计算路径可以判断超定连接导致的冗余约束。

2. 标准多体库元素虚拟连接图

1）超定连接器与超定记录

在标准多体库中,Frame 为超定连接器,其中的超定记录为 Frames. Orientation。在 Frames 包 中 另 定 义 有 Quaternions. Orientation 和 TransformationMatrices. Orientation 超定类型。三者的等式约束都是将超定记录或类型等价为小转动条件下的卡尔丹角,以对应的卡尔丹角等于零代替超定记录或类型的相等约束。

以 Frames. Orientation 为例,其超定记录定义见图 6-5,分析其等式约束。

对于超定记录 $R1$ 和 $R2$,其从全局标架到局部标架变换矩阵分别为 $R1.\boldsymbol{T}$ 和 $R2.\boldsymbol{T}$,根据式(6.37),表示从局部标架到全局标架变换的方向余弦矩阵分别为 $R1.\boldsymbol{T}^{\mathrm{T}}$ 和 $R2.\boldsymbol{T}^{\mathrm{T}}$。假定 $R1$ 表示的标架经过卡尔丹角小转动,与 $R2$ 表示的标架重合,则 3 个卡尔丹角可用 $R1.\boldsymbol{T}^{\mathrm{T}}$ 和 $R2.\boldsymbol{T}^{\mathrm{T}}$ 的相对方向余弦矩阵中的对应分量近似,根据式(6.43)～式(6.45),存在:

$$\begin{bmatrix}\alpha\\\beta\\\gamma\end{bmatrix}\begin{bmatrix}\varphi_1\\\varphi_2\\\varphi_3\end{bmatrix}\begin{bmatrix}R1.\boldsymbol{T}^{\mathrm{T}}[:,3]\times R2.\boldsymbol{T}^{\mathrm{T}}[:,2]\\-R1.\boldsymbol{T}^{\mathrm{T}}[:,3]\times R2.\boldsymbol{T}^{\mathrm{T}}[:,1]\\R1.\boldsymbol{T}^{\mathrm{T}}[:,2]\times R2.\boldsymbol{T}^{\mathrm{T}}[:,1]\end{bmatrix}=\begin{bmatrix}R1.\boldsymbol{T}[3,:]\times R2.\boldsymbol{T}[2,:]\\-R1.\boldsymbol{T}[3,:]\times R2.\boldsymbol{T}[1,:]\\R1.\boldsymbol{T}[2,:]\times R2.\boldsymbol{T}[1,:]\end{bmatrix} \tag{6.51}$$

为减少变量数,将 $R1.\boldsymbol{T}$ 和 $R2.\boldsymbol{T}$ 第 3 行向量由第 1 和第 2 行向量叉积计算,则有

$$\begin{bmatrix}\alpha\\\beta\\\gamma\end{bmatrix}\approx\begin{bmatrix}(R1.\boldsymbol{T}[1,:]\times R1.\boldsymbol{T}[2,:])\times R2.\boldsymbol{T}[2,:]\\-(R1.\boldsymbol{T}[1,:]\times R1.\boldsymbol{T}[2,:])\times R2.\boldsymbol{T}[1,:]\\R1.\boldsymbol{T}[2,:]\times R2.\boldsymbol{T}[1,:]\end{bmatrix} \tag{6.52}$$

此 即 为 图 6-5 超 定 记 录 Frames. Orientation 定 义 中 等 式 约 束 函 数 equalityConstraint 的残量向量计算依据。

2）多体库元素与虚拟连接图

标准多体库中部件元素和运动副元素涉及连接器标架的方位计算,需要将其方位定义为虚拟连接图中的结点或边。标准多体库中基础部件元素和运动副元素的虚拟连接图定义如表 6-3 所示。

在表 6-3 中,FixedRotation、Revolute 等元素方程定义中出现 rooted()内置操作符,表达式 rooted(frame_a. R)用于查询在虚拟连接图的生成树中是否存在从选定的根到当前方位 frame_a. R 的计算路径,从而确定方位计算方向以简化计算。rooted()操作符同 isRoot()一样,必须在虚拟连接图构建完毕且分析之后才可以确定其值。

表 6-3 标准多体库基础元素方程与虚拟连接图定义表

简记：

$$\boldsymbol{r}^{a},\boldsymbol{R}^{a},\boldsymbol{f}^{a},\tau^{a} := \text{frame\_a. r\_0,. R,. f,. t}$$

$$\boldsymbol{r}^{b},\boldsymbol{R}^{b},\boldsymbol{f}^{b},\tau^{b} := \text{frame\_b. r\_0,. R,. f,. t}$$

$\boldsymbol{r}_{a}^{ab}$、$\boldsymbol{r}^{cm}$、$\boldsymbol{\omega}^{a}$ 为定义在 frame_a 中的向量，分别表示 $\boldsymbol{r}^{b}-\boldsymbol{r}^{a}$、$\boldsymbol{r}^{cm}-\boldsymbol{r}^{a}$、frame_a 绝对角速度

absRotation	:=	Frame. absoluteRotation
relRotation	:=	Frame. relativeRotation
angVel2	:=	Frame. angularVelocity2
Q. angVel2	:=	Frame. Quaternions. angularVelocity2
Q. constraint	:=	Frame. Quaternions. orientationConstraint
grav	:=	world. gravityAcceleration

多体基础模型	方程与连接定义	说　明
World	$\text{root}(\boldsymbol{R}^{b})$ $\boldsymbol{r}^{b}=0$ $\boldsymbol{R}^{b}=\text{Frames. nullRotation()}$	世界标架中超定记录 $\boldsymbol{R}^{b}$ 被显式赋零值，定义为根结点
Parts. Fixed	$\text{root}(\boldsymbol{R}^{b})$ $\boldsymbol{r}^{b}=r$ $\boldsymbol{R}^{b}=\text{Frames. nullRotation()}$	固定标架中超定记录 $\boldsymbol{R}^{b}$ 被显式赋零值，定义为根结点
Parts. Body [p 为欧拉四元数]	$\text{potentialRoot}(\boldsymbol{R}^{a})$ $\text{if isRoot}(\boldsymbol{R}^{a})\text{ then}$ $\quad 0=Q.\text{ constrain}(p)$ $\quad \boldsymbol{\omega}^{a}=Q.\text{ angVel2}(p,\dot{p})$ $\quad \boldsymbol{R}^{a}=\text{Frames. from\_Q}(p,\boldsymbol{\omega}^{a})$ else $\quad \boldsymbol{\omega}^{a}=\text{angVel 2}(\boldsymbol{R}^{a},\dot{\boldsymbol{R}}^{a})$ $\quad p=Q.\text{ nullRotation()}$ end if $v=\dot{\boldsymbol{r}}^{a}$ $g=\text{grav}(\boldsymbol{r}^{a}+\text{resolvel}(\boldsymbol{R}^{a},\boldsymbol{r}^{cm}))$ $a=\text{resolve2}(\boldsymbol{R}^{a},\dot{v}-g)$ $\boldsymbol{f}^{a}=m\cdot(a+\dot{\boldsymbol{\omega}}^{a}\times\boldsymbol{r}^{cm}+\boldsymbol{\omega}^{a}\times(\boldsymbol{\omega}^{a}\times\boldsymbol{r}^{cm}))$ $\boldsymbol{\tau}^{a}=\boldsymbol{I}\dot{\boldsymbol{\omega}}^{a}+\boldsymbol{\omega}^{a}\times\boldsymbol{I}\boldsymbol{\omega}^{a}+\boldsymbol{r}^{cm}\times\boldsymbol{f}^{a}$	部件 Body 方程中同时出现超定记录 $\boldsymbol{R}^{a}$ 的导数 $\dot{\boldsymbol{R}}^{a}$ 与 $\boldsymbol{R}^{a}$，定义 $\boldsymbol{R}^{a}$ 为潜根结点 一般情况下尽量选铰而非部件的变量为状态，但当部件为自由运动物体时，$\boldsymbol{R}^{a}$ 选为根结点，并必须选择部件变量为状态。候选状态包括 1. 位置矢量 $\boldsymbol{r}^{a}$ 及其导数 $\dot{\boldsymbol{r}}^{a}$ 2. 如果 useQuaternions＝true，p 和 $\boldsymbol{\omega}^{a}$ 为候选状态 3. 如果 useQuaternions＝false，卡尔丹角及其导数为候选状态
Parts. Fixed Translation	$\text{branch}(\boldsymbol{R}^{a},\boldsymbol{R}^{b})$ $\boldsymbol{r}^{b}=\boldsymbol{r}^{a}+\text{resolvel}(\boldsymbol{R}^{a},\boldsymbol{r}_{a}^{ab})$ $\boldsymbol{R}^{b}=\boldsymbol{R}^{a}$ $0=\boldsymbol{f}^{a}+\boldsymbol{f}^{b}$ $0=\tau^{a}+\tau^{b}+\boldsymbol{r}_{a}^{ab}\times\boldsymbol{f}^{b}$	固定位移中两超定记录 $\boldsymbol{R}^{a}$ 和 $\boldsymbol{R}^{b}$ 相等，存在代数约束，定义两者连接为不可打断边

续表

多体基础模型	方程与连接定义	说　明

Parts. Fixed Rotation	branch($\boldsymbol{R}^{\mathrm{a}}$, $\boldsymbol{R}^{\mathrm{b}}$)
	
	$\boldsymbol{r}^{\mathrm{b}} = \boldsymbol{r}^{\mathrm{a}} + \mathrm{resolvel}(\boldsymbol{R}^{\mathrm{a}}, \boldsymbol{r}_{\mathrm{a}}^{\mathrm{ab}})$
	
	$\boldsymbol{R}^{\mathrm{rel}} = \mathrm{planarRotation}(\boldsymbol{n}, \varphi)$
	
	if rooted($\boldsymbol{R}^{\mathrm{a}}$) then
	
	　$\boldsymbol{R}^{\mathrm{b}} = \mathrm{absRotation}(\boldsymbol{R}^{\mathrm{a}}, \boldsymbol{R}^{\mathrm{rel}})$
	
	　$0 = \boldsymbol{f}^{\mathrm{a}} + \mathrm{resolvel}(\boldsymbol{R}^{\mathrm{rel}}, \boldsymbol{f}^{\mathrm{b}})$
	
	　$0 = \boldsymbol{\tau}^{\mathrm{a}} + \mathrm{resolvel}(\boldsymbol{R}^{\mathrm{rel}}, \boldsymbol{\tau}^{\mathrm{b}}) - \boldsymbol{r}_{\mathrm{a}}^{\mathrm{ab}} \times \boldsymbol{f}^{\mathrm{a}}$
	
	else
	
	　$\boldsymbol{R}^{\mathrm{a}} = \mathrm{absRotation}(\boldsymbol{R}^{\mathrm{b}}, (\boldsymbol{R}^{\mathrm{rel}})^{-1})$
	
	　$0 = \boldsymbol{f}^{\mathrm{b}} + \mathrm{resolvel}((\boldsymbol{R}^{\mathrm{rel}})^{-1}, \boldsymbol{f}^{\mathrm{a}})$
	
	　$0 = \boldsymbol{\tau}^{\mathrm{b}} + \mathrm{resolvel}((\boldsymbol{R}^{\mathrm{rel}})^{-1}, \boldsymbol{\tau}^{\mathrm{a}}) + \boldsymbol{r}_{\mathrm{a}}^{\mathrm{ab}} \times \boldsymbol{f}^{\mathrm{b}}$
	
	end if
		固定位移与转动中超定记录 $\boldsymbol{R}^{\mathrm{a}}$ 和 $\boldsymbol{R}^{\mathrm{b}}$ 存在代数约束, 定义两者连接为不可打断边
		
		为将两者代数约束简化为赋值形式, 由内置操作符 rooted 确定方位计算方向

Joints. Revolute [$\boldsymbol{n}$ 为单位转轴, φ 为转角]	branch(frame_a. R, frame_b. R)
	
	$\boldsymbol{r}^{\mathrm{b}} = \boldsymbol{r}^{\mathrm{a}}$
	
	$\boldsymbol{R}^{\mathrm{rel}} = \mathrm{planarRotation}(\boldsymbol{n}, \varphi, \dot{\varphi})$
	
	if rooted($\boldsymbol{R}^{\mathrm{a}}$) then
	
	　$\boldsymbol{R}^{\mathrm{b}} = \mathrm{absRotation}(\boldsymbol{R}^{\mathrm{a}}, \boldsymbol{R}^{\mathrm{rel}})$
	
	　$\boldsymbol{f}^{\mathrm{a}} = -\mathrm{resolvel}(\boldsymbol{R}^{\mathrm{rel}}, \boldsymbol{f}^{\mathrm{b}})$
	
	　$\boldsymbol{\tau}^{\mathrm{a}} = -\mathrm{resolvel}(\boldsymbol{R}^{\mathrm{rel}}, \boldsymbol{\tau}^{\mathrm{b}})$
	
	else
	
	　$\boldsymbol{R}^{\mathrm{a}} = \mathrm{absRotation}(\boldsymbol{R}^{\mathrm{b}}, (\boldsymbol{R}^{\mathrm{rel}})^{-1})$
	
	　$\boldsymbol{f}^{\mathrm{b}} = -\mathrm{resolve2}(\boldsymbol{R}^{\mathrm{rel}}, \boldsymbol{f}^{\mathrm{a}})$
	
	　$\boldsymbol{\tau}^{\mathrm{b}} = -\mathrm{resolve2}(\boldsymbol{R}^{\mathrm{rel}}, \boldsymbol{\tau}^{\mathrm{a}})$
	
	end if
	
	$0 = \boldsymbol{n} \cdot \boldsymbol{\tau}^{\mathrm{b}}$
		运动副中超定记录 $\boldsymbol{R}^{\mathrm{a}}$ 和 $\boldsymbol{R}^{\mathrm{b}}$ 存在代数约束, 定义两者连接为不可打断边
		
		同上, 由内置操作符 rooted 确定方位计算方向以简化计算
		
		为了使铰广义坐标(这里为 φ 和 $\dot{\varphi}$)在可能时被选为状态, 设置广义坐标变量状态属性 stateSelect = stateSelect. prefer

Joints. Prismatic [$\boldsymbol{n}$ 为单位移动轴, s 为移动距离]	branch(frame_a. R, frame_b. R) $\boldsymbol{r}^{\mathrm{b}} = \boldsymbol{r}^{\mathrm{a}} + \mathrm{resolvel}(\boldsymbol{R}^{\mathrm{a}}, s * \boldsymbol{n})$ $\boldsymbol{R}^{\mathrm{b}} = \boldsymbol{R}^{\mathrm{a}}$ $0 = \boldsymbol{f}^{\mathrm{a}} + \boldsymbol{f}^{\mathrm{b}}$ $0 = \boldsymbol{\tau}^{\mathrm{a}} + \boldsymbol{\tau}^{\mathrm{b}} + s * \boldsymbol{n} \times \boldsymbol{f}^{\mathrm{b}}$ $0 = \boldsymbol{n} \cdot \boldsymbol{f}^{\mathrm{b}}$	移动副中超定记录 $\boldsymbol{R}^{\mathrm{a}}$ 和 $\boldsymbol{R}^{\mathrm{b}}$ 相等, 定义连接为不可打断边 为使广义坐标(s 和 $\dot{s}$)尽量被选为状态, 设置其状态属性 stateSelect = stateSelect. prefer
Joints. Spherical	$\boldsymbol{r}^{\mathrm{b}} = \boldsymbol{r}^{\mathrm{a}}$ $\boldsymbol{R}^{\mathrm{rel}} = \mathrm{relRotation}(\boldsymbol{R}^{\mathrm{a}}, \boldsymbol{R}^{\mathrm{b}})$ $0 = \boldsymbol{f}^{\mathrm{a}} + \mathrm{resolvel}(\boldsymbol{R}^{\mathrm{rel}}, \boldsymbol{f}^{\mathrm{b}})$ $\boldsymbol{\tau}^{\mathrm{a}} = 0$ $\boldsymbol{\tau}^{\mathrm{b}} = 0$	球铰两端口标架可以相互自由转动, 超定记录 $\boldsymbol{R}^{\mathrm{a}}$ 和 $\boldsymbol{R}^{\mathrm{b}}$ 之间不存在代数约束, 故不定义边。球铰不传递力矩。无候选状态

多体库部件包中其他部件元素,如 BodyShape、BodyBox、BodyCylinder 等定义为基本部件元素 Body 的组合,没有在表 6-3 中列出。运动副包中其他运动副,如 Cylindrical、Universal、Planar 等定义为基础运动副的组合,也未在表 6-3 中列出。这些元素基于基础元素的虚拟连接图定义参见表 6-4。

表 6-4　标准多体库部件与运动副复合元素虚拟连接图表

多体部件模型	虚拟连接图定义	说　　明
Parts. BodyShape Parts. BodyBox Parts. BodyCylinder	frame_a　frameTranslation.frame_a body.frame_a frame_b　frameTranslation.frame_b ⊗ 潜根结点　- - - - 可打断边(Connect) ○ 一般结点　—— 不可打断边(Branch)	三部件同构
Joints. Cylindrical	frame_a　prismatic.frame_a　prismatic.frame_b frame_b　revolute.frame_b　revolute.frame_a	prismatic 移动轴同 revolute 转轴 frame_a 与 frame_b 相对位移和角度及其导数为候选状态
Joints. Universal	frame_a　revolute_a.frame_a　revolute_a.frame_b frame_b　revolute_b.frame_b　revolute_b.frame_a	revolute_a 和 revolute_b 的转角及其导数为候选状态
Joints. Planar	frame_a　prismatic_x.frame_a　prismatic_x.frame_b　prismatic_y.frame_a frame_b　revolute.frame_b　revolute.frame_a　prismatic_y.frame_a	prismatic_x 移动轴、prismatic_y 移动轴、revolute 转动轴两两正交 两移动轴上移动位移、转动轴上转动角度及其导数为候选状态

6.4.3　基于虚拟连接图的冗余约束分析

1. 超定连接机制

对于超定连接导致的冗余约束,Modelica 提供了超定连接机制进行判断和处理。超定连接机制是基于由超定连接操作符定义的虚拟连接图,判断超定记录等式方程何时产生冗余约束,以及如何消除冗余约束的机制。超定连接机制内容包括超定连接冗余约束形成、基于超定记录计算特性的虚拟连接图构造以及基于虚拟连接图的超定记录计算路径确定等机理和方法。

超定连接冗余约束定理

定理 6.1　设超定记录 R 的分量个数为 n,分量之间存在 m 个独立的约束方程($m<n$),对于超定记录组件 r_1 和 r_2,等式方程

$$r_1 = r_2 \tag{6.53}$$

引入 m 个相容的冗余约束。

对其简要证明如下。

冗余性:可以认为式(6.53)以 r_2 完全约束了 r_1 的 n 个分量,同时 r_1 存在 m 个独立的约束,故引入 m 个冗余约束。

相容性:式(6.53)说明 r_1 分量与 r_2 分量相等,故 r_1 分量之间存在与 r_2 相同的 m 个独立约束,r_1 和 r_2 都是 R 的实例,这 m 个独立约束与 r_1 自身的 m 个独立约束等价。

在 6.4.1 节中以多体系统方向余弦矩阵为例阐述了该定理。

1) 虚拟连接图构造规则

规则 6.1　在带有连接器 A 的模型中,如果超定记录 A. R 被显式赋值,则其应该为模型中超定记录计算起点,使用操作符 Connections. root(A. R)将 A. R 定义为虚拟连接图根结点。

规则 6.2　在带有连接器 A 的模型中,如果超定记录 A. R 的导数 der(A. R)与 A. R 的约束方程同时出现,即 A. R 非冗余子集可能被用作状态,则其可能为模型中超定记录计算起点,使用操作符 Connections. potentialRoot(A. R) 将 A. R 定义为虚拟连接图潜根结点。

规则 6.3　在带有连接器 A 和 B 的模型中,如果超定记录 A. R 和 B. R 存在约束关系,则 A. R 和 B. R 之间构成不可打断的计算依赖关系,使用操作符 Connections. branch(A. R,B. R)将 A. R 与 B. R 定义为虚拟连接图普通结点,并将两者的约束关系定义为不可打断边。

规则 6.4　在带有连接器 A 和 B 的模型中,如果连接子句 connect(A,B)连接两个超定连接器,则根据连接势变量相等原则生成超定记录等式约束方程,可能引入冗余约束,在必要时需要打断超定记录等式约束方程消除冗余,故 connect(A,B)将对应的超定记录 A. Ri 与 B. Ri 定义为虚拟连接图普通结点,并将两者的约束关系定义为可打断边。

规则 6.5　在模型中,每个嵌套组件对应的类型、模型本身及基类按照规则 6.1～规则 6.4 生成对应的虚拟连接图,所有虚拟连接图按照实例化规则合并,形成模型的整体虚拟连接图。主模型整体虚拟连接图为其所有超定记录组件计算路径确定的依据。

2）虚拟连接图约束性质

性质 6.1 主模型的整体虚拟连接图反映了模型中所有超定记录组件的计算依赖关系，为模型超定记录计算依赖关系图。

性质 6.2 整体虚拟连接图由至少一个连通子图组成。每个连通子图具有至少一个根结点或一个潜根结点。

性质 6.3 整体虚拟连接图中，如果某连通子图具有多于一个的根结点，则子图中多余根结点路径上的某可打断边对应的超定记录等式方程存在冗余约束。

性质 6.4 整体虚拟连接图中，如果存在回路，则回路中某可打断边对应的超定记录等式方程存在冗余约束。

性质 6.5 整体虚拟连接图中，设所有连通子图的多余根结点总数为 m，设所有回路总数为 n，则存在 $m+n$ 个超定记录等式方程具有冗余约束。

性质 6.6 整体虚拟连接图中，如果存在多根连通子图或回路，可以通过删去多余根结点路径上与回路中可打断边，将连接图转换为生成树。被删去的边对应的超定记录等式方程需要被其等式约束残量方程代替，以消除冗余约束。

性质 6.7 在整体虚拟连接图转换的生成树中，从根结点到每个结点的路径，即为该结点对应的超定记录的计算路径。

性质 6.8 在整体虚拟连接图转换的生成树中，可打断边对应的超定记录相等表示势变量之间的赋值关系，不产生冗余约束。

性质 6.9 在整体虚拟连接图转换的生成树中，Connections. isRoot(A. R)用于判断超定记录 A. R 对应结点是否为生成树的根结点。根结点表示整个图的计算起点。

性质 6.10 在整体虚拟连接图转换的生成树中，内置操作符 rooted(A. R)用于判断从根结点到超定记录 A. R 对应结点的路径中，前一结点到 A. R 结点的边是否为可打断边。为可打断边表示 A. R 为下一个不可打断边超定记录计算起点。

性质 6.11 模型示意图存在回路是模型虚拟连接图存在回路的必要非充分条件。虽然示意图存在回路，但可能由于某部件或运动副内部虚拟连接图不连通，致使整体虚拟连接图不存在回路；如果模型虚拟连接图存在回路，则模型示意图必然存在回路。

3）虚拟连接图生成树转换规则

规则 6.6 主模型的整体虚拟连接图，通过从图中删除可打断边，将虚拟连接图转换成生成树的集合。

规则 6.7 整体虚拟连接图中，每一个连通子图转换为至少一个生成树。每个连通子图的根结点或潜根结点转为生成树的根结点。

规则 6.8 如果某连通子图不包含任何根结点，那么该子图中具有最小优先级的潜根结点被选作该子图的根结点。

规则 6.9 如果某连通子图具有 n 个根结点，那么必须删去$(n-1)$条可打断边，将连通子图转为 n 个带有 1 个根结点的连通子图。

规则 6.10　如果某连通子图具有 n 个回路，那么必须删去 n 条可打断边，将连通子图转为以子图根结点作为根的生成树。

规则 6.11　需要删去可打断边时，优先删去最外层可打断连接，即删去连接器实例名或超定记录实例名最短的连接。

4）虚拟连接图生成树转换算法

根据虚拟连接图生成树转换规则，基于 Prim 最小生成树算法，拟定虚拟连接图生成树转换算法如下。

算法 6.1　虚拟连接图生成树转换算法

输入：虚拟连接图，根与潜根结点信息，边信息。

输出：生成树集合，删去边集合，根结点集合，结点前继边映射。

算法：

步骤 1：连通分量判断

获取虚拟连接图连通分量，对于每一个连通分量，获取其中所有根结点与潜根结点信息（根结点个数、潜根结点优先级），所有边信息（可打断性、边优先级）；

步骤 2：连通分量转生成树

对于每一个连通分量，调用算法 6.2“修正 Prim 最小生成树算法”，得到连通分量的生成树集合，并给出打断边集合信息，根结点集合（可能潜根被选为生成树根）信息，每个结点在生成树中前继结点或前继边信息。

算法 6.2　修正 Prim 最小生成树算法

输入：连通分量点集和边集，根与潜根结点信息，边信息。

输出：生成树集合，切割边集合，根结点集合，结点前继边映射。

具体算法如下。

步骤 1：连通分量根结点判断

对于输入连通分量，判断根结点信息。如果没有确定根结点，选择具有最小优先级的潜根结点作为根结点，转步骤 2；如果具有一个确定根结点，直接转步骤 2；如果具有多个确定根结点，转步骤 3。

步骤 2：单根连通分量 Prim 算法

设 (V, E) 为结果生成树，从 $V = \{v_{\text{root}}\}$，$E = \{\}$ 开始，遍历 V 各结点：

{

　　　对每一结点 v_i，遍历 v_i 邻接边，构造边优先级队列 Q；

　　　循环执行以下操作，直至生成树结点数完备：

　　　{

　　　　　取边优先级队列 Q 的头，如果头边另一顶点不在 V 中，边加入 E，边另一顶点加入 V，遍历新顶点邻接边，加入优先级队列。

　　　}

}

返回结果信息。

步骤 3：多根连通分量 Prim 算法

设根结点数为 n，建立 n 个生成树结点与边集合 $\{(V_i, E_i)\}$，n 个根结点填充至 V_i；

对于每一个集合 V_i，遍历 V_i 各结点，对每一结点 v_j，遍历 v_j 邻接边，如果邻接边不与其他任何 V_i 中结点相连，加入相应边优先级队列；

循环执行以下操作，直至生成树结点数完备：

｛

分别取各边优先级队列头边，如果头边另一顶点不在集合 V_i 中，边加入 E_i，边另一顶点加入 V_i，遍历新顶点邻接边，加入相应优先级队列。

｝

虚拟连接图及其生成树转换示例如图 6-8 所示。该图中，虚拟连接图具有两个连通子图。第一个子图具有 2 个根结点和 3 个回路，需要删去 4 条可打断边。第二个子图没有确定根结点，需要选择一个低优先级的潜根结点作为根结点；子图具有 1 个回路，需要删去回路中 1 条可打断边。

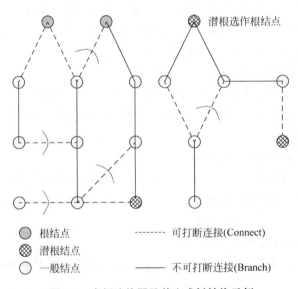

图 6-8　虚拟连接图及其生成树转换示例

5）超定连接方程生成

在虚拟连接图转化为生成树集合过程中，如果没有可打断边被删去，虚拟连接图只用于 isRoot 和 rooted 估值，从而确定以该函数为条件的 if 子句分支的取舍。如果有可打断边被删去，则标记被删去边对应的常规连接图中的连接边和相应超定记录，在其生成势变量相等方程时将其替换为恰定的等式约束方程。

6）超定连接方程生成规则

规则 6.12　整体虚拟连接图中的可打断边,如果存在于生成树中,即转换过程中没有被删去,其对应的连接按常规连接广义基尔霍夫定律生成方程。

规则 6.13　整体虚拟连接图中的可打断边,如果不存在于任何生成树中,即转换过程中可打断边被删去,除连接器中超定记录实例之外,其对应的连接按常规连接广义基尔霍夫定律生成方程。超定记录相等方程由其等式约束残量方程代替,即生成方程"0＝R.equalityConstraint(A.R,B.R)"代替"A.R＝B.R"。

7）超定连接机制应用

超定连接机制是一个创造性的相容性超定约束判断与消除符号处理方法,最早为解决多体系统超定连接冗余约束问题而提出,目前作为 Modelica 的一个通用机制,应用于 Modelica.Mechanics.MultiBody[166]、Modelica_StateGraph2[167] 等标准或准标准库。

2. 多体系统模型冗余约束分析

标准多体库连接器 Frame 为超定连接器,其中方位表示 R 为超定记录。由6.4.1 节内容和定理 6.1 可知,多体模型中元素连接在一定条件下将产生超定连接冗余约束。表 6-3 列出了标准多体库中部件库和运动副库主要元素根据虚拟连接图构造规则给出的超定连接定义。

下面以标准多体库示例 Modelica.Mechanics.MultiBody.Examples.Loops.Fourbar1 展示多体系统模型基于超定连接机制的冗余约束分析过程,模型定义与示意图如图 6-9 所示。

根据虚拟连接图构造规则,由模型连接关系及表 6-3 中的定义,可以得到空间四杆机构示例 Fourbar1 的虚拟连接图,如图 6-10 所示。为适当简化标记,图 6-10中结点名字列出到连接器实例名为止,省略了最终超定记录实例名 R。

由图 6-10 易知,空间四杆机构虚拟连接图带有 1 个回路,回路中可打断边对应的超定记录等式方程存在冗余约束。原则上可以删去回路中任何一个可打断边,将其对应的超定记录等式方程替换为等式约束残量方程,以消除冗余约束。但在实际执行过程中会增加一些补充原则,例如生成树转换规则 6.11,以尽量得到唯一结果。

在该示例中,根据算法 6.1,最终删去的可打断边为＜rev.frame_b,rev1.frame_a＞,即连接 connect(rev.frame_b,rev1.frame_a)。在该连接按照广义基尔霍夫定律生成连接方程时,其中的超定记录相等方程

$$rev.frame\_b.R＝rev1.frame\_a.R$$

被替换为对应的等式约束残量方程:

0＝MultiBody.Frames.Orientation.equalityConstraint(rev.frame_b.R,rev1.frame_a.R)

```
model Fourbar1
    import SI = Modelica.SIunits;
    import Modelica.Mechanics.MultiBody;
    inner MultiBody.World world;
    MultiBody.Joints.Revolute j1( n={1,0,0},
initType=MultiBody.Types.Init.PositionVelocity,
enforceStates=true, w_start=300);
    MultiBody.Joints.Prismatic j2( n={1,0,0},
s_start=-0.2, boxWidth=0.05);
    MultiBody.Parts.BodyCylinder b1(r={0,0.5,0.1},
diameter=0.05);
    MultiBody.Parts.BodyCylinder b2(r={0,0.2,0},
diameter=0.05);
    MultiBody.Parts.BodyCylinder b3(r={-1,0.3,0.1},
diameter=0.05);
    MultiBody.Joints.Revolute rev(n={0,1,0});
    MultiBody.Joints.Revolute rev1;
    MultiBody.Joints.Revolute j3(n={1,0,0});
    MultiBody.Joints.Revolute j4(n={0,1,0});
    MultiBody.Joints.Revolute j5(n={0,0,1});
    MultiBody.Parts.FixedTranslation b0
(animation=false, r={1.2,0,0});
equation
    connect(j2.frame_b, b2.frame_a);
    connect(j1.frame_b, b1.frame_a);
    connect(rev.frame_a, b2.frame_b);
    connect(rev.frame_b, rev1.frame_a);
    connect(rev1.frame_b, b3.frame_a);
    connect(world.frame_b, j1.frame_a);
    connect(b1.frame_b, j3.frame_a);
    connect(j3.frame_b, j4.frame_a);
    connect(j4.frame_b, j5.frame_a);
    connect(j5.frame_b, b3.frame_b);
    connect(b0.frame_a, world.frame_b);
    connect(b0.frame_b, j2.frame_a);
end Fourbar1;
```

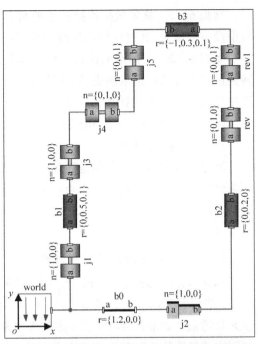

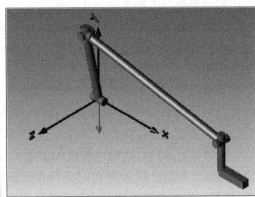

图 6-9　空间四杆机构 MultiBody. Examples. Loops. Fourbar1 示例

更具体地,根据式(6.52)和图 6-5 中的方位定义,将等式约束函数内联,上式替换为

$$0 = \mathrm{cross}(\mathrm{rev.\ frame\_}b.\ R.\ \boldsymbol{T}[1,:], \mathrm{rev.\ frame\_}b.\ R.\ \boldsymbol{T}[2,:]) \times \mathrm{rev1.\ frame\_}a.\ R.\ \boldsymbol{T}[2,:],$$

$$0 = -\mathrm{cross}(\mathrm{rev.\ frame\_}b.\ R.\ \boldsymbol{T}[1,:], \mathrm{rev.\ frame\_}b.\ R.\ \boldsymbol{T}[2,:]) \times \mathrm{rev1.\ frame\_}b.\ R.\ \boldsymbol{T}[1,:],$$

$$0 = \mathrm{rev.\ frame\_}b.\ R.\ \boldsymbol{T}[2,:] \times \mathrm{rev1.\ frame\_}a.\ R.\ \boldsymbol{T}[1,:]$$

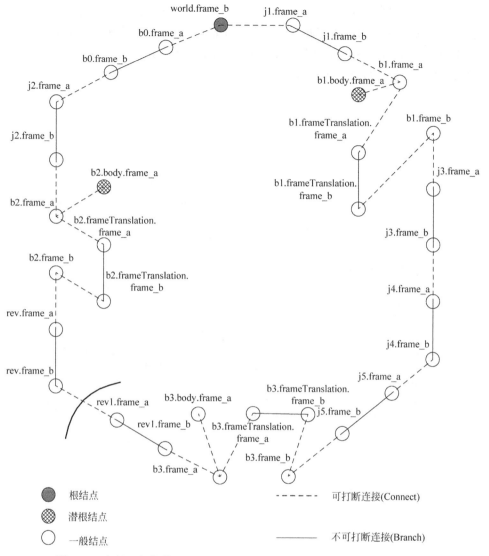

图 6-10　空间四杆机构 MultiBody. Examples. Loops. Fourbarl 虚拟连接图

6.5　多体系统运动的闭环结构

6.5.1　闭环结构中自由度重复限制冗余约束

1. 空间平面闭环机构

如 6.4.1 节所述,在空间多体系统建模过程中,可能由于用户不当地使用运动副导致重复限制自由度,从而引入相容的冗余约束。一个良好的多体系统建模仿真工具,应该能够自动判断处理此类问题,或者给出恰当的错误提示。

以一个典型的空间平面四杆机构为例，其模型、示意图及动画如图 6-11 所示。模型中定义有 3 个杆部件 body1、body2 和 body3，4 个以 z 轴为转轴的转动副 rev1、rev2、rev3 和 rev4，以及 1 个位置偏移 fixedtrans1，用于定义 rev4 与地铰接的标架。4 个转动副约束 3 个杆部件在 xoy 平面内运动。

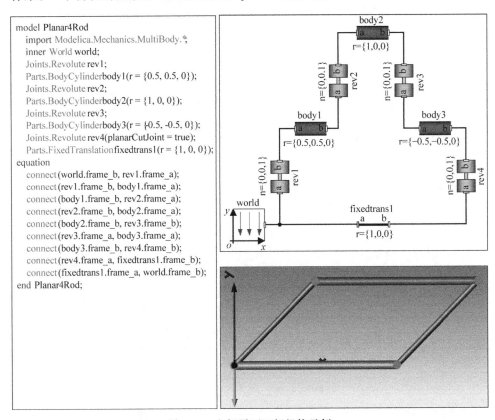

```
model Planar4Rod
    import Modelica.Mechanics.MultiBody.*;
    inner World world;
    Joints.Revolute rev1;
    Parts.BodyCylinder body1(r = {0.5, 0.5, 0});
    Joints.Revolute rev2;
    Parts.BodyCylinder body2(r = {1, 0, 0});
    Joints.Revolute rev3;
    Parts.BodyCylinder body3(r = {0.5, -0.5, 0});
    Joints.Revolute rev4(planarCutJoint = true);
    Parts.FixedTranslation fixedtrans1(r = {1, 0, 0});
equation
    connect(world.frame_b, rev1.frame_a);
    connect(rev1.frame_b, body1.frame_a);
    connect(body1.frame_b, rev2.frame_a);
    connect(rev2.frame_b, body2.frame_a);
    connect(body2.frame_b, rev3.frame_b);
    connect(rev3.frame_a, body3.frame_a);
    connect(body3.frame_b, rev4.frame_b);
    connect(rev4.frame_a, fixedtrans1.frame_b);
    connect(fixedtrans1.frame_a, world.frame_b);
end Planar4Rod;
```

图 6-11　空间平面四杆机构示例

假设各转动副不作特别处理。如果将该机构视为二维平面机构处理，其物理拓扑为 3 杆受 4 个转动副约束。机构广义坐标个数为 $3 \times 3 = 9$，约束方程个数为 $4 \times 2 = 8$，机构自由度为 $9 - 8 = 1$，不存在冗余约束。如果将该机构视为空间机构处理，机构广义坐标个数为 $3 \times 6 = 18$，约束方程个数为 $4 \times 5 = 20$，机构自由度为 $18 - 20 = -2$，实际自由度应为 1，存在 3 个冗余约束。

由表 6-3 中转动副和固定移动的约束方程定义及图 6-10 中展示的 BodyCylinder 虚拟连接图易知，图 6-11 中 rev1、rev2、rev3、rev4 各转轴平行且转动副中两端口标架原点重合，body1、body2、body3、fixedtrans1 两端口标架平行且两端口原点在 xoy 平面。若取消转动副 rev4，body3 的 frame_b 与 fixedtrans1 的 frame_b 仍保持有平行转轴，且两标架原点应同在 xoy 平面，故转动副 rev4 引入 3 个冗余约束，即轴平行 2 个约束和点在面上 1 个约束，这 3 个冗余约束与机构中其他约束是相容的。

上述空间平面四杆机构示例中,转动副 rev4 之所以会引入冗余约束,与 rev4 存在于平面闭环之中有关。如果将 fixedtrans1 换为悬置 body,使闭环机构成为开环机构,rev4 则不再引入冗余约束。但这改变了模型拓扑,不具有实际意义。这里只用来说明平面闭环中多个转动副导致冗余约束。

2. 平面闭环机构冗余约束处理

1) 错误提示

正如 6.4.1 节所述,冗余约束问题必须在模型分析之前处理,编译器后端无法自动消除冗余约束,即使冗余约束是相容的。对于不合适的运动副重复限制自由度导致的冗余约束,从易用性角度考虑,编译工具要求能够给出恰当的错误提示。

平面闭环将导致多体模型生成的 DAE 系统不具有唯一解[166]。原因在于垂直于环路平面上的切割力不能由常规三维转动副唯一确定,即转动副转轴上的切割力不能唯一确定,为其任意取值都满足 DAE 系统,但在分析器进行结构分析时将报告结构奇异性错误。当存在平面闭环或者运动副重复限制自由度时,将导致出现连接器的切割力未被赋值的情况。据此,编译工具可以给出适当的错误提示。

在标准多体库对于连接器标架 Frame 的定义中(图 6-4),对于切割力的声明补充了如下所示的注解:

flow SI. Force f[3] "Cut-force resolved in connector frame"(unassignedMessage = "All Forces cannot be uniquely calculated. The reason could be that the mechanism contains a planar loop or that joints constrain the same motion. For planar loops,use in one revolute joint per loop the option PlanarCutJoint=true in the Advanced menu. ");

编译工具在多体模型编译过程中,可以检查是否模型所有连接器中的切割力都已经赋值,如果存在未赋值的切割力,则可能存在平面闭环或者存在运动副重复限制自由度的情况,根据标架切割力声明中的注解给出错误提示。

2) 冗余约束消除

对于在平面闭环中由于运动副重复限制自由度导致的相容性冗余约束,可以有两种冗余约束消除策略:

(1) 铰替换。通过选择恰当的运动副避免重复限制自由度,以消除冗余约束。例如对于图 6-11 所示示例,可以将其中的转动副替换为移动-转动副组。

(2) 平面切割铰。针对平面闭环中的转动副,提供一种选项或替代副,使得平面闭环中的转动副不约束轴平行和点在面上。

在 MSL2.2.2 标准多体库中,转动副 Revolute 提供参数选项 planarCutJoint。如果令 planarCutJoint=false,则 Revolute 为一般转动副,提供 5 个约束,具有 1 个转动自由度;如果设置 planarCutJoint=true,则 Revolute 转为平面环中剔除冗余约束的特殊转动副,只提供 2 个位置约束,具有 1 个移动自由度和 3 个转动自由度,并且转轴方向上的切割力处理为已知量,常规转动副中转轴上的切割力为未知量。

表 6-3 中定义的转动副为常规转动副,未考虑平面切割铰。MSL 2.2.2 标准多体库中更完整的转动副定义如表 6-5 所示。由表 6-5 可知,当转动副设置平面切割铰属性时,只约束两端口标架原点之间相对矢量与转轴平行,即点在轴上,限制两标架之间相对转动为零,已经不具有转动副含义。故从 MSL 3.0 开始,将常规转动副和设置平面切割铰属性的转动副分为两个运动副：Revolute 和 RevolutePlanarLoopConstraint。

表 6-5　带平面切割铰选项的转动副定义

转　动　副	方程与连接定义	说　　明

Joints. Revolute [n 为单位转轴,φ 为转角；ex、ey 与 n 两两正交且为单位矢量；f_c 为 ex_a 和 ey_a 方向的约束反力]	if not planarCutJoint then
	  branch(frame_a. R, frame_b. R)
	$r^b = r^a$
	$R^{rel} = \text{planarRotation}(n, \varphi, \dot{\varphi})$
	if rooted(R^a) then
	  $R^b = \text{absRotation}(R^a, R^{rel})$
	  $f^a = -\text{resolvel}(R^{rel}, f^b)$
	  $\tau^a = -\text{resolvel}(R^{rel}, \tau^b)$
	else
	  $R^a = \text{absRotation}(R^b, (R^{rel})^{-1})$
	  $f^b = -\text{resolve2}(R^{rel}, f^a)$
	  $\tau^b = -\text{resolve2}(R^{rel}, \tau^a)$
	end if;
	$0 = n \cdot \tau^b$
	else//
	$R^{rel} = \text{relRotation}(R^a, R^b)$
	$r_a^{ab} = \text{resolve2}(R^a, r^b - r^a)$
	$0 = ex_a \cdot r_a^{ab}$
	$0 = ey_a \cdot r_a^{ab}$
	$\tau^b = 0$
	$\tau^a = -\tau^b$
	$f^a = [ex_a, ey_a] * f\_c$
	$f^b = -\text{resolve2}(R^{rel}, f^a)$
	$\varphi = 0$
	end if;
		如果为非平面切割铰：
		
		运动副中超定记录 R^a 和 R^b 存在代数约束,定义两者连接为不可打断边。
		
		同上,由内置操作符 rooted 确定方位计算方向以简化计算。
		
		为了使铰广义坐标(这里为 φ 和 $\dot{\varphi}$)在可能时被选为状态,设置广义坐标变量状态属性 stateSelect= stateSelect. prefer。
		
		如果为平面切割铰：
		
		约束两端口标架原点之间相对矢量与转轴平行(点在轴上)。
		
		限制两端口标架之间没有相对转动

在空间平面闭环结构中,只需要设置其中一个转动副参数 planarCutJoint＝true 或者替换其中一个转动副为 RevolutePlanarLoopConstraint 即可。例如,在图 6-11 所示空间平面四杆机构示例中,通过变型设置转动副 rev4 的参数 planarCutJoint＝true,从而使得整个模型变为恰定模型。

图 6-11 所示空间平面四杆机构的虚拟连接图如图 6-12 所示。该图中,转动副 rev4 被设置为平面切割铰,其两端口标架之间不再存在连接边,从而使模型虚拟连接图中不再存在回路。

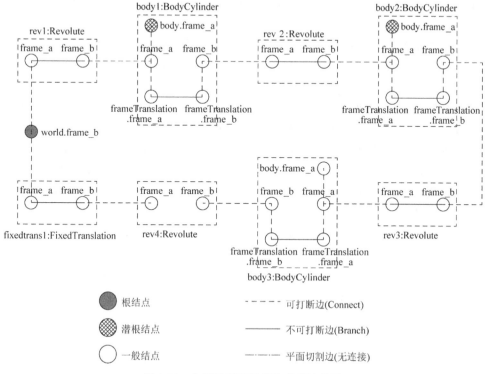

图 6-12　空间平面四杆机构虚拟连接图

6.5.2　闭环结构中非线性代数方程的处理

1. 组合铰的约束解耦特性

当多体系统模型的虚拟连接图存在回路时,模型连接器位置和姿态约束方程构成非线性代数方程系统。大多数闭环机构中的非线性代数方程系统可以解析求解,但很少有多体仿真工具能够实现,通常仍然采用数值方法求解[166]。Modelica 标准多体库提供了组合铰运动副,通过采用组合铰替换常规运动副,可以实现部分闭环机构非线性代数方程系统的解析求解或解析缩减方程规模。

6.3.3 节简要介绍了组合铰,标准多体库定义了空间组合铰 JointUPS、JointUSR、JointUSP、JointSSR、JointSSP 和平面组合铰 JointRRR、JointRRP。组合铰主要用于闭环结构中代替常规铰,能够通过解耦位置和姿态非线性约束方程实现解析求解。组合铰的应用具有一定条件,如何替换常规铰需要一定经验,但组合铰的使用能够让编译求解工具显著提高模型的求解效率。

每个组合铰由 3 个基本运动副组成。空间组合铰通常由 1 个转动副或移动副与 1 个在其两端具有 2 个球铰或 1 个球铰与 1 个万向铰的杆组成。平面组合铰通常由 1 个、2 个或 3 个具有平行轴的转动副与 2 个、1 个或 0 个轴垂直于转动副转轴的移动副组成。所有这样组成的组合铰,可以确定位置与姿态解析解。

组合铰具有以下性质。

性质 6.12 组合铰的广义坐标和定义在组合铰中的所有其他标架,可以由两个给定的端口标架 frame_a 和 frame_b 解析计算,即这两个端口标架之间没有约束。

性质 6.13 空间组合铰具有 6 个自由度,没有约束方程和候选状态。平面组合铰具有 3 个自由度,没有约束方程和候选状态。

性质 6.14 组合铰作为运动副一般不考虑质量和惯性张量,但如果组合铰中含有两端具有 2 个球铰的杆,则杆可以选择带有点质量。组合铰可以关联部件。

性质 6.15 组合铰主要用于闭环结构实现非线性代数方程解析求解,但亦可用于开环结构,此时状态从与 frame_a 或 frame_b 连接的部件中选择。在开环结构中,使用组合铰会降低模型求解效率。

由性质 6.12 结合模型虚拟连接图,易得到如下推论。

推论 6.1 对于存在闭环的虚拟连接图,如果将闭环结构中的常规运动副替换为组合铰,则可以打破虚拟连接图的闭环回路,解耦位置和姿态的非线性代数约束方程。

组合铰的理论基础为 Hiller 针对闭环机构提出的"运动副特性对"(characteristic pair of joints)方法[168],文献[166]以 JointSSR 为例推导了组合铰实现闭环结构解析处理的方法,即性质 6.13 的由来。

2. 基于组合铰的闭环结构非线性代数方程解析求解

现以图 6-9 所示空间四杆机构为示例,探讨组合铰的使用,分析引入组合铰之后模型虚拟连接图的变化,并比较引入组合铰前后模型编译分析生成的非线性代数方程规模的差别。

图 6-9 所示空间四杆机构以 6 个转动副和 1 个移动副约束 3 个部件。3 个部件的广义坐标个数为 $3 \times 6 = 18$。6 个转动副中,j1 为独立转动副,约束 5 个自由度;j3、j4 同 j5 构成复合铰,约束 3 个自由度;rev 同 rev1 构成复合铰,约束 4 个自由度;j2 为独立移动副,约束 5 个自由度,约束方程个数共为 $5+3+4+5 = 17$,机构自由度为 $18-17 = 1$,与实际自由度一致,为恰定模型。

现将图 6-9 所示空间四杆机构示意图回路中部件和运动副 j3、j4、j5、b3、rev1、rev、b2、j2 替换为附带有部件 b2 的组合铰 JointSSP,构成带组合铰的空间四杆机构,如图 6-13 所示。其中,j3、j4、j5、rev1、rev、j2 的 6 个自由度替换为 JointSSP 的 6 个自由度,b3 的质量和惯量被忽略,b2 附着于组合铰中。通过恰当地选择原始机构的转动副和部件、确定组合铰的类型并设置组合铰的参数,可以使得两个机构中相同部件执行相同运动。如果 b3 的质量和惯量对于模型没有关键影响,这种替换是可行的。

```
model Fourbar_analytic
    import SI = Modelica.SIunits;
    import Modelica.Mechanics.MultiBody.*;
    inner World world(animateGravity=false);
    Joints.ActuatedRevolute j1(
        n={1,0,0},
        initType=Types.Init.PositionVelocity,
        enforceStates=true,
        w_start=300);
    Parts.BodyCylinder b1(r={0,0.5,0.1},
diameter=0.05);
    Parts.FixedTranslation b0(r={1.2,0,0},
animation=false);
    Joints.Assemblies.JointSSP jointSSP(
        rod1Length=sqrt({-1,0.3,0.1}*{-1,0.3,0.1}),
        n_b={1,0,0},
        s_offset=-0.2,
        rRod2_ib={0,0.2,0},
        rod1Color={0,128,255},
        rod2Color={0,128,255},
        checkTotalPower=true);
    Parts.BodyCylinder b2(
        r={0,0.2,0},
        diameter=0.05,
        animation=false);
equation
    connect(j1.frame_b, b1.frame_a);
    connect(j1.frame_a, world.frame_b);
    connect(b0.frame_a, world.frame_b);
    connect(b1.frame_b, jointSSP.frame_a);
    connect(b0.frame_b, jointSSP.frame_b);
    connect(b2.frame_a, jointSSP.frame_ib);
end Fourbar_analytic;
```

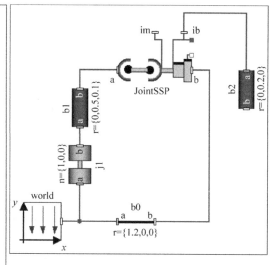

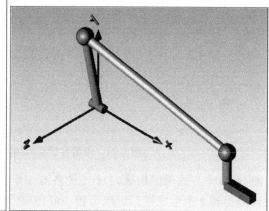

图 6-13　带组合铰的空间四杆机构示例

图 6-13 所示带组合铰的空间四杆机构以 1 个转动副 j1 和 1 个组合铰 JointSSP 约束 1 个部件 b1,其中组合铰所带的部件 b2 的运动可由组合铰中标架 JointSSP.frame_ib 确定。故运动副替换后的机构自由度为 6−5−0=1,与实际自由度一致,为恰定模型。

根据虚拟连接图构造规则和生成树转换规则,可得到图 6-13 所示带组合铰空间四杆机构的虚拟连接图如图 6-14 所示。为适当简化标记,图 6-14 中结点名字列出到连接器实例名为止,省略了最终超定记录实例名 R。

由图 6-14 所示虚拟连接图可知,引入组合铰之后,虚拟连接图中不再带有回

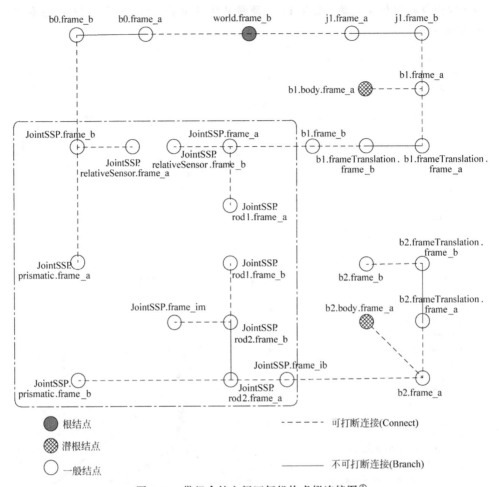

图 6-14　带组合铰空间四杆机构虚拟连接图[①]

路，由 2 个连通子图构成，2 个子图各有 1 个根结点，不需要删去任何可打断边，可自然得到 2 个生成树。以组合铰 JointSSP 为对象进行分析，在以 world. frame_b 为根的生成树中，从已知的 world. frame_b 的方位可直接符号计算出 JointSSP. frame_a 和 JointSSP. frame_b 的方位，根据组合铰性质 6.12，组合铰中所有广义坐标和其他标架的方位都可由两端口标架符号计算得到，由图 6-14 亦可显见此点。对于 b2，由 JointSSP. frame_b 可以符号计算 JointSSP. frame_ib 标架，从而进一步计算 b2 所有标架。

　　闭环结构中组合铰的引入，可以缩减模型方程规模，更重要的是，可以打破闭

---

① 该图中，JointSSP 虚拟连接图根据 MSL3.0 及以上版本中多体库对组合铰 JointSSP 定义构造。在 MSL2.2.2 及以下版本多体库中，JointSSP 中定义 frame_ib 为根结点，而在 prismatic 的类型 PrismaticWithLengthConstraint 中没有定义两端口标架的不可打断分支。本书认为根据 JointSSP 中的方程定义，MSL3.0 中的处理更为合理。

150

环结构中的方位非线性代数约束方程,实现解析求解,提高求解效率。对于图 6-9
所示的空间四杆机构,MWORKS[169] 对模型进行编译分析,得到方程系统信息:
方程和变量个数为 2699,存在规模为 52 的非线性方程系统,经过撕裂处理后规模
缩减为 5。对于图 6-13 所示带组合铰的空间四杆机构,MWORKS 编译分析后得
到方程系统信息:方程和变量个数为 2219,不存在非线性方程系统。

6.6　Modelica 多体系统模型编译与求解

6.6.1　基于标准库的多体建模

在基于 Modelica 的多领域建模中,机械多体系统比较复杂。虽然有些复杂性
已经内置于标准多体库中,用户无需了解细节,如超定连接机制,但如果用户要使
用好多体库,仍然需要注意一些仿真选项或元素参数的设置,包括动态哑导切换、
强制状态选择、平面闭环处理、组合铰使用、相容初值设置等。

1. 动态哑导切换

多体系统模型的方程系统为高指标 DAE 系统,在编译分析过程中需要采用
Pantelides 算法和哑导方法进行 DAE 指标符号缩减。在哑导处理过程中,某些条
件下可能产生奇异性。是否进行动态哑导切换可由编译仿真选项控制,该选项通
常命名为"自动状态选择(automatic state selection)"。在需要进行动态哑导切换
而没有选中"自动状态选择"选项时,将会在哑导奇异点求解失败或者导致错误的
仿真结果。

2. 强制状态选择

由于多体模型方程系统是高指标 DAE 系统,不是所有状态变量都作为状态。
在标准多体库中,大多数部件或运动副提供候选状态。Modelica 编译工具通常可
以自动进行状态选择,原则是优选运动副广义坐标,次选部件坐标。选择运动副广
义坐标作为状态通常求解效率更高,用户可以强制选择运动副广义坐标作为状态。
在运动副包中,除组合铰外,常规运动副如移动副、转动副、圆柱副、万向铰、平面
副、球铰等,提供了布尔型参数 enforceStates,用于控制是否选择其广义坐标作为
状态变量,即设置广义坐标变量属性 stateSelect＝StateSelect.always。如图 6-9 和
图 6-13 中示例强制 j1 参数 enforceStates＝true。

3. 平面闭环处理

如 6.5.1 节所述,如果空间平面机构含有多个常规转动副,则会产生冗余约
束。可以通过铰替换或引入平面切割铰以消除冗余,其中引入平面切割铰是比较
方便的方式。在 MSL 2.2.2 多体库中,转动副 Revolute 提供了一个布尔型参数

planarCutJoint,用于控制是否将转动副用作平面闭环中切割铰。在 MSL 3.0 及其后版本多体库中,提供了专门的运动副 RevolutePlanarLoopConstraint 用作平面切割铰。当转动副作为平面切割铰时,只约束两个位置自由度,一个平面闭环中需且只需一个切割铰。如图 6-11 所示空间平面四杆机构示例中对 rev4 添加参数设置 planarCutJoint＝true。

4．组合铰使用

如 6.5.2 节所述,多体模型中闭环结构(虚拟连接图存在回路)形成关于位置和姿态的非线性代数耦合约束系统。当模型规模不大时,非线性代数环对于系统求解影响尚不大,但对于大规模的工程系统或者嵌入式模型,非线性代数环的数值求解将成为仿真求解的性能瓶颈。通过将若干常规运动副和部件的组合替换为适当的组合铰,可以简化模型,实现非线性代数环的解析求解,从而显著提高求解效率。

5．相容初值设置

相比某些专用的多体系统分析工具,基于 Modelica 标准库的多体建模不支持自动装配,即不能够根据运动副约束关系自动处理不相容的初始位置和姿态。需要特别注意的是,多体模型的高指标 DAE 系统导致隐式约束方程的存在,给定初值还要求满足 DAE 系统隐式约束方程,这一点用户一般难以直接判断。但如果给定初值不满足隐式约束,编译分析工具将给出错误信息。

6.6.2　多体系统模型语义分析与编译

对于一般模型库,如果编译工具支持以 6.3 节内容为主的 Modelica 语义,则可以有效地对相关模型进行编译映射。但多体模型库采用超定连接机制消除超定连接冗余约束,在通用连接机制基础上引入了新的语义,Modelica 编译工具必须支持超定连接机制才能正确地编译映射多体模型。

超定连接机制定义的语义约束与方程映射规则归纳如下。

超定连接语义约束与方程映射规则

规则 6.14　连接子句需要判断左右组件是否为超定连接器,并对超定连接器及其超定类型或超定记录的类型定义进行合法性检查。

规则 6.15　超定连接冗余约束判断必须基于主模型的整体虚拟连接图进行,整体虚拟连接图从属于主模型。

规则 6.16　对于超定连接器之间的连接和超定连接内置操作符的调用,根据表 6-2 或规则 6.1～规则 6.4 为连接或操作符所在正规类创建虚拟连接图的结点和边。

规则 6.17　同规则 6.5,模型的虚拟连接图由其嵌套组件的虚拟连接图和自身及基类直属的虚拟连接图合并而来。主模型的虚拟连接图为主模型的整体虚拟连接图。

规则 6.18　主模型的整体虚拟连接图要求按照规则 6.6～规则 6.11,转换为生成树的集合,并收集转换过程中删去的可打断边(即超定连接器的常规连接)。

规则 6.19　应用超定连接机制的模型库中,部分方程依赖于 rooted 和 isRoot 内置操作符的估值,rooted 和 isRoot 估值必须基于虚拟连接图转化的生成树集合进行。

MSL 2.2.2 标准多体库对于 rooted 和 isRoot 的依赖见表 6-6。

表 6-6　标准多体库元素方程对 rooted 和 isRoot 的依赖表(MSL 2.2.2)

元　　素	依　赖　函　数
Body	isRoot
PointMass	isRoot
FixedRotation	rooted
Revolute/ActuatedRevolute	rooted
Spherical	rooted
FreeMotion	rooted

规则 6.20　主模型要求按照规则 6.12 和规则 6.13,根据被删去的可打断边,将超定类型或超定记录的势变量相等方程替换为对应的等式约束方程。

虚拟连接图具有与常规连接图很不同的特性,特别是上述规则 6.15、规则 6.17 和规则 6.19,对于编译器的语义解析流程有着重要影响。

6.6.3　多体系统模型求解

多体系统采用基于广义基尔霍夫定律的牛顿-欧拉方法建立的模型,在数学形式上为高指标 DAE 系统,在建模和编译前端消除冗余约束之后,多体模型映射的方程系统为典型的微分方程、代数方程和离散方程集合,符合 Modelica 平坦化混合数学模型标准形式,可以由编译后端进行方程系统的结构分析和指标缩减,在 Modelica 多领域统一建模与仿真的编译求解框架下正常求解。

6.7　小结

本章围绕多体建模相容性冗余约束与 Modelica 单赋值原则的矛盾问题,首先根据牛顿-欧拉方法推导了基于广义基尔霍夫定律的多体动力学公式,然后指出了 Modelica 多体建模存在的相容性冗余约束问题,并将相容性冗余约束分为超定连接冗余约束和自由度重复限制冗余约束。对于超定连接冗余约束,详细分析了冗余约束的来源，提出了基于虚拟连接图的冗余约束判定和消除方法。对于自由度重复限制冗余约束，针对常见的空间平面闭环机构冗余约束，给出了冗余约束自动判定和消除方法，并进一步针对空间闭环结构中的非线性代数环问题，分析了组合铰的约束解耦特性和基于组合铰的非线性代数方程解析求解方法。最后结合Modelica方程系统分析求解理论，对于基于 Modelica 的多体建模和模型求解进行了综合分析。

第 7 章

信息物理系统统一建模与仿真

7.1　概述

信息物理系统(CPS)是一种融合计算、通信、控制与物理过程的新型复杂系统,系统中计算过程和物理过程在开放环境下持续交互、深度融合,一体化地实现开放嵌入式计算、网络化实时通信与远程精确控制等先进功能。CPS 强调系统中的信息部分与物理部分的集成与协作,主要包括以下特点:

(1) 计算/通信过程与物理过程有机集成,系统行为特征可能是计算机程序、物理规律或两者结合的结果。

(2) 通过物理构件和计算构件来实现系统功能和系统特性。

(3) 系统中计算机、网络、设备及其所处环境相互作用形成系统行为。

信息系统与物理世界的深度融合,以及系统的规模与复杂性,给 CPS 的系统设计与分析提出了极大的挑战。信息类科学(计算机理论、控制理论等)建立在离散数学基础之上,而工程类科学以连续数学为主,如何实现离散的、异步的计算进程与连续的、同步的物理进程的紧密结合,是 CPS 系统研究的一个根本的基础问题。

本章主要以基于 Modelica 的混合系统建模方法为切入点,讨论了基于 Modelica 建立 CPS 系统模型的优势与不足。通过借鉴同步响应系统中的时钟机制,从时钟与时间的表示与融合的角度,研究了 CPS 统一建模方法,在此基础上,进一步研究了如何自动划分 CPS 系统模型的信息部分与物理部分,以及二者之间的同步问题,最后设计了 CPS 系统统一仿真求解策略。

7.2　研究对象分析

7.2.1　CPS 系统建模与仿真分析需求

1. 时间定义

在建立 CPS 系统模型时,必须考虑如何对时间进行描述,用独立的状态变量表示时间变量,还是将其隐含在模型之中?因为 CPS 系统是复杂的大规模系统,各个子系统之间由于信息数据的流通和交互需要同步,此外,信息类系统通常采用离散时间信号,同时又与物理系统中的连续时间之间存在约束关系,如何保证约束的可靠性、时间轴的一致性与同步性都是需要在系统建模时考虑的问题。另一方面,由于离散信号的出现依赖于时钟,因此,求解 CPS 系统时,必须将时钟和离散信号的相互依赖关系考虑进去。

2. 并发性与同步

CPS 系统是并发系统,因为时间并发性是物理系统的固有特征,当物理过程与计算过程耦合时,并发的特征将传播至信息系统中,例如,一个控制器同时接收来自多个物理过程的传感器信号并做出系统控制响应。信息类科学通常认为系统响应是事件驱动式的,时间在逻辑上存在先后顺序,并发响应在很多理论中都被理解为"交叉处理",且建模方法复杂(如多线程技术、状态机并发组合技术等)。由于 CPS 系统涉及很多事件,可能会同时发生于物理系统与信息系统中,因此,协调串行特性和并发特性是 CPS 系统建模与仿真的关键。

在 CPS 系统中,一个离散状态的行为与另一个离散状态的行为并发出现,且相互作用时,数据从一个离散状态到另一个离散状态的传输要求所涉及的系统行为需要同步。因此,尽管 CPS 系统的离散状态空间是有限的,但是由于这些离散状态与连续状态之间还可能存在相互约束关系,所以系统中同步问题是 CPS 系统仿真中必须解决的一个问题。此外,任意一个子系统都可能拥有它自己的时间参照系,CPS 系统中时间的性质是非统一的,每一个子系统时间都可能是局部的,因此有必要处理这些不尽相同的时间参照,并进行时间推理。

3. 组件化与接口化

大规模和异构性是 CPS 系统的本质特征,CPS 系统模型集成的复杂度、模型验证等都是 CPS 系统建模与仿真不可避免的问题。如何将 CPS 系统模型组件化,或者如何通过组件组合的方法来构建大规模异构的 CPS 系统模型是值得研究的问题。CPS 系统组件化的基础是接口化,即需要通过定义接口连接实现组件之间的行为交互,以灵活多样的接口机制来保证组件模型的可重用性和系统模型的可扩展性。合理的组件化和接口化方法,可以极大地降低 CPS 各级子系统和整机系统模型的集成复杂度。同时,相对异构形式的联合建模仿真而言,基于统一的理论,采用统一形式描述 CPS 系统,更易于进行形式化验证,从而保证系统模型整体的可靠性和正确性。

7.2.2　基于 Modelica 的 CPS 系统建模仿真可行性分析

基于 Modelica 构建 CPS 系统模型的方法具有极大的潜力和优势,表现如下:

(1) Modelica 接口和组件机制便于构建大规模复杂系统模型,通过 Modelica 能够以面向对象的方式定义系统内部行为,通过接口连接的方式定义子系统之间的耦合行为,通过类封装实现系统模型层次化定义,进而实现系统构建和集成。

（2）基于 Modelica 中丰富的接口机制,能够灵活方便地定义信息部分与物理部分之间的接口及接口属性,且不失其重用性,Modelica 的类型系统则进一步保障了接口的可靠性和正确性。

Modelica 同步数据流原则和单赋值原则使其具备了描述连续离散混合系统的能力,并在仿真过程中处理系统中的并发和同步问题。

但是,基于 Modelica 进行 CPS 系统建模仿真还存在下述主要问题。

1. 事件检测与仿真效率

如 7.2.1 节所述,Modelica 混合系统仿真通过事件驱动进行。在混合系统仿真过程中,需要对事件表达式进行检测以判断事件是否被激发。按照事件时刻是否可在仿真前被预知,事件可以区分为时间事件和状态事件两种。

时间事件是指只因时间值的变化而激发的事件,如 $time > 1.0$ 表示在 1s 的右极限时刻产生一个事件,sample(0,0.1)表示从 0s 起每间隔 0.1s 激发一个事件,等等;状态事件是指因状态变量值变化而产生的事件,例如 $x > 1$,显然,状态事件激发的时刻是不可预知的。

```
model EventDependency
  Real a;
  Real b;
equation
  when sample(0, 0.1) then
      b = pre(b) + 1;
  end when;
  when b > 2 then
      a = b;
  end when;
end EventDependency;
```

时间事件的激发可能引起状态事件的激发。如示例 EventDependency 中,状态事件 $b > 2$ 依赖于时间事件 sample(0,0.1),因为后者将激活关于 b 的约束方程进而改变 b 的值。所以,检测状态事件的同时往往需要同时检测时间事件,以确保相关方程被激活,从而避免漏检状态事件。混合系统仿真时,通常以系统中存在状态事件为前提假设,在整个仿真过程中的每一个时间迭代步都需要进行事件检测,并且在事件迭代过程中也需要对事件重新检测以便不断更新激活的方程集合。

对于一个由连续离散混合的物理系统和离散的嵌入式控制系统构成的 CPS 系统模型而言,由于物理系统中的输出变量是通过采样转化为控制系统中的输入信号,可以简单地推断出即使物理系统中激活了事件,控制系统中的输入信号也未必在该事件时刻点发生突变,因为采样时间决定了输入信号只与采样时刻的物理系统变量相关,即:假定物理系统中在时刻 t 产生事件,若 t 时刻为非采样时刻点,那么离散系统中的时间事件不会被激发,相关的方程不会被激活,这就意味着事件迭代无法更改离散系统中的变量值。此时,若将离散系统中的时间事件与物理系统中的事件等同处理,那么每次事件检测过程中都要检测大量的"不会激发"的时间事件,这显然是低效的。因此,有必要设计合理的机制来区分纯离散系统中的事件与物理系统中的事件,并在仿真时区别对待其引发的混合系统同步问题。

2. 离散系统同步与形式化检查

基于 Modelica 进行离散系统建模时,若存在离散系统同步/异步设计需求,则难以通过语言自身进行形式化检查,进而可能导致系统出现安全性问题。

如下例中,假设数字控制系统通过两个不同的采样器 Sampler1 和 Sampler2,对两组不同的连续信号 x 和 y 按一定的采样速率转化为离散信号 xd 和 yd,并进一步对采样信号进行控制响应。采样速率实际是由内置函数 sample() 中的参数控制。

```
block Sampler1
  input Real x;                    // 输入信号 x
  output Real xd;                  // 输出离散信号 xd
equation
  when sample(0, 0.001) then
    xd = pre(x);                   // 1kHz 频率采样
  end when;
end Sampler1;

block Sampler2
  input Real y;                    // 输入信号 y
  output Real yd;                  // 输出离散信号 yd
equation
  when sample(0, 0.001) then
    yd = pre(y);                   // 1kHz 频率采样
  end when;
end Sampler2;
```

假如设计需求要求两个采样器进行同步采样,那么必然需要将 sample() 中的相关参数定义为全局参数,以便模型修改;假如设计需求希望两个采样器以不同速率对信号进行采样,且保持倍频关系,那么两个 sample() 之间需保持参数化关系。由此可见,当离散系统中出现大量的同步和异步需求,并分散于不同的组件之中时,模型定义将变得十分复杂,且容易发生错误。

另一方面,假设用户在定义采样速率时出现差错,那么将难以通过形式化方式检查发现这类问题。原因在于,离散系统中的同步与异步,是基于离散系统中不同子系统与时钟频率之间的关联来实现的,是否同步完全依赖于时钟是否一致,而基于 Modelica 定义的离散系统中,物理时间与离散时钟之间没有建立明确的映射关系,虽然通过如 sample() 之类的函数可以对时间进行离散化,但在这种表示方式中时钟语义是隐式存在的,故无法利用形式化方法对其进行时钟推理或约束检查。

从建模的角度而言,为保证模型的正确性可以引入符合一定逻辑约束规则的语法结构和语义要素,使得模型描述既能易于理解,又便于实现面向对象的建模,以及自动化的模型检测。进一步的,还需要设计合适的映射机制,确保语义保持映射至仿真执行代码,从而保证模型的正确性。

模型仿真效率则不仅仅由求解算法的复杂度决定,还与模型本身的特征之间存在着密切联系。例如,仿真是以固定步长在指定的时间点进行计算,还是以变步长形式计算同时在事件时间点进行事件处理,不应当是成为一种固定求解策略,而是应当与模型特征相匹配,针对模型子系统的不同而进行切换。

7.2.3 同步语言的启发

基于同步响应语言(synchronous reactive languages)的嵌入式系统建模与仿真的方法已经得到了长期的研究,并且取得了诸多实质的成果[182]。同步响应语言主要包括图形化的 PTOLEMY[183]、过程式的 ESTEREL[184]、陈述式的 LUSTRE[185] 以及 SIGNAL[186] 等。

同步响应语言将嵌入式实时系统抽象为响应系统(reactive system)计算模型,系统不断地以一定的速率与外部环境进行交互并做出响应[187]。响应系统计算模型有别于传统的转换式系统计算模型,后者接收数据,进行计算,输出数据,而前者还受到了时间的约束。绝大多数工业嵌入式实时系统均可认为是响应系统,如数字控制系统、信号处理系统、信号检测系统,以及通信协议、人机交互接口,等等。

同步响应语言通常基于如下同步假设[188]。

定义 7.1 同步假设

(1)系统行为是由连续不断的原子响应构成的无穷序列,且响应可被全局逻辑时钟索引。

(2)每次响应中,系统中任何组件都是通过输入信号以及自身内部状态计算得到其输出信号。

(3)在每次响应时,组件之间所有的事件通信是同时发生的。

在同步假设中,包含了如下基本概念:

(1)瞬时响应。系统行为按离散时间划分,换言之,仿真计算按连续的不重叠的瞬时划分进行。在每一个瞬时,根据输入信号 present/absent 状态,执行组件内部计算过程,传播控制信号与数据,直到计算得到所有输出变量值,整个系统达到新的状态。此计算周期称为输入信号下的系统响应。系统响应是瞬时完成的,即计算过程认为是无穷快的,"不占用"物理时间,并且只在离散的物理时刻发生。

(2)信号。信号用于传播信息。在每一个计算瞬时,信号可为 present/absent 中的一种,如果为 present,则信号携带某种规定类型的值(纯信号则仅表示信号是否存在)。在读取操作时,信号必须是相容的,即拥有相同的存在状态和相同类型的数据。

（3）因果性。决定信号的 present/absent 状态是响应系统中最重要的任务，对于系统中的局部信号而言尤为关键，因为这些信号是系统内部生成而非外部声明的。基本原则是信号值以及状态必须在使用前确定，所谓"使用前"指的是计算时的因果依赖顺序。信号的因果依赖顺序保证了在同样的输入信号下，都将生成相同的结果，保证了模型的正确性。

（4）激活条件与时钟。每个信号都可视为定义了一个新的时钟，在时钟"滴答"的瞬时，信号为 present，否则信号为 absent。模型定义的时钟以及系统内部生成的时钟将控制相应的组件是否激活，因此，这些时钟可以称为激活条件。

同步响应语言的同步假设（定义 7.1）和 Modelica 语言的数据流同步原则，二者对于并发和同步的定义是类似的，即认为计算和通信在瞬时完成，不占用物理时间，并且在事件时刻，事件并发产生。但二者对于时间以及事件的定义有所不同，同步响应语言认为时间就是离散的时钟，事件只在时钟"滴答"瞬时产生（即为时间事件），即事件是可预知的；而 Modelica 语言认为时间是连续的，事件除了在采样时刻产生，还可通过连续变量的状态变化而产生（即为状态事件），即事件是不可预知的。

因此，我们可以借鉴同步响应语言在模型检测和仿真效率方面的优势，对 Modelica 语言进行扩展，引入时钟定义，建立时钟与时间的关系，并确定时钟推理机制，实现基于时钟的模型静态检测。进一步地，通过规划分解的方法来确定时钟作用的边界，以及时钟变量与连续变量之间的因果依赖关系，并基于此设计相应的求解策略，从而解决前述的模型正确性检测和仿真效率问题，进而实现面向 CPS 系统的建模与仿真技术。

7.3　CPS 系统统一建模

7.3.1　Modelica 核心成分

1. Modelica 核心

根据 Modelica 规范，我们可以将其凝练为 Modelica 语言核心成分，简称为 MK(Modelica Kernel)。MK 中去除了 Modelica 面向对象的特征，包括继承、变型和重声明等动态特性，保留了基于 Modelica 描述连续离散混合数学模型所需的基本语法成分。MK 语法的 EBNF 形式化定义如下。

定义 7.2　Modelica Kernel

$e ::= t \,|\, l \,|\, p \,|\, x \,|\, e_1 \; op \; e_2 \,|\, when\_e \,|\, if\_e \,|\, f(e) \rightarrow x \,|\, \{e_1, e_2, \ldots, e_n\} \,|\, \mathrm{pre}(e)$

$when\_e ::= when \; e_1 \; then \; e_2$

$if\_e ::= if \; e_1 \; then \; e_2 \; else \; e_3$

其中：

（1）e 表示表达式，通过表达式的组合可以表示逻辑语句或数学方程。

（2）t 表示全局唯一的连续的物理时间。

（3）l 表示文字常量，包括 true、false、整数、实数和字符串等。

（4）p 表示参量和常量。

（5）x 表示连续变量或离散变量。

（6）op 表示操作符，为简化描述，特指二元操作符，如算术运算符＋、－，比较运算符＞、＜，逻辑运算符 and、or，等等。表达式与操作符结合后产生特定语义，如与"＝"结合表示方程，与"："结合表示赋值关系等。

（7）when_e 表示 when 语句。在 when 条件由 false 转为 true 的瞬间，when 中方程转为活动状态，其余时刻均为非活动状态。

（8）if_e 表示 if 语句。在 if 条件为真时，true 分支方程为活动状态；否则，false 分支方程为活动状态。

（9）$f(e) \rightarrow x$ 表示函数调用关系。给定输入 e 时返回输出为 x，可以扩展为多输入多输出的形式，即 $f(e_1, e_2, \cdots, e_n) \rightarrow (x_1, x_2, \cdots, x_m)$。

（10）$\{e_1, e_2, \cdots, e_n\}$ 表示由表达式 $e_1, e_2, \cdots, e_n$ 为元素构造而来的数组表达式。若 $e_1, e_2, \cdots, e_n$ 为数组表达式，则构造结果为多维数组。

（11）pre(e) 表示 e 的左极限值（在仿真计算时即为前一时刻的值）。

2. Modelica 核心类型系统

与 MK 相对应的是，我们对 Modelica 类型系统进行简化，去除了多态类型、outer/inner、父/子类型等类型关系，保留了基于 Modelica 描述数学模型所需的基本类型信息，形成 Modelica 核心类型系统，简称为 MKTS（Modelica Kernel Type System）。MKTS 的 EBNF 形式化定义如下。

定义 7.3　Modelica Kernel Type System

type_system∷＝(type, type_compatibility)

type∷＝(variability, predefined_type, {array_dimension})

variability∷＝(t, continuous | discrete | parameter | constant)

predefined_type∷＝Real | Integer | Boolean | String

array_dimension∷＝($l_1, l_2, \cdots, l_n$)

其中：

（1）type 表示类型定义，由可变性、预定义类型或自定义类型、数组信息构成。

（2）variability 表示变量或表达式的可变性，如参量 p 的可变性为 parameter，变量 x 的可变性则只可能为 continuous 或 discrete；t 则表示变量或表达式绑定了时间。

（3）predefined_type 表示 Modelica 预定义的 4 种基本类型。

（4）array_dimension 表示数组信息，由个数为 n 的元组构成，元组中的每个元素均为表达式，依次代表数组每一维的大小，n 则表示数组的维度大小。

（5）type_compatibility 表示类型兼容，是基本的类型约束之一，后文有详细描述。

3. Modelica 变量

在 Modelica 中，任何变量（包括常量和参量）都被认为是关于时间 t 的变量，即 $x=x(t)$，$p=p(t)$。同样的，任何表达式也都可认为是与时间相关的表达式。

结合变量的可变性来看，连续变量 x_1、离散变量 x_2、参量 p_1 和常量 p_2 分别如图 7-1 所示。需特别指出的是，**离散变量**实质为分段连续变量，即在两次事件时刻之间，离散变量保持不变，如图中 x_2 在 t_1 时刻的左极限值为 $x_2(t_1)^-=x_2(t_0)$。

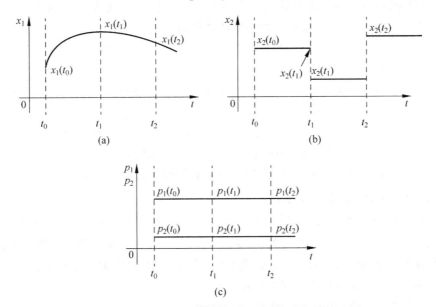

图 7-1　Modelica 变量与时间的关系示意图

（a）连续变量与时间的关系；（b）离散变量与时间的关系；（c）常/参量与时间的关系

7.3.2　时钟与时钟变量

定义 7.4　时钟

时钟是指对物理时间按周期频率离散而来的时刻序列值，记为 c。时钟是纯信号，只在特定时刻被激活为 present，否则为 absent。

定义 7.5　时钟类型

时钟类型是指定义时钟 c 所使用的类型，记为 Clock。

我们约定通过 Clock $c=$ Cloc k(interval, resolution) 来定义一个时钟，其中 interval/resolution 表示时钟周期间隔，时钟的起始时刻为 0。如，Clock(1,1e6) 表示时钟频率为 1MHz 的时钟。

定义 7.6　时钟变量

时钟变量是指绑定了时钟的变量,记为 xd。时钟变量只有在其绑定时钟被激活时才能被激活,即在时钟为 present 的时刻,允许对时钟变量进行读写操作,其他时刻的读写操作都是非法的。

时钟、时钟变量与物理时间之间的关系如图 7-2 所示。

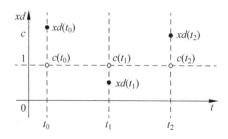

图 7-2　时钟、时钟变量与物理时间的关系示意图

引入时钟和时钟变量后,假设仅通过 Modelica 描述纯离散系统,定义其语法(简记为 MKC,Modelica Kernel with Clock)如下。

假设 7.1　Modelica Kernel with Clock

$ed ::= c \mid pd \mid xd \mid ed_1 \ op \ ed_2 \mid \text{when\_}ed \mid \text{if\_}ed \mid f(ed) \to xd \mid \{ed_1, ed_2, \cdots, ed_n\} \mid previous(ed)$

$\text{when\_}ed ::= \text{when } ed_1 \text{ then } ed_2$

$\text{if\_}ed ::= \text{if } ed_1 \text{ then } ed_2 \text{ else } ed_3$

其中:

(1) ed 表示绑定了时钟的表达式,简称为时钟表达式。

(2) c 表示时钟。

(3) pd 表示常量和参量。

(4) xd 表示时钟变量。

(5) op、$f(ed) \to xd$、$\{ed_1, ed_2, \cdots, ed_n\}$ 与 MK 中对应符号意义一致。

(6) $\text{when\_}ed$ 表示 when 语句。在 when 条件 ed_1 由 false 转为 true 的瞬间(若 ed_1 为时钟,则为 absent 转为 present 的瞬间),when 中方程转为活动状态,其余时刻均为非活动状态。

(7) $\text{if\_}ed$ 表示 if 语句。在 if 条件 ed_1 被激活的前提下,若为 true,则 true 分支方程为活动状态;否则,false 分支方程为活动状态。

(8) $previous(ed)$ 表示 ed 上一次被激活时的值。

假设与之对应的类型系统(简记为 MKTSC,Modelica Kernel Type System with Clock)如下。

假设 7.2　Modelica Kernel Type System with Clock

$\text{type\_system} ::= (\text{type}, \text{type\_compatibility})$

type∷＝(clocked_variability,predefined_type,array_dimension)

clocked_variability∷＝(c,clocked|parameter|constant)

predefined_type∷＝Clock|Real|Integer|Boolean|String

array_dimension∷＝$(l_1,l_2,\cdots,l_n)$

与 MKTS 的主要区别包括如下：

（1）时钟 c 及其类型 Clock 被视为类型的一部分。

（2）clocked_variability 表示时钟表达式的可变性，前述的 xd 为 clocked,pd 为 parameter 或 constant。

7.3.3　时钟推演

所谓时钟推演就是确定表达式在环境中所绑定的时钟的过程，也可称为时钟计算。时钟推演的目的是在编译阶段检测模型中时钟定义的冲突，并确定所有表达式的时钟状态，从而避免求解计算过程中对时钟事件检测的开销。

时钟推演中，最基本的规则是单时钟绑定原则，定义如下。

规则 7.1　单时钟绑定原则

表达式只能绑定唯一的时钟。

假设表达式允许绑定多个时钟，以时钟变量 xd 为例，设其绑定时钟 c_1 和 c_2，且在 t 时刻 c_1 被激活，而 c_2 未被激活，那么此时 xd 能否读写的状态无法确定，即模型在仿真计算时不是因果的，故假设不成立。因此，任何表达式的时钟都应当是唯一的。下面我们利用类似于 Damas-Milner 类型推演的形式化方法对时钟推演规则进行推导。

1. 时钟环境内的时钟推演规则

将对绑定了时钟的表达式集合定义如下。

定义 7.7　时钟环境

若表达式 $e_1,e_2,\cdots,e_n$ 均绑定了相同或相等的时钟 c，则将此表达式集合称为关于 c 的时钟环境 P，记为 $P=[e_1:c,e_2:c,\cdots,e_n:c]$，并记 $c(P)$ 为 P 的时钟。

其中，对于"相等的时钟"定义如下。

定义 7.8　时钟相等

若时钟 c_1 和 c_2 的起始时刻以及时钟周期完全一致，则称 c_1 和 c_2 是相等的，记为 $c_1 \Leftrightarrow c_2$。

引入符号"⊢"表示"包含了"，并以"$P \vdash ed:c$"表示在时钟环境 P 中，表达式 ed 绑定了时钟 c，那么，对于时钟环境 P，下列规则显然是成立的。

规则 7.2　常/参量的时钟推演规则

$$(pd) \frac{P \vdash pd}{P \vdash pd:c(P)}$$

由于常量和参量在仿真计算时是不会发生改变的，即任意时刻都可以访问但不允许修改,因此可以绑定任意的时钟。规则 7.2 指明 pd 的时钟与其所处的时钟环境直接相关。

规则 7.3　二元表达式的时钟推演规则

$$(op)\ \frac{P \vdash ed_1 : c \quad P \vdash ed_2 : c}{P \vdash ed_1\ op\ ed_2 : c}$$

该规则说明,若 ed_1 和 ed_2 的时钟相等,那么其构成的二元表达式与它们一样,具有相等的时钟 c,且同属于环境 P。

规则 7.4　函数调用的时钟推演规则

$$(f)\ \frac{P \vdash ed_1 : c, ed_2 : c, \cdots, ed_n : c}{P \vdash f(ed_1, ed_2, \cdots, ed_n) \rightarrow (xd_1, xd_2, \cdots, xd_m) : c}$$

该规则说明,若函数输入的时钟相同,那么相应的函数输出绑定为相同的时钟 c,且同属于环境 P。

规则 7.5　数组表达式的时钟推演规则

$$(arr)\ \frac{P \vdash ed_1 : c, ed_2 : c, \cdots, P ed_n : c}{P \vdash \{ed_1, ed_2, \cdots, ed_n\} : c}$$

该规则说明,若数组表达式的元素的时钟相同,那么数组表达式的结果绑定为相同的时钟 c,且同属于环境 P。

规则 7.6　when 子句的时钟推演规则

$$(when)\ \frac{P \vdash ed_1 : c \quad P \vdash ed_2 : c}{P \vdash when\_d : c}$$

规则 7.7　if 子句的时钟推演规则

$$(if)\ \frac{P \vdash ed_1 : c \quad P \vdash ed_2 : c \quad P \vdash ed_3 : c}{P \vdash if\_ed : c}$$

规则 7.6 和规则 7.7 表明,对于子句而言,若其条件表达式 ed_1 以及分支表达式 ed_2、ed_3 具有相等的时钟,那么子句具有和它们一致的时钟,且属于相同的时钟环境。

2. 单时钟或多时钟系统的时钟推演规则

基于定义 7.7,可以把离散系统抽象地定义为时钟相关的时钟系统。

定义 7.9　时钟系统

若离散系统完全由绑定时钟的离散表达式构成,则将离散系统称为时钟系统,记为 $S = [P_1, P_2, \cdots, P_n]$,其中 $P_1, P_2, \cdots, P_n$ 代表关于不同时钟的时钟环境。

若时钟系统 S 中仅存在唯一的时钟环境 P,则将 S 称为单时钟系统。此时,将规则 7.3～规则 7.7 中的 P 替换为 S,仍然是成立的。

若时钟系统 S 中存在多个时钟环境 $P_1, P_2, \cdots, P_n$,则将 S 称为多时钟系统。此时,前述规则不一定成立。如图 7-3 所示,以二元加法表达式为例,若 ed_1、ed_2 分别绑定不同的时钟 c_1 和 c_2,那么加法运算结果在 t_2 时刻是无法确定的,因为按照时钟变量的定义,在时钟为 absent 时,变量值不允许访问,即 t_2 时刻 ed_1 的值无法访问,同理,t_3、t_4 时刻的结果也是无法确定的。另一方面,若 c_1 和 c_2 满足某种约束关系,则可通过对 c_1 进行重采样,使得 ed_1 和 ed_2 的时钟保持一致,进而使得时钟推演规则能够继续生效。为此,有必要定义 c_1 和 c_2 之间的这种约束关系。

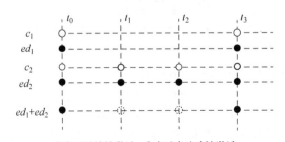

○表示时钟被激活；●表示表达式被激活

图 7-3　绑定不同时钟的表达式之间的二元加法运算问题

定义 7.10　时钟相容

若时钟 c_1 和 c_2 的时钟周期之间存在整倍数关系,则称 c_1 和 c_2 是相容的。设 c_2 为频率较高者,c_1 和 c_2 的相容关系记为 $c_1 \Rightarrow c_2$。

时钟相容的物理意义在于,当 $c_1 \Rightarrow c_2$ 成立时,对 c_1 按一定整倍数的时钟周期频率进行重新采样后可以得到新的时钟 c_2,这就使得分别绑定 c_1、c_2 的表达式 ed_1 和 ed_2 之间能够进行运算。

基于时钟相容的定义,可以推断出如下的时钟提升规则。

规则 7.8　时钟提升规则

若时钟 c_1 和 c_2 满足 $c_1 \Rightarrow c_2$,记 $\mathrm{super}(c_1, \mathrm{factor})$ 表示对 c_1 提升 factor 倍频率,那么,必然存在一个正整数 factor 使得 $\mathrm{super}(c_1, \mathrm{factor}) \Leftrightarrow c_2$ 成立,简记为 $\mathrm{super}(c_1) \Leftrightarrow c_2$。

对比定义 7.8 可以看出,时钟相等是相容的一种特殊情况,即 $\mathrm{super}(c_1, 1) \Leftrightarrow c_2$。

进一步的,令 $\mathrm{super}(ed)$ 表示对 ed 按 $\mathrm{super}(c)$ 重采样后的结果,那么基于时钟相容和提升规则,我们可对前述的时钟推演规则进行扩展如下。

规则 7.9　完整的时钟推演规则

$$(pd)\frac{P \vdash pd}{P \vdash pd : c(P)}$$

$$(op)\frac{S \vdash ed_1 : c_1, ed_2 : c_2 \quad c_1 \Rightarrow c \quad c_2 \Rightarrow c}{S \vdash \mathrm{super}(ed_1)\, op\, \mathrm{super}(ed_2) : c}$$

$$(f)\frac{S \vdash ed_1 : c_1, \cdots, ed_n : c_n \quad c_1 \Rightarrow c \quad \cdots \quad c_n \Rightarrow c}{S \vdash f(\mathrm{super}(ed_1), \mathrm{super}(ed_2), \cdots, \mathrm{super}(ed_n)) \to (xd_1, xd_2, \cdots, xd_m) : c}$$

$$(\mathrm{arr})\frac{S \vdash ed_1 : c_1, \cdots, ed_n : c_n \quad c_1 \Rightarrow c \quad \cdots \quad c_n \Rightarrow c}{S \vdash \{\mathrm{super}(ed_1), \mathrm{super}(ed_2), \cdots, \mathrm{super}(ed_n)\} : c}$$

$$(\text{when})\ \frac{S \vdash ed_1:c_1,ed_2:c_2 \quad c_1 \twoheadrightarrow c \quad c_2 \Rightarrow c}{S \text{ when}\_ed:c}$$

$$(\text{if})\ \frac{S \vdash ed_1:c_1,ed_2:c_2,ed_3:c_3 \quad c_1 \Rightarrow c \quad c_2 \Rightarrow c \quad c_3 \Rightarrow c}{S \text{ if}\_ed:c}$$

其中，规则(pd)表明常/参量所绑定的时钟与其所处的时钟环境直接相关，若 pd 同时出现于时钟系统的不同时钟环境中，在不同的环境下将绑定不同的时钟；规则(op)、(f)、(arr)、(when)和(if)等都揭示，当表达式所绑定的时钟不相同时，需要对其进行重采样转换，只有在时钟相等的前提下，表达式之间才可以进行运算或者语义复合，并生成确定的语义结果。

通过时钟推演规则可以看出，我们能够基于扩展的 Modelica 时钟语义及其类型系统定义一个结果确定的（即因果的）时钟系统。时钟推演规则也表明了 MKC 和 MKTSC 定义的合理性。

7.3.4　时钟传播与时钟检查

由于时钟推演规则已经明确了任意表达式所绑定的唯一时钟是可推演的，因此，可以定义一套相应的时钟传播规则，当表达式中部分子项时钟确定时，时钟将"传播"至其他未确定子项。

规则 7.10　时钟传播规则

$$(pd)\ \frac{P \vdash pd}{P \vdash pd:c(P)}$$

$$(op)\ \frac{S \vdash ed_1:c \quad S \ ed_1 \ op \ ed_2}{S \vdash ed_2:c}$$

$$(f)\ \frac{S \vdash ed_1:c \quad S \ f(ed_1,ed_2,\cdots,ed_n) \twoheadrightarrow (xd_1,xd_2,\cdots,xd_m)}{S \vdash ed_2:c,\cdots,ed_n:c}$$

$$(\text{arr})\ \frac{S \vdash ed_1:c \quad S \vdash \{ed_1,ed_2,\cdots,ed_n\}}{S \vdash ed_2:c,\cdots,ed_n:c}$$

$$(\text{when})\ \frac{S \vdash ed_1:c \quad S \vdash \text{when}\_ed}{S \vdash ed_2:c}$$

$$(\text{if})\ \frac{S \vdash ed_1:c \quad S \vdash \text{if}\_ed}{S \vdash ed_2:c,ed_3:c}$$

其中，规则(pd)与规则 7.9 中的规则(pd)一致，含义也是一致的，即常/参量的时钟并非直接定义，而是通过其所处环境获取；其他各表达式的时钟传播规则表明，只要该类型的表达式中任一子项的时钟确定为 c，那么其他子项均将绑定 c。

时钟传播规则的意义在于，用户在定义时钟系统时，不需要对系统所有的时钟变量显式地绑定时钟，而只需对若干关键的变量进行时钟绑定，时钟通过传播规则作用于整个系统。例如,对一个时钟为 c 的单时钟子系统而言,可在信号采集输入端设定采样的时钟为 c,子系统的其余部分变量和表达式均将自动绑定该时钟。

时钟检查则是检测模型定义中各表达式之间是否存在时钟冲突的问题,即检查表达式子项是否满足规则 7.9 中的条件部分,是模型检测的一个重要手段。

7.3.5　时钟与时间系统的语义融合

前文通过对扩展的时钟语义进行分析,明确了语义的确定性和准确性,本节将对扩展语义(MKC)和 Modelica 原生语义(MK)进行融合。

我们已将绑定时钟的系统定义为**时钟系统**,相应的,将绑定时间的系统称为**时间系统**。时钟系统与时间系统是正交的概念,即时钟系统中的时钟变量与时间系统中的变量无法直接运算或通过赋值传递数据,时钟在时间系统中也不存在对应的物理含义。为此,引入“sample(e,c)”和“hold(ed)”两个操作符来对两个系统进行连接。

(1) sample(e,c)表示对连续时间表达式 e 进行采样取值,当 c 被激活时,取pre(e)的值,在初始时刻时,取 e 的初始值,返回结果可认为是绑定了 c 的时钟变量。这与实际的物理过程是一致的。由于采样器不可能无穷快地对目标进行信号采样,因此,认为采样信号相对于连续的目标变量存在一个极小的延时。通过sample(e,c)可以将时间系统的变量值传递至时钟变量中。

(2) hold(ed)表示对时钟表达式按零阶保持进行取值,当 ed 被激活时,取 ed的值,否则取 previous(ed)的值,在初始时刻时,取 ed 的初始值。显然,hold(ed)的返回结果是分段连续的,因此可以通过它将时钟系统的变量值传递至时间系统中。

除此之外,定义如下的时钟转换操作符以便显式地定义时钟提升转换:

(1) superSample(ed,p)表示对时钟表达式 ed 按 p 倍(p 必须为整型的常/参量,以保证在模型编译期 superSample()所绑定的时钟可被推演)的频率重新采样,在新时钟的每一时刻,若 ed 被激活,则取 ed 的值;否则,取 previous(ed)的值,superSample()起始时刻的值取 ed 在起始时刻的值。如,$c_2 =$ superSample(c_1,10)表示 c_2 的频率比 c_1 快 10 倍,即 $c_1 \Rightarrow c_2$。

(2) subSample(ed,p)表示对时钟表达式 ed 按 $1/p$(p 必须为整型的常/参量)的频率重新采样,在新时钟的每一时刻,都取 ed 的值(此刻 ed 显然是被激活的),subSample(ed,p)起始时刻的值取 ed 在起始时刻的值。例如,$ed_2 =$ subSample(ed_1,10)表示 ed_1 所绑定的时钟 c_1 频率比 ed_2 的 c_2 慢 10 倍,即$c_1 \Leftarrow c_2$。

我们将通过时钟转换操作符生成的结果时钟(或结果表达式所绑定的时钟)称为**子时钟**,相应的,转换操作的源对象时钟称为**基时钟**。可见,时钟转换操作显式地定义了与基时钟相容的子时钟。

基于时钟/时间转换(Clock()、sample()、hold())以及时钟转换(superSample()、subSample()),我们可以将前述的 MKC 与 MK 进行融合。

定义 7.11　Modelica Kernel Extension

$e::=t\,|\,c\,|\,l\,|\,p\,|\,x\,|\,e_1\ op\ e_2\,|\,\text{when\_}e\,|\,\text{if\_}e\,|\,f(e)\rightarrow x\,|\,\text{pre}(e)\,|$
$\quad\quad \text{previous}(e)\,|\,\text{sample}(e,c)\,|\,\text{hold}(e)\,|$
$\quad\quad \text{superSample}(e,p)\,|\,\text{subSample}(e,p)$

$\text{when\_}e::=\text{when}\ e_1\ \text{then}\ e_2$

$\text{if\_}e::=\text{if}\ e_1\ \text{then}\ e_2\ \text{else}\ e_3$

其中:

(1) e 表示表达式,可为时钟表达式(即经时钟推演确定绑定时钟的表达式)或时间表达式(即经时钟推演确定未绑定时钟的表达式)。

(2) t 表示全局唯一的连续的物理时间。

(3) c 表示时钟,通过时钟定义、时钟推演或时钟转换生成。

(4) l 表示文字常量。

(5) p 表示参量和常量。

(6) x 表示变量,可为时钟变量(即经时钟传播确定绑定时钟的变量)或时间变量(即经时钟传播确定未绑定时钟的变量)。

(7) op 表示二元操作符。

(8) when_e 表示 when 语句。

(9) if_e 表示 if 语句。

(10) $f(e)\rightarrow x$ 表示函数调用关系。

(11) pre(e)表示时间表达式 e 的上一时刻的值。

(12) previous(e)表示时钟表达式 e 的上一次被激活时的值。

相应的,类型系统可扩展如下。

定义 7.12　Modelica Kernel Type System Extension

type_system::=(type,type_compatibility)

type::=(time_variability | clocked_variability, predefined_type, array_dimension)

time_variability::=(t,continuous|discrete|parameter|constant)

clocked_variability::=(c,clocked|parameter|constant)

predefined_type:=Clock|Real|Integer|Boolean|String

array_dimension::=($l_1,\cdots,l_n$)

要确定一个表达式所绑定的是时间还是时钟,既可以通过 sample(e,c)、superSample(ed,p)、subSample(ed,p)来显式定义,也可以通过时钟推演或传播来隐式确定,进而利用类型系统中的 time_variability 和 clocked_variability 来描述表达式的时间或时间信息。

7.3.6　统一建模示例

图 7-4 展示了一个由连续系统、控制系统、采样器与保持器构成的简单 CPS 系统模型。其中，连续部分是一个微分代数混合的非线性系统，对其中变量 y 进行采样，时钟 c 定义了在时刻 $t_i \in \{0, 0.001, 0.002, \cdots\}$ $(i=0,1,2,\cdots)$ 采样器执行采样，控制器的输入 $yd(t_i) = y(t_i)$，输出 ud 通过零阶保持转化为分段连续变量 u（即连续系统的输入），且 $u(t) = ud(t_i)$ $(t_i \leqslant t < t_{i+1})$。

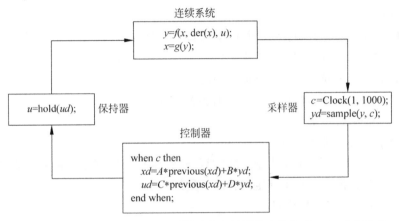

图 7-4　由连续系统、控制系统、采样器与保持器构成的简单 CPS 系统模型

7.2.2 节中提到的数字控制系统中多个采样器之间的同步问题可通过显式地限制其时钟的建模方法来解决。如图 7-5 所示，假如设计需求要求两个采样器进行同步采样，则可令采样器关联同一个时钟；如设计需求要求采样器以不同速率对信号进行采样，则分别关联不同的时钟。显式关联时钟的好处在于，若模型与设计意图违背，则编译工具能够通过静态的时钟检查来发现和提示时钟相容性的问题。

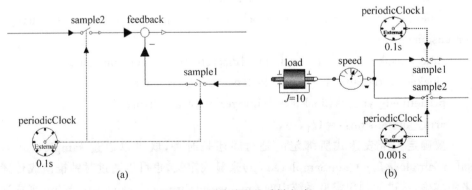

图 7-5　时钟关联的采样方式

（a）相同频率的采样信号；（b）不同频率的采样信号

网络控制系统通过计算机网络代替传统控制系统中的点对点结构,实现传感器、控制器和执行器等系统组件之间的信息交换,从而实现对控制对象的控制和监测,是一类典型的 CPS 子系统。图 7-6 展示了通过多个不同频率的传感器对不同的执行机构进行分别采样,并通过 CAN 总线传递至中央控制器的模型视图,其中3 个传感器的时钟与控制器内部的时钟并不同步(即时钟不相容)。因此,在控制器处理信号时,首先需要将传感信号转化为分段连续信号并重新采样(由于不相容,故不能直接利用时钟转换函数)为同步的时钟信号供控制器使用。这与实际物理过程是一致的,即信号通过网络传入控制器的输入缓存中,控制器总是从缓存中读取信号值,若控制器内部时钟频率高于传感器采样频率,那么在一段时间间隔中,控制器使用的都是传感器上一采样时刻值,直至传感器信号更新为止。

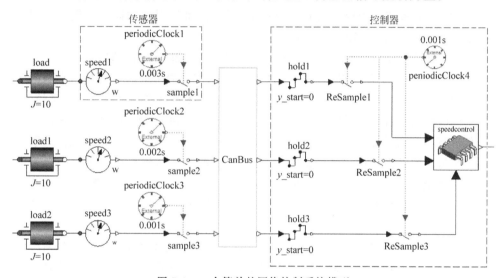

图 7-6　一个简单的网络控制系统模型

7.4　面向 CPS 的系统仿真规划扩展的数据流同步原则

7.4.1　扩展的数据流同步原则

基于 Modelica 的“数据流同步原则”可以实现连续离散混合系统仿真。在扩展了时钟语义后,数据流同步原则须相应地扩展如下。

定义 7.13　数据流同步原则

(1)所有变量保持其实际值不变直到这些值被显式改变。时钟变量的值只在其被激活的时刻可以访问,其他变量值可以在连续积分或事件处理过程中的任意时刻访问。

(2)在连续积分或事件处理过程中的每一时刻,活动方程表示了变量之间必须同时满足的约束关系。

（3）在事件时刻的计算与通信没有时间开销（如果需要仿真通信时间和计算时间，这些属性需要显式建模）。

新的数据流同步原则定义中，明确了时钟变量在仿真过程中同步的边界条件，即只在其激活的时刻可以访问与操作，其他时刻对时钟变量的访问均须被处理为运行时错误。

基于数据流同步原则以及扩展的时钟语义，CPS 系统的仿真求解同步处理可归纳如下：

（1）对于时钟系统而言，时钟不相容的方程之间必须有明确的边界，即时钟不同的方程之间不允许互相同步，时钟相容的方程可同处于一个同步子系统中。

（2）时间系统应为独立的同步子系统，即内部事件引起的同步在整个时间系统中生效，但不会扩散至时钟系统中。

（3）时钟系统与时间系统之间通过 sample(e,c)和 hold(e)进行同步。

其中，（1）表明，对于绑定了时钟的方程而言，因其内部的时钟变量只在激活时刻允许访问，因此方程也只能在时钟激活的时刻而被激活进而改变内部变量的值，不可能改变其他绑定不同时钟的方程中的变量；（2）和（3）表明，时间系统只在其内部进行连续离散变量的同步，因为 sample(e,c)的语义保证了时间系统内的事件不会扩散至时钟系统中，同样，hold(e)的语义也决定了时钟系统的事件不会扩散至时间系统中，而时钟系统与时间系统之间的"同步"，则如 7.3.5 节所述，存在一个极小的时延（该时延取决于模型定义的时钟频率以及求解过程中设定的求解步长）。

由此可见，仿真规划首先需要对 CPS 系统模型进行分解，区分为时钟系统与时间系统，进一步的，还需将时钟系统中时钟不相容的部分分解成不同的时钟子系统。

7.4.2　CPS 方程系统规划分解

1. CPS 方程系统的类型系统

在扩展 Modelica 语义时已经提到，时钟是 Modelica 类型系统的组成之一，因此，基于 Modelica 的 CPS 系统模型编译生成数学方程系统后，相应的类型系统也包含了时钟，可定义如下。

定义 7.14　CPS 方程系统的类型系统

type_system$:$:＝(type,type_compatibility)

type$:$:＝(time_variability|clocked_variability,basic_type)

timevariability$:$:＝$(t,$continuous|discrete)

clocked_variability$:$:＝$(c,$clocked)

basic_type$:$:＝double|integer|boolean|char

定义 7.14 与定义 7.12 的区别如下：

(1) 消除了 Clock 类型。即时钟在编译阶段推演完毕，在仿真期间不需要被求解，故其类型无需存在。

(2) 消除了常量或参量的可变性。因为常量和参量在编译阶段被静态估值，在仿真期间不需要被求解。

(3) 消除了数组信息。本章为聚焦于时钟或时间系统的规划分解问题，忽略了数组对类型的影响。

由于 CPS 系统模型在编译期间各表达式或方程所绑定的时钟已经被推演确定，因此在方程系统中，各方程可进行类型计算。

由于类型系统中加入了时钟，类型相容被重新定义如下。

定义 7.15　类型相容

在 CPS 方程系统中，若类型 A 和 B 满足下列条件，则称 A 与 B 是类型相容的。

(1) A 和 B 类型相等。

(2) A 和 B 均包含了时钟，且时钟相容，且 A、B 基础类型相容。

(3) A 和 B 均包含了时间，且 A、B 基础类型相容。

2. 基于类型相容的约束加权二部图

我们把由时钟表达式构成的方程称为**时钟方程**，由时间表达式构成的方程称为**时间方程**，构建基于类型约束的二部图的目的在于明确时钟变量与时钟方程，时间变量与时间方程，以及时钟变量与时间方程(如 $ud = \mathrm{sample}(y, c)$)、时间变量与时钟方程(如 $y = \mathrm{hold}(ud)$)之间的约束关系。

CPS 系统对应的类型相容约束加权二部图满足如下定义。

定义 7.16　类型相容的约束加权二部图

类型相容的约束加权二部图是一个顶点加权的无向二部图 $\mathrm{WBG} = (V_1, V_2, \mathrm{type}, E_\mathrm{w}, E_\mathrm{s})$。其中，$V_1$ 表示变量顶点集；V_2 表示方程顶点集；type 表示顶点权值集，顶点权值为变量或方程的类型；E_w 表示弱约束边集，其每一条连接变量顶点和方程顶点的边都表示该变量出现于该方程中，但变量类型与方程类型不相容；E_s 表示强约束边集，其每一条连接变量顶点和方程顶点的边都表示该变量出现于该方程中，且变量类型与方程类型相容；$E_\mathrm{w} \bigcap E_\mathrm{s} = \varnothing$。

类型相容的约束加权二部图可利用类似于 WBGG 算法(算法 3.5)的方式构建，唯一的区别在于，当方程和变量类型相容时即生成连接两者顶点的强约束边，否则连接为弱约束边。

以图 7-7 为例，(a)是基于 Modelica 描述的一个简单 CPS 模型，包含了时间系统与时钟系统，(b)是该模型的方程系统对应的约束加权二部图。其中，弱约束边 (e_1, y)、(e_3, yd_1) 和 (e_5, yd_2) 均明确指出，对应的方程和变量之间类型不相容，结合模型来看，即表明方程与变量各自绑定的时钟不相容。

```
model SimpleCPS
 Real ud1,ud2,yd1,yd2,u,y,x1,x2,x3;
 Clock c1 = Clock(1,100);
 // Controller 1
 ud1 = sample(y,c1);                  // e1
 0 = f1(yd1, ud1, previous(yd1));     // e2
 // Controller 2
 ud2 = superSample(yd1,2);            // e3
 0 = f2(yd2, ud2);                    // e4
 // Continuous-time system
 u = hold(yd2);                       // e5
 0 = f3(der(x1), x1, u);              // e6
 0 = f4(der(x2), x2, x1);             // e7
 0 = f5(der(x3), x3);                 // e8
 0 = f6(y, x1, u);                    // e9
end SimpleCPS;
```

(a)

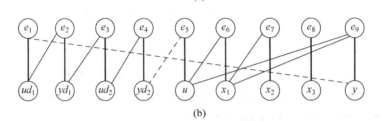

(b)

图 7-7　SimpleCPS 模型及其约束加权二部图表示

（a）基于 Modelica 的 CPS 模型；（b）约束加权二部图，实线边表示强约束，虚线边表示弱约束，粗实线表示最大匹配

3. CPS 方程系统规模分解与序列化

由于 CPS 方程系统的约束二部图已经通过类型约束关系给出了时钟作用的边界（相应的，时间作用边界也已确定），因此，利用约束加权二部图的强连通分量凝聚算法，将强耦合方程子集从方程系统中析出，从而实现对时钟系统与时间系统的解耦，是一种可行的方法。

图 7-8 展示了 SimpleCPS 模型方程系统的规模分解过程，（b）为分解结果。从分解结果来看，其方程系统被划分成为 9 个方程子集 $C_1 \sim C_9$。我们将由时钟方程构成的子集称为**时钟方程子集**，由时间方程构成的子集称为**时间方程子集**。可见，$C_1 \sim C_4$ 为时钟方程子集，$C_5 \sim C_9$ 为时间方程子集。

若直接按照前述方程子集序列化方法（见图 7-8）对方程子集进行排序，仍以 SimpleCPS 方程系统为例，方程子集排序结果如图 7-9 所示。由于 C_1 与 C_9 之间发生了相互依赖，依赖关系将导致 $C_1 \sim C_9$ 需重新归并为同一个耦合子集以联立求解，这显然没有达到分解的目的。

我们结合 sample(e,c) 语义来进一步分析。在 7.3.5 节中 sample(e,c) 的定义明确了时钟变量相对于时间变量的变化而言，存在一个极小的延时，即 sample(e,c) 的结果为 pre(e)。换言之，对于时钟系统而言，其输入 e 可以被视为已知量。因

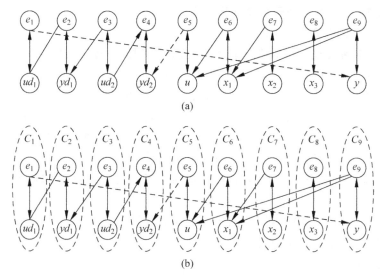

图 7-8 SimpleCPS 方程系统的规模分解

(a) SimpleCPS 方程系统的约束加权有向图；(b) 强连通分量凝聚

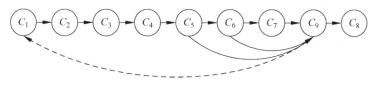

图 7-9 SimpleCPS 方程子集排序

此,上例中,C_1 并非依赖当前时刻的 C_9,而是上一时刻的 C_9。

实际上,时钟方程子集完全可以忽视其与时间方程子集的依赖关系,只需要在激活的时钟时刻访问得到 e 的前一时刻的值,并在局部锁定此值(例如,将 pre(e) 的值复制为局部变量使用)直至时钟方程子集计算完成。相应地,对于时间方程子集而言,若引用了时钟变量,那么对于特定时刻而言,若恰好为时钟变量的激活时刻,则首先计算时钟方程子集得到时钟变量,然后再计算时间方程子集,否则,直接引用时钟变量的前一时刻的值进行计算。

通过序列化方法对 CPS 方程子集进行排序后,生成了以数据约束图 DDG 表示的时钟方程子集和时间方程子集交错排列的子集序列,还需对其做以下分解和再排序得到最终求解序列。

1) 时钟块剥离

在数据依赖图 DDG 上,时钟方程子集与时间方程子集之间存在明确边界(弱约束边),我们将其中完全由时钟方程子集构成的子序列称为**时钟块**。结合上述的依赖关系分析可知,将时钟块和时间方程子集之间的依赖关系完全打断,通过仿真时钟可以实现不同类型方程子集的有序求解。具体的算法设计如下。

算法 7.1　CPS 方程子集序列化算法

输入：数据依赖图 DDG。

输出：时钟方程子集依赖图集合 VecCDDG，时间方程子集依赖图 TDDG。

步骤 1：遍历 DDG 中所有顶点，对其中每一个顶点 node，执行步骤 2。

步骤 2：若 node 为时钟方程子集，则通过强约束边计算其传播域与先决域，将域中所有顶点、node 以及它们之间的强约束边（即为一个时钟块）复制至时钟方程子集依赖图 CDDG，并存入 VecCDDG，将先决域的首顶点的前趋顶点 t_node1（即 node 依赖的时间方程子集）与传播域的末顶点的后继顶点 t_node2（即依赖 node 的时间方程子集）以强约束有向边（前者指向后者）连接，然后从 DDG 中删除前述的时钟块。

步骤 3：将 DDG 中的剩余顶点与强约束边关系复制到 TDDG 中。

步骤 4：对 TDDG 分别再次执行强连通分量析取，析取结果在原图中直接复合为新的顶点。

其中，步骤 4 的原因在于，在分离时钟方程子集和时间方程子集后，时间方程子集依赖图中由于子集间生成了新的强约束有向边，可能也生成了新的环，故须再次析出强连通分量确保联立求解。

SimpleCPS 模型的方程系统通过算法 7.1 进行序列化后，生成如图 7-10 所示的排序结果，其中时间方程子集 C_8 因不依赖任何其他子集，故可直接排序至时间块末尾。

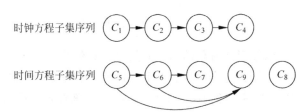

图 7-10　SimpleCPS 方程子集序列化结果

2）仿真时钟

仿真时钟是指按照时钟块的时钟来确定时间方程子集的求解迭代时间步长，相当于给时间方程子集绑定了一个"时钟"。确定仿真时钟的目的在于明确时间方程子集与时钟方程子集之间的同步时刻。

以图 7-11 所示的子集序列关系为例。若时间方程子集 TP1 依赖于时钟块 CP1 同时被 CP2 所依赖，设 CP1 的时钟为 c_1，频率为 f_1，CP2 的时钟为 c_2，频率为 f_2，那么，对于时间方程子集 TP1 而言，每隔 $1/f_1$ 秒应与 CP1 同步一次，以保证时钟信号及时传入时间系统；同时，每隔 $1/f_2$ 秒被 CP2 同步一次，以保证时间变量值及时被采样。若时间方程子集 TP1 依赖于另外两个时间方程子集 TP2 和 TP3，考虑到 TP2 中的状态事件会直接影响到 TP1，因此，TP1 应和 TP2 保持相同的积分步长,同理,TP1 也应当与 TP3 保持相同的积分步长。

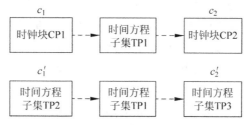

图 7-11　CPS 方程子集时序关系

为此,我们定义符号"×",并以 $c_1 \times c_2$ 表示两个时钟的积,结果为两个时钟序列值的有序叠加。如 c_1 为 $\{0, 0.05, 0.1, 0.15, \cdots\}$,$c_2$ 为 $\{0, 0.02, 0.04, \cdots\}$,则 $c_1 \times c_2$ 为 $\{0, 0.02, 0.04, 0.05, 0.06, 0.08, 0.1, \cdots\}$。

每个时间方程子集的仿真时钟应当为其依赖与被依赖的所有时钟块的时钟 $\{c_1, c_2, \cdots, c_n\}$,以及其依赖与被依赖的所有时间方程子集的仿真时钟 $\{c'_1, c'_2, \cdots, c'_m\}$ 的积。

7.4.3　CPS 方程系统二次规划分解

由于时钟只在固定的时刻被激活,因此时钟方程子集只在固定时钟时刻进行计算,故而应当采用定步长求解算法对时钟方程子集进行求解。CPS 方程系统通过上述规划分解后,对时钟块而言,其内部的各方程子集可能具有相等或者相容的时钟。毫无疑问,对于时钟相等的方程子集而言,求解的时间推进步长与方程子集的时钟频率存在明确的唯一的对应关系,而对于时钟相容但存在多个不相等时钟的方程子集而言,求解步长则须对应为时钟频率最高者,这显然是低效的,因为此时,时钟频率低的方程子集完全可以采用较大步长的定步长算法进行求解。为此,有必要在前述规划分解的基础之上进行二次分解,将不相等的时钟分离出来,使其可以匹配至不同定步长求解算法。可见,二次规划分解的目的即确定时钟方程子集所绑定的时钟。

1. 基于类型相等的约束加权二部图

二次规划分解可基于类型相等的约束加权二部图来实现,定义如下。

定义 7.17　类型相等

在 CPS 方程系统中,若类型 A 和 B 满足下列条件,则称 A 与 B 是类型相等的。

(1) A 和 B 均包含了时钟,且时钟相等,A、B 基础类型相等。

(2) A 和 B 均包含了时间,且 A、B 基础类型相等。

定义 7.18　类型相等的约束加权二部图

类型相等的约束加权二部图是一个顶点加权的无向二部图 $\mathrm{WBG} = (V_1, V_2,$

type，E_w，E_s）。其中，V_1 表示变量顶点集；V_2 表示方程顶点集；type 表示顶点权值集，顶点权值为变量或方程的类型；E_w 表示弱约束边集，其每一条连接变量顶点和方程顶点的边都表示该变量出现于该方程中，但变量类型与方程类型不相容；E_s 表示强约束边集，其每一条连接变量顶点和方程顶点的边都表示该变量出现于该方程中，且变量类型与方程类型相容；$E_w \bigcap E_s = \varnothing$。

基于上述定义，我们可以通过 WBGG 算法，把时钟方程子集序列中的时钟方程或变量的约束关系表示为基于类型相等的约束加权二部图。SimpleCPS 的时钟块对应的约束加权二部图如图 7-12 所示。

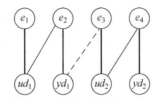

图 7-12 SimpleCPS 时钟块方程子集的约束加权二部图表示

2. 二次分解与序列化

类型相等的约束加权二部图通过类型约束关系给出了时钟方程子集序列内每一个时钟的作用范围，即弱约束边表明了时钟转换关系，因此，沿着强约束边从图中析出强连通分量，从而分离不同时钟的方程子集的方法是可行的。进而利用算法对时钟方程子集进行序列化，生成绑定不同时钟的方程子集的序列，并且两个不同时钟的子集之间存在明确边界（如约束图的弱约束边）。我们将由相同时钟的方程子集构成的连续子序列称为**子时钟块**。

仍以 SimpleCPS 的时钟块为例，二次分解与序列化结果如图 7-13 所示。结果表明，对于时钟方程 ud_1-sample(y, c_1) 以及 $0 = f_1(yd_1, ud_1, \text{previous}(yd_1))$ 而言，二者均只在时钟 c_1 的频率下计算（计算时间步为 10ms），而方程 $ud_2 = \text{superSample}(yd_1, 2)$ 和 $0 = f_2(yd_2, ud_2)$ 在 2 倍于 c_1 的频率下计算（计算时间步

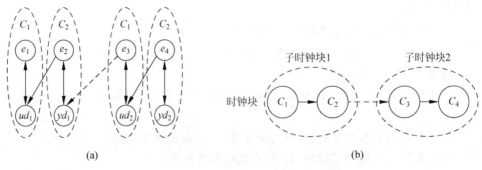

图 7-13 SimpleCPS 时钟块的二次分解与序列化

（a）时钟方程子集析出；（b）子时钟块生成

为 5ms),由于后者计算频率更高,且按依赖顺序求解,因此,ud_2 在计算时刻总是能够获取得到 yd_1 在同一时刻的更新后的值。

二次规划分解后,若子时钟块相互依赖,则视为模型的代数环问题,此时,子时钟块是不可解的,必须加入延时处理。如图 7-14 中示例 Algebraicloop,二次规划分解后,方程子集 C_1 和 C_4 之间存在相互依赖关系,结合示例可知,在第 10ms 时刻,所有方程都被激活,ud_1 依赖此时刻 yd_2 的值,同时 yd_2 也依赖于此时刻的 ud_1,即产生了代数环问题。

```
model Algebraicloop
 Real ud1,ud2,yd1,yd2,u,y;
 Clock c1 = Clock(1,100);
 // Controller 1
 ud1 = sample(y,c1)+subsample(yd2,2); // e1
 0 = f1(yd1, ud1, previous(yd1));     // e2
 // Controller 2
 ud2 = superSample(yd1,2);            // e3
 0 = f2(yd2, ud2);                    // e4
 ......
end Algebraicloop;
```

(a)

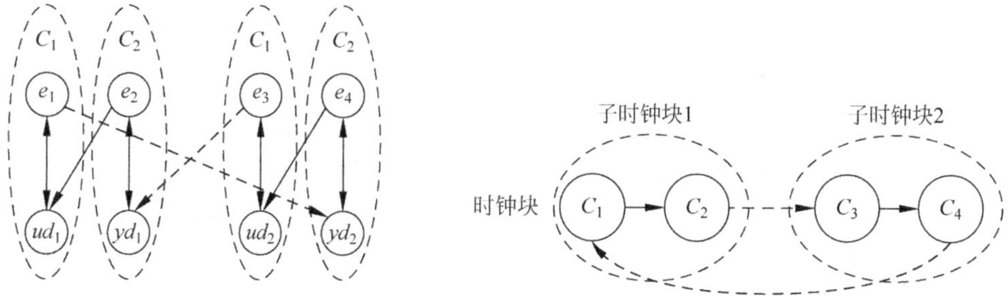

(b)

图 7-14 Algebraicloop 模型二次规划分解与代数环问题
(a) Algebraicloop 模型代码;(b) 二次规划分解结果

3. 仿真时钟

时钟块的仿真时钟用于确定仿真时期时钟块与外部系统同步的时刻,子时钟块的仿真时钟则用于确定时钟块内部同步的时刻。对于子时钟块而言,由于其内部方程子集的时钟均相等,此即为子时钟块的仿真时钟。对于时钟块而言,由于其内部各子时钟块的时钟频率可能不相等,仿真时钟取其**输入时钟**,即二次规划分解时处于序列之首的时钟,若存在多个输入时钟,则取时钟频率高者。由于此时钟通常即为时钟块内部所有时钟的基时钟,故可将时钟块称为基时钟块。

如图 7-15 所示,若时钟块 CP1 内部存在不同时钟的子时钟块 SCP1、SCP2 和 SCP3,对应的时钟为 c_1、c_2、c_3(CPS 建模时,c_1 通常设定为基时钟,即按基时钟频率采集信号后,再进行倍频分频处理),外部与时间方程子集 TP1 和 TP2 有依赖关系。相对于 TP1 而言,无论其状态变化速度如何,CP1 只会在 c_1 生效时采入信号,即与 TP1 发生同步;相对于 TP2 而言,虽说直接依赖于 SCP3 的输出信号,但由于 SCP3 只有在 c_1 生效时才能与输入信号同步,换言之,由于系统是确定的,时钟块的输入不变时输出也不会发生改变,因此,TP2 只需要在 c_1 生效时与 CP1 同步即可。

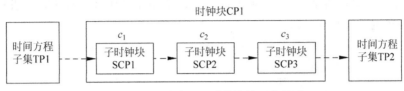

图 7-15   时钟块及子时钟块的时序关系

7.5   面向 CPS 的系统统一仿真求解

7.5.1   事件与状态方程

CPS 系统模型中的事件区分为状态事件与时钟事件。其中,状态事件是指因状态条件改变而导致系统状态发生不连续的变化,例如,状态条件改变导致状态方程形式发生变化;时钟事件是指时钟激活与否而导致系统状态发生不连续的变化,例如,在时钟时刻,时钟方程生效导致时钟变量值发生突然变化。

结合建模来看,CPS 的时间系统(即物理系统)和时钟系统(即信息系统)内,事件和状态方程的形式完全不同。在时间系统中,不存在时钟定义,也就不存在时钟变量或时钟方程,因此,时间系统内的事件都是状态事件;状态方程以微分代数方程的形式表示,状态变量以微分变量的形式表示。而在时钟系统中,由于时钟变量和时钟方程只在时钟时刻被激活,即使存在状态条件的切换,也只可能在时钟时刻发生,因此,时钟系统内的事件都认为是时钟事件;状态方程则以离散的差分代数方程表示,状态变量以时钟变量的形式表示。

回顾 7.4.2 节中所述的时间事件与状态事件之间的依赖,以及状态事件检测时重复检查大量"不会激活"的时间事件的问题,可以看出,Modelica 扩展时钟语义后,时间事件将转为时钟事件来表示,而时钟事件事实上不再直接影响状态事件的激活(因为时间系统与时钟系统同步时存在一个时间步的延时),因此,在时间系统仿真时只需要独立检测状态事件。同时,时钟事件在模型编译时通过时钟推演被静态确定,仿真时只需要判断时钟方程在该时刻是否被激活,而不需要即时地去计算时钟的值,故相比于时间事件与状态事件的同步方式,时钟事件与状态事件同步的仿真效率要更高。

7.5.2　CPS 模型的数学本质

基于 Modelica 建立的 CPS 模型可抽象为如下的形式化数学方程形式：

$$\boldsymbol{F}(\dot{\boldsymbol{x}}(t),\boldsymbol{x}(t),\boldsymbol{u}(t),\boldsymbol{y}(t),\boldsymbol{q}(t_s),\boldsymbol{q}_{\text{pre}}(t_s),\boldsymbol{s}(t_s),\boldsymbol{qd}(t_c),\boldsymbol{qd}_{\text{pre}}(t_c),\boldsymbol{c}(t_c),\boldsymbol{p},t)=0$$

$$(7.1)$$

其中，各个符号的意义如表 7-1 所示。

表 7-1　CPS 模型数学形式的符号含义

符　　号	含　　义
$\dot{\boldsymbol{x}}(t)$	连续状态变量的导数集合
$\boldsymbol{x}(t)$	连续状态变量集合
$\boldsymbol{u}(t)$	输入变量集合。$\boldsymbol{u}(t)$不依赖于其他变量，且均为代数变量
$\boldsymbol{y}(t)$	输出变量集合
$\boldsymbol{q}(t_s)$	非连续变量集合，其值只在状态事件时刻 t_s 发生改变，在(t_{s-1},t_s)区间内连续
$\boldsymbol{q}_{\text{pre}}(t_s)$	$\boldsymbol{q}(t_s)$在 t_s 时刻的左极限值
$\boldsymbol{s}(t_s)$	状态事件表达式集合，其值在状态事件时刻 t_s 发生改变，表明有状态事件被激发
$\boldsymbol{qd}(t_c)$	时钟变量集合，其值只在时钟时刻 t_c 进行读写操作，其他时刻均不予访问
$\boldsymbol{qd}_{\text{pre}}(t_c)$	$\boldsymbol{qd}(t_c)$在 t_c 的前一时钟时刻的值
$\boldsymbol{c}(t_c)$	时钟集合，表明在 t_c 时刻时钟 c 被激活
$\boldsymbol{p}$	参量和常量集合。参量和常量是与时间无关的变量，在初始时刻确定后，整个仿真时间内都不会发生改变，即 $\boldsymbol{p}(t)=\boldsymbol{p}(t_0)$
t	连续变化的时间

对方程(7.1)进行下三角块分解后，可以得出如下的方程形式：

$$\begin{pmatrix}\dot{\boldsymbol{x}}(t)\\\boldsymbol{y}(t)\\\boldsymbol{q}(t_s)\end{pmatrix}=\begin{pmatrix}\boldsymbol{f}(\boldsymbol{x}(t),\boldsymbol{u}(t),\boldsymbol{q}(t_s),\boldsymbol{q}_{\text{pre}}(t_s),\boldsymbol{s}(t_s),\boldsymbol{qd}(t_c),\boldsymbol{p},t)\\\boldsymbol{g}(\boldsymbol{x}(t),\boldsymbol{u}(t),\boldsymbol{q}(t_s),\boldsymbol{q}_{\text{pre}}(t_s),\boldsymbol{s}(t_s),\boldsymbol{qd}(t_c),\boldsymbol{p},t)\\\boldsymbol{h}(\boldsymbol{x}(t),\boldsymbol{u}(t),\boldsymbol{q}_{\text{pre}}(t_s),\boldsymbol{s}(t_s),\boldsymbol{qd}(t_c),\boldsymbol{qd}_{\text{pre}}(t_c),\boldsymbol{p},t)\end{pmatrix}$$

$$(7.2)$$

$$\boldsymbol{qd}(t_c)=\boldsymbol{k}(\boldsymbol{x}(t),\boldsymbol{u}(t),\boldsymbol{q}_{\text{pre}}(t_s),\boldsymbol{qd}_{\text{pre}}(t_c),\boldsymbol{c}(t_c),\boldsymbol{p},t) \qquad (7.3)$$

方程(7.2)代表时间系统。其中，状态变量 $\boldsymbol{x}(t)$ 通过积分方法可以确定；$\boldsymbol{u}(t)$ 和 $\boldsymbol{p}$ 都是已知量；$\boldsymbol{qd}(t_c)$ 表示时钟系统的状态，若处在时钟时刻，则取 $\boldsymbol{qd}(t_c)$ 的值，否则取 $\boldsymbol{qd}_{\text{pre}}(t_c)$ 的值；$\boldsymbol{s}(t_s)$ 表明是否发生状态事件，若未发生状态事件，则 $\boldsymbol{q}(t_s)=\boldsymbol{q}_{\text{pre}}(t_s)$。由此可见，在非状态事件时刻，只要 $\boldsymbol{f}$ 和 $\boldsymbol{g}$ 的依赖关系确定，微分变量 $\dot{\boldsymbol{x}}(t)$ 和代数变量 $\boldsymbol{y}(t)$ 都是可求解的，进而可以获取时间系统中的连续状态；若发生了状态事件，则在事件时刻点上，事件所激活的方程(7.2)中的部分方

程都将参与计算,计算可以得出非连续变量 $q(t_s)$ 的值。

方程(7.3)代表时钟系统。其中,$c(t_c)$ 表明时钟事件是否激活,时钟时刻时,时钟方程激活；$x(t)$、$u(t)$、$q_{pre}(t_s)$、$qd_{pre}(t_c)$ 和 p 都是已知量。计算可得 $qd(t_c)$ 的值。

7.5.3　面向 CPS 的统一求解策略

对基于 Modelica 建立的 CPS 系统模型,通过时钟推演可以确定所有时钟事件发生的时刻；通过规划分解,可以生成如式(7.2)和式(7.3)形式的方程,并对 f、g、h 和 k 代表的方程子集进行排序；时间系统内的连续部分通过连续积分保证在时间轴上的同步,连续和非连续部分之间通过状态事件的处理实现它们在事件时刻同步；时钟系统内,时钟块内部在时钟时刻同步,时钟块之间为异步处理；时钟系统与时间系统之间,通过仿真时钟来界定是否需要同步,进而通过方程(7.2)实现时间系统同步时钟系统的此刻或上一时钟时刻的状态,通过方程(7.3)实现时钟系统同步时间系统的上一时钟时刻的状态。

结合 7.4.2 节中所述的仿真时钟可知,若时钟块的时钟为 c,周期间隔为 interval,那么该时钟块的计算时刻如图 7-16 所示,每一个时钟时刻 $(t_0,t_1,\cdots,t_n)$ 时钟块都将先于外部的时间方程子集进行计算,然后时间方程子集获取时钟块的值并计算；若一个时间方程子集依赖于多个时钟块,那么其计算时刻如图 7-17 所示,计算间隔周期(即对应的仿真时钟频率)并不固定,并且在一个与时钟块同步的时间间隔内还可能存在状态事件(如 t_{n-1} 与 t_n 的状态时间时刻 t_s),此时,时间方程子集必须在状态时间时刻停止积分,完成其内部的连续与非连续部分同步后,再从状态事件时刻起继续积分,直至与时钟块同步时刻。

图 7-16　时钟块的计算时刻

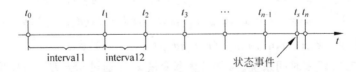

图 7-17　时间方程子集的计算时刻

定义 CPS 系统的**全局仿真时钟**为其内部所有时钟块的时钟的积,记为 cg。显然,全局仿真时钟 cg 拥有以下性质：

(1) 若 CPS 中存在多个不相容的时钟,则 cg 是一个非周期时钟,否则 cg 是周期时钟。

（2）CPS 系统经过仿真规划分解后，任何一个时钟块或时间子集的仿真时钟都是 cg 的子集。

结合数据流同步原则（定义 7.13），以及 7.4 节中通过对 CPS 系统模型规划分解得到的时钟块和时间方程子集序列，我们设计基于 Modelica 的 CPS 系统统一仿真（Modelica based cyber-physical system unified simulation，MCPSUS）算法如下。

算法 7.2　MCPSUS 算法

步骤 1：计算系统的相容初始值。

步骤 2：按照全局仿真时钟 cg 确定计算时间步的步长，生成步长序列 t_1，t_2，…，t_n。

步骤 3：计算步向前推进一步 t_i。

步骤 4：对所有时钟块以任意顺序判定此时刻时钟块是否激活，若激活则调用时钟块仿真算法进行计算，并更新相应的时钟变量。

步骤 5：依次对时间方程子集序列中的每一个方程子集 TP 判定其仿真时钟是否激活，若激活则执行步骤 6。

步骤 6：对 TP 进行积分计算，积分区间为 (t_{i-1}, t_i)，TP 中非连续量保持不变，状态事件不激活；在积分过程中，对所有状态事件表达式进行检测，若某一个事件表达式结果由假变为真，则进一步精确定位状态事件发生的时刻 t_s，并停止积分计算，激发状态事件，进入步骤 7。

步骤 7：在状态事件时刻 t_s，估算具体有哪些状态事件被激发，并据此重新确定活动方程，根据上一时刻变量值（若为初始时刻则取初始值），求解此刻由活动方程构成的方程组。由于求解变量值的变化可能导致新的状态事件被激发，因此此过程通常需要反复迭代，称之为事件迭代，当没有新的状态事件被激发且活动方程集求解收敛时，事件迭代完成。

步骤 8：事件迭代完成后，更新 t_s 所求的非连续变量和连续变量的值，并重启 TP 的积分计算，积分区间为 (t_{i-1}, t_i)。

步骤 9：重复步骤 3，直至计算步推进至仿真终止时刻。

其中，步骤 4 中调用的时钟块仿真的子算法如下。

算法 7.3　时钟块仿真算法

步骤 1：判断时钟块中是否存在子时钟块。若不存在，则直接计算该时钟块；若存在，则执行步骤 2。

步骤 2：遍历子时钟块，对每一个子时钟块 SCP 执行步骤 3。

步骤 3：获取 SCP 的时钟周期间隔 interval，利用步长为 interval 的定步长算法计算 SCP 中时钟方程子集，计算区间为 $(t_{i-1}, t_i - \text{interval})$。

步骤 4：依次计算子时钟块，得到时钟变量在 t_i 时刻的值。

7.6　小结

　　本章通过分析 CPS 系统建模与仿真分析需求，引入了时钟机制对多领域统一建模仿真语言 Modelica 进行了扩展；通过不同的时钟定义异步的时钟系统，并通过时钟推演方法来确定时钟作用的边界，进而区分异步的时钟系统以及时间系统；通过时钟同步保证了时钟块内部的同步；数据流同步原则保证了时间系统内的同步；通过规划分解确定了时钟系统与时间系统之间的同步约束，即仿真时钟，进而形成了完整的基于 Modelica 的 CPS 系统统一建模与仿真技术。CPS 系统统一建模与仿真技术可在同构的建模仿真框架下，为 CPS 系统研究提供有力的技术基础。

Modelica系统仿真平台
MWORKS. Sysplorer

A. 1　MWORKS. Sysplorer 简介

MWORKS. Sysplorer 是新一代多领域工程系统建模、仿真、分析与优化通用 CAE 平台,是国际六大基于 Modelica 的系统仿真平台之一,是亚洲唯一全面支持 Modelica 的自主软件,是中国唯一通过 FMI 官方测试认证的自主软件(图 A-1)。 MWORKS. Sysplorer 基于多领域统一建模规范 Modelica,提供了从可视化建模、

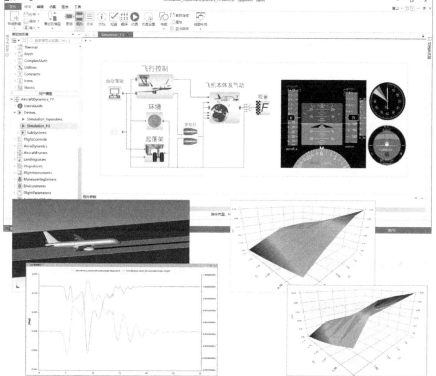

图 A-1　MWORKS. Sysplorer 软件界面

仿真计算到结果分析的完整功能,支持多学科多目标优化、硬件在环(hardware-in-the-loop,HIL)仿真以及与其他工具的联合仿真。

利用现有大量可重用的 Modelica 领域库,MWORKS. Sysplorer 可以广泛地满足机械、电子、控制、液压、气压、热力学、电磁等专业,以及航空、航天、车辆、船舶、能源等行业的知识积累、建模仿真与设计优化需求(图 A-2)。

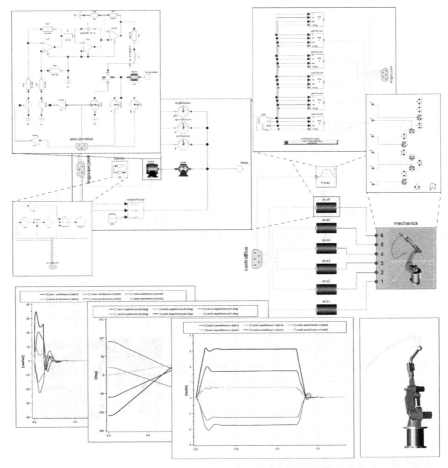

图 A-2　基于 MWORKS. Sysplorer 进行系统建模和仿真

A. 2　MWORKS. Sysplorer 基础功能

A. 2.1　建模操作

MWORKS. Sysplorer 具备多工程领域的系统建模和仿真能力,能够在同一个模型中融合相互作用的多个工程领域的子模型,构建描述一致的系统级模型,提供参数编辑面板、模型行为编辑、模型图标布局、HTML 模型说明视图、模型源代码编辑助手、错误定位提示、Modelica 语法高亮、Modelica 格式化提示、模型代码折叠、模型浏览器、Modelica 标准库和模型搜索功能。

MWORKS. Sysplorer 提供多文档、多视图的建模环境,支持同时打开多个文档,浏览和编辑多个不同模型。MWORKS. Sysplorer 提供以下 4 种模型视图(图 A-3)。

(1) 图标视图:模型作为组件插入其他模型时的图形表示。在图标视图中可以绘制模型图标。

(2) 图形视图:可视化建模时最重要的一个视图,显示了模型中声明的组件、连接器、连接关系等信息,主要在以拖放方式构建模型时使用。

(3) 文本视图:可以显示和编辑 Modelica 文本的编辑器。

(4) 文档视图:显示模型的简要信息,帮助用户快速了解模型。

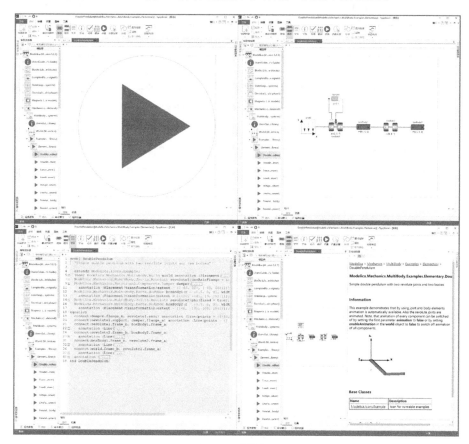

图 A-3　建模视图

A.2.2　翻译仿真

MWORKS. Sysplorer 提供 Modelica 模型词法语法分析环境,支持模型检查、模型方程分析、变量分析、模型方程结构分析、单位推导，以及检查和显示单位的定制与扩展等（图 A-4）。

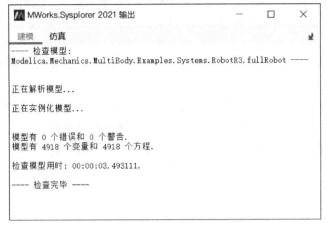

图 A-4　模型检查

MWORKS. Sysplorer 同时提供仿真求解配置、仿真调度控制、仿真结果回收等基本功能，支持软实时仿真控制功能，内置 17 种积分算法的算法包，并支持算法包扩展。

模型翻译时，软件将文本格式的 Modelica 代码平坦化，生成数学形式的方程系统；并分析和优化模型代码，生成可运行的求解器程序。

模型仿真时，软件将调用模型翻译生成的求解器，计算模型中所有变量随时间变化的数据（图 A-5）。

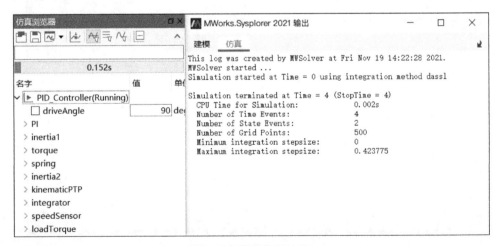

图 A-5　模型仿真过程

A.2.3　结果查看

MWORKS. Sysplorer 提供丰富实用的后处理功能，支持仿真实例管理、参数编辑、结果比较、仿真数据监控、结果的实时和离线曲线显示、曲线双 Y 轴显示、常用曲线运算、数据导入导出等功能(图 A-6)。

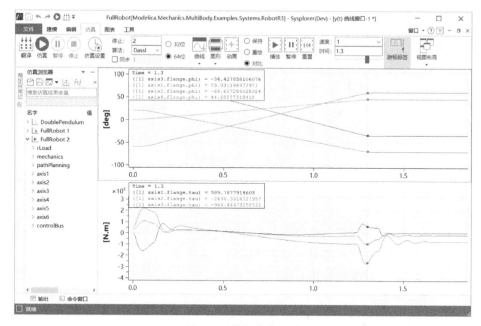

图 A-6　数据曲线显示

MWORKS. Sysplorer 同时提供二维动画、三维动画的创建及播放功能,并提供相应的动画控制工具及动画展示工具(图 A-7)。

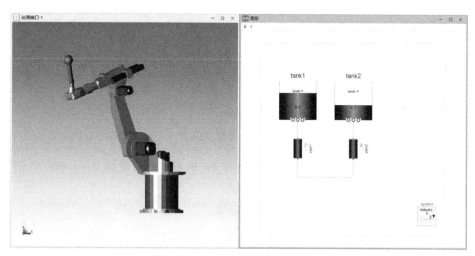

图 A-7　三维及二维动画展示

案例 1:单摆模型搭建(拖拽式建模)

单摆是能够产生往复摆动的一种装置。将无重细杆或不可伸长的细柔绳一端

单摆模型搭建

悬于重力场内一定点，另一端固定连结一个重小球，就构成单摆（图 A-8）。

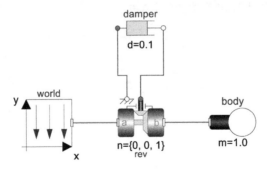

图 A-8　单摆模型

使用 MWORKS. Sysplorer 拖拽式建模，搭建出单摆模型，涉及标准库中的组件有以下几种。

（1）重力模型：为整个模型提供重力。

（2）转动副：两构件之间只做相对转动的运动副。

（3）阻尼：为转动副提供摩擦。

（4）球：运动组件。

案例 2：简单数学问题建模（文本建模）

简单数学
问题建模

四边形 $ABCD$ 是边长 d 为 2 的正方形（图 A-9），点 E 在射线 BC 上，连接 DE、AE，DE/AE 的最小值为多少？

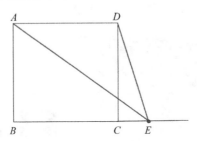

图 A-9　四边形 $ABCD$

设点 E 沿 BC 做速度为 1m/s 的匀速运动，则 CE 的长度为 time，根据几何关系可以得到本案例对应的原理数学公式为

$$\begin{cases} DE^2 = d^2 + \text{time}^2 \\ AE^2 = d^2 + (d + \text{time})^2 \end{cases} \tag{A.1}$$

在 MWORKS. Sysplorer 中使用 Modelica 根据数学原理进行文本建模：

```
model Math
    parameter Real d = 2 "正方形的边长";
    Real AE;
```

```
    Real DE;
    Real y;
equation
    AE ^2 = d^2 + (d + time) ^ 2;
    DE ^2 = d^2 + time ^ 2;
    y = DE/AE;
end Math;
```

根据仿真结果,如图 A-10 所示,可以得到 DE/AE 的最小值。

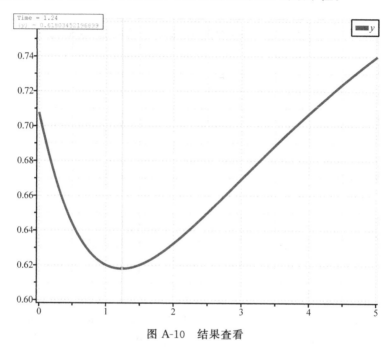

图 A-10　结果查看

A.3　MWORKS. Sysplorer 工具箱

A.3.1　频率估算工具箱

MWORKS. Sysplorer 频率估算工具箱适用于针对一般模型(Modelica 模型、FMU 模型、黑箱模型等)进行频率特性估算,可以给出系统频率响应图并获取系统频域相关的属性,从而支持后续控制回路的设计。

MWORKS. Sysplorer 频率估算工具箱具有以下特点:

(1) 适用于 Modelica 多物理领域模型。

(2) 适用于 FMU 模型、黑箱模型等一般模型。

(3) 适用于强非线性系统以及不满足线性化条件的系统模型。

(4) 提供灵活宽泛的自定义频率估计设置,包括系统稳态工作点的设定、频率特性估算范围、信号流属性设置、计算精度等。

针对系统输出信号进行处理,包括滤波、采样、切片等,获得系统的稳态输出信号,根据相应的算法对系统频率特性进行估算,最终估算结果可以通过典型的频率特性图(如 Bode 图)进行可视化呈现,如图 A-11 频率特性图显示。

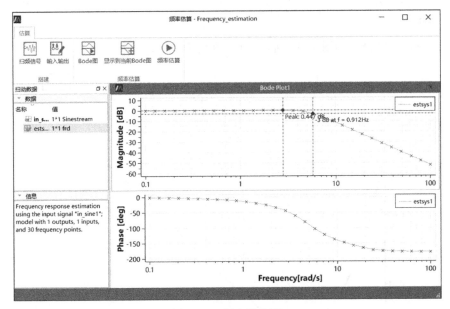

图 A-11　频率特性图

案例 3：频率估算

频率估
算示例

使用 MWORKS. Sysplorer 安装目录下的"..\Docs\static\Samples"路径下的 Frequency_estimation 模型进行频率估算,包括创建扫频信号、设置输入输出端口,最终通过频率估算得到结果曲线和结果数据点。

A.3.2　模型试验工具箱

很多情况下,有必要使用不同的参数集来运行仿真模型。通过参数变化对输出变量的影响来观察物理系统的行为,进而深入理解系统的内部机制。

MWORKS. Sysplorer 模型试验工具以一种方便有效的方式支持用户进行这种参数研究,提供参数选择与赋值界面建立参数集,并且自动调用求解器得到批次结果。

模型试验工具箱的特点如下:

(1) 提供均匀、非均匀、随机分布等参数变化方式。

(2) 支持查看变量的时变曲线及其他特性曲线。

(3) 根据参数变化自动调用求解器,输出不同参数对应的结果。

(4) 支持终值曲线、直方图、3D 曲面等多种呈现结果(图 A-12)。

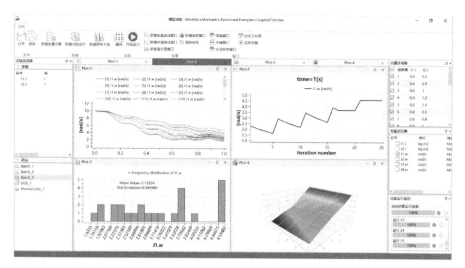

图 A-12　模型试验结果显示

模型试验工具箱具体包括以下功能：

（1）批量仿真：根据不同输入输出参数的样本，模拟不同的使用场景，自动调用求解器，输出不同参数集对应的结果。支持 User data sets 和 Varying between 2 limits 两种参数输入形式。

（2）试验设计：研究和处理多因子与响应变量关系的一种方法。通过合理地挑选试验条件，安排试验，并通过对试验数据的分析，建立响应与因子之间的函数关系，或者找出总体最优的改进方案。支持自定义试验（User Sets）和全因子试验（Full Combinations）两种试验方法。

（3）蒙特卡洛分析：对输入参数的不确定性进行定义，利用不确定性算法计算研究该不确定性对仿真输出的影响，得到概率统计意义下的分析结果。

案例 4：模型试验

使用 MWORKS. Sysplorer 安装目录下的"..\Docs\static\Samples"路径下的 CoupledClutches 模型进行模型试验。添加输入输出集后，分别对 CoupledClutches 模型进行批量仿真、试验设计、蒙特卡洛分析。

模型试验

A.3.3　模型标定

对于物理系统建模与仿真，一般情况下其中的组件（部件或子系统）会包含很多参数，这些参数对应实际的环境参数、运行工况等，模型标定是通过改变一些模型参数使得仿真结果变量与测量数据达到吻合。

模型标定工具包括模型验证、模型标定、检查参数灵敏度 3 个功能。

（1）模型验证用于比较模型仿真结果变量与测量指标变量之间的差异，可以在模型标定的前后进行：前者适用于名义参数，从中查看二者差异；后者适用于优化参数,检查经过标定的参数值是否适用于其他场景。从操作过程上来看,模型验证类似模型标定但比后者简单,区别是模型验证不需要设置调节参数。模型验证界面如图 A-13 所示。

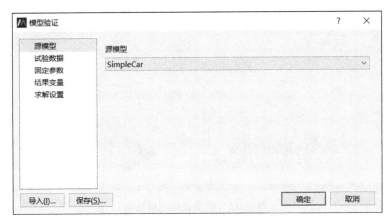

图 A-13　模型验证界面

(2) 模型标定是通过改变一些模型参数使得仿真结果变量与测量数据达到吻合。模型标定界面如图 A-14 所示。

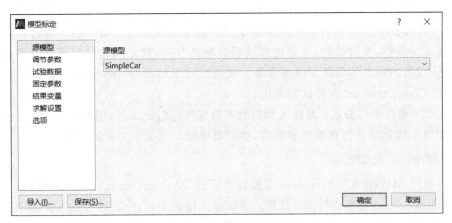

图 A-14　模型标定界面

(3) 检查参数灵敏度功能使用模型标定算法对参数之间的相关性进行分析,指出它们是否存在某种线性组合关系。检查参数灵敏度界面如图 A-15 所示。

案例 5:模型标定

使用 MWORKS. Sysplorer 安装目录下的"..\Docs\static\Samples"路径下的 SimpleCar 模型进行模型标定,测量数据文件选择安装目录下的"..\Docs\static\Samples"路径下的 Acceleration _measurements. csv,分别进行模型验证、模型标定和检查参数灵敏度。

模型验证

模型标定

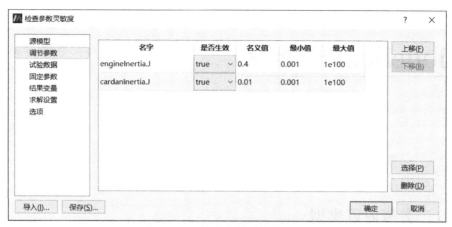

图 A-15　检查参数灵敏度界面

A. 3. 4　模型参数优化

模型参数优化采用基于仿真的多目标优化方法进行参数分析,帮助解决复杂系统建模与仿真中的参数调节问题。在数学上,参数调节过程实为一种优化过程:将调节参数视为优化变量,通过不断改变参数值,如果优化目标达到某种意义上的"最小",则将当前参数值视为最优参数值。其中,优化目标通常根据仿真结果来计算,例如针对某种响应的最大超调量、上升时间等。

检查参数
灵敏度

模型参数优化工具箱根据优化对象需要,可设置参数进行 3 种模式的优化:单目标优化、多目标优化、多实例优化。模型参数优化界面如图 A-16 所示。

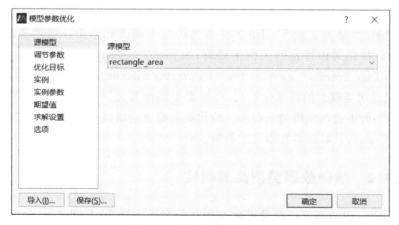

图 A-16　模型参数优化界面

案例 6:模型参数优化

使用 MWORKS. Sysplorer 安装目录下的"..\Docs\static\Samples"路径下的 rectangle_area 模型进行模型单目标优化,得到优化结果。

单目标
优化

Modelica语法概述

B.1　类与内置类型

类与内置
类型

B.1.1　类的基本类型

与其他面向对象语言一样，Modelica 语言也提供类和对象的概念。类是 Modelica 语言的基本结构元素，是构成 Modelica 模型的基本单元。类的实例称为对象，对象的抽象称为类。类可以包含 3 种类型的成员：变量、方程和成员类。变量表示类的属性，通常代表某个物理量。方程指定类的行为，表达变量之间的数值约束关系。方程的求解方向在方程声明时是未指定的，方程与来自其他类方程的交互方式决定了整个仿真模型的求解过程。类也可以作为其他类的成员。类的成员可以直接定义，也可以通过继承从基类中获得。

通用类与
特化类

Modelica 中类的概念是通用类和特化类的统称。Modelica 中每种特化类均具有特殊的用途，在语法规范上有一定的增强限制。Modelica 中规定了 10 种特化类，使用特化类是为了使 Modelica 模型代码便于阅读和维护。通用类由关键字 class 修饰，特化类由特定的关键字修饰，如 model、block、connector、type、function、record、package、operator、operator record、operator function，如图 B-1 所示。特化类只不过是通用类概念的特殊化形式，在模型中特化类关键字可以被通用类关键字 class 替代，而不会改变模型的行为。特化类关键字也可以在适当条件下替代通用类关键字 class，只要二者在语义上等价。

model

block

connector

type

B.1.2　基础数据类型及其属性

function

record

Modelica 中的基础数据类型就是预先定义的内置类，Real、Integer、Boolean、String、enumeration 分别支持实数型、整数型、布尔型、字符串型和枚举型变量，详细情况见表 B-1。每种内置类型自身都具有属性，具体见表 B-2。设置这些属性可能影响模型的求解结果，例如模型中如存在积分环节，则需要使用"start"属性给定积分量初值，否则积分量会从 0 开始积分。

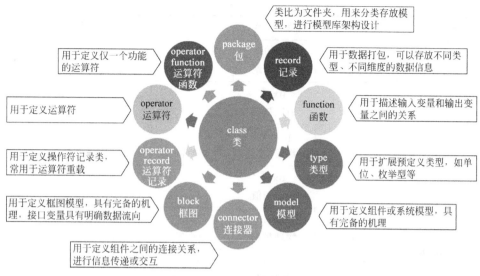

package

operator、
operator
record、
operator
function

基础数据
类型及其
属性

图 B-1　特化类使用场景简介

表 B-1　Modelica 数据类型取值范围

数　据　类　型			范　　围
Real	实数型	连续、离散	$[-1e60, 1e60]$ eps＝1e－15
Integer	整数型	离散	$[-2147483647, 2147483647]$
Boolean	布尔型	离散	true/false
String	字符串型	离散	—
enumeration	枚举型	离散	—

表 B-2　Modelica 数据类型属性及使用场景

数据类型	属　　　性			使　用　场　景
Real	value 值	quantity 物理量纲	unit 单位	一般用于定义自然系统中的变量等
	displayunit 显示单位	min 最小值	max 最大值	
	start 初始值	fixed 锁定初值	nominal 标称值	
	unbounded 越界检测	stateSelect 状态变量选择模式		
Integer	value 值	quantity 物理量纲	min 最小值	一般用于表示数量、数组下标等
	max 最大值	start 初始值	fixed 锁定初值	

续表

数据类型	属 性			使 用 场 景
Boolean	value 值	quantity 物理量纲	start 初始值	一般用于表示某条件是否成立,或作为判断语句的输出等
Boolean	fixed 锁定初值			一般用于表示某条件是否成立,或作为判断语句的输出等
String	value 值	quantity 物理量纲	start 初始值	一般用于表示字符串等
String	fixed 锁定初值			一般用于表示字符串等
enumeration	value 值	quantity 物理量纲	min 最小值	一般用于表示一组有限的特定值
enumeration	max 最大值	start 初始值	fixed 锁定初值	一般用于表示一组有限的特定值

**数据的
前缀用法**

B.1.3　数据的前缀用法

类与变量的声明都可以包含对应的修饰前缀,前缀关联着声明的特定属性。Modelica 提供了四大类变量前缀,每种的作用分别如表 B-3 所示。

表 B-3　前缀的作用及注意事项

前缀类型	前缀名称	作用及注意事项
可变性前缀	parameter	用于参数定义,不会增加方程数量; 定义的参数在参数面板中可见、可修改
可变性前缀	constant	用于常数定义,不会增加方程数量; 定义的常数在参数面板中不可见、不可修改
可变性前缀	discrete	定义变量为离散变量,只在仿真事件时刻可以改变; 变量赋值只能在 when 语句中
因果前缀	input	声明 function 中的输入变量; 声明因果式输入接口
因果前缀	output	声明 function 中的输出变量; 声明因果式输出接口
访问限制前缀	public	类中元素在内外部均可访问; 一般情况,public 可以省略不写,默认为内外部均可访问
访问限制前缀	protected	类中元素仅在内部可访问,外部不可访问
禁止变型前缀	final	禁止的参数在参数面板中不可见、不可修改

B.2　数组

数组

数组是一组同类型变量的集合。数组元素通常通过简单的整数下标来访问，范围从 1 到对应的长度大小。在 Modelica 中，数组是整齐的，以矩阵为例，每行的长度是相同的，每列的长度也是相同的。该特性保证了数值计算应用的高效性与方便性。

尽管标量本质上不是数组，但仍可被看作是 0 维的数组。向量是一维数组，矩阵是二维数组。Modelica 不区分行向量与列向量，要想区分二者，需要用行矩阵或列矩阵来表示。但在应用 Modelica 建模过程中很少需要对二者进行区分。

B.2.1　数组声明

数组声明

Modelica 类型系统包含标量、向量、矩阵以及大于二维的数组。表 B-4 展示了各种数组声明方式。

表 B-4　数组声明方式

形　式　1	形　式　2	维度	名称	说　明
Cx;	无	0	标量	标量
C[n]x;	Cx[n];	1	向量	长度为 n 的向量
C[E]x;	Cx[E];	1	向量	枚举下标定义的向量
C[n,m]x;	Cx[n,m];	2	矩阵	$n \times m$ 矩阵
C[n1,n2,…,nk]x;	Cx[n1,n2,…,nk];	k	数组	k 维数组 $(k \geqslant 0)$

在数组声明中，其维度信息可以在类型之后（变量之前），也可以在变量之后。形式 1 的声明方式能够清晰地展示数组的类型，形式 2 则是类似于 Fortran、C 等语言的传统声明方式。

方括号中逗号"，"分隔的元素列表用来描述各个维度的大小，元素可以是整数型子类型，也可以是冒号"："，还可以是布尔类型或枚举类型。

由整数型、布尔类型或枚举类型作为下标时，其下界和上界分别定义如下：

（1）整数型作下标时，下标下界是 1，上界是该维的长度大小。

（2）布尔类型作下标时，下标下界是 false，上界是 true。

（3）枚举类型作下标时，例如 type E＝enumeration(e1,e2,…,en)，下标下界是 E.e1，上界是 E.en。

冒号"："表示不定长维度的数组。这种数组声明可以提高模型的灵活性，适应不同规模问题的求解。当数组被绑定到确切值的时候，冒号"："所代表的维度的长度便被推导出来。

数组构造

B.2.2　数组构造

数组构造器提供了简便的方式来生成数组，即"{}"的形式。其构造数组的规则为：每调用数组构造器一次，参数维度的左侧被加 1 后，参数作为结果而返回，新增维度的长度等于参数的个数。例如，{1,2}构造一个一维数组，该维的长度为 2；{{1,2}}构造一个二维数组，维度及其大小为 1×2。该规则可以用一个公式来描述：ndims(array(A))＝ndims(A)＋1。ndims(A)表示数组 A 的维度。

在 Modelica 中还可以使用"[]"的形式表示矩阵，例如[1,2;3,4]构造一个 2×2 矩阵，其中的分量";"表示切换到下一行。

使用数组构造器还必须满足以下几个条件：

(1) 每个参数的维度必须相等，即每个参数具有相同的维数，并且每一维的长度均相等。

(2) 每个参数的类型必须等价，实数型与整数型子类型可以混合使用，例如{1,2,3}。

(3) 参数个数至少为 1。

范围向量是指向量元素取值于一个数值区间内的固定间距点。比如{1,3,5,7,9}是数值 1～9 的区间内、以间距 2 进行取值后的集合。这种范围向量非常有用，例如在 for 循环中用作迭代范围等。因此，Modelica 规范提供了一种便利的方式来构造范围向量，其中步长表达式 deltaexpr 是可选的，如果不指定步长，则默认为 1。范围表达式可用于构造整数型、布尔类型以及枚举类型的范围向量，使用规则定义为：

(1) 表达式 j:k，如果 j 和 k 是整数型，则表示整数型向量 $\{j,j+1,\cdots,k\}$；如果是实数型，则表示实数型向量 $\{j,j+1.0,\cdots,j+n\}$，其中 $n=\text{floor}(k-j)$。

(2) 表达式 j:d:k，如果是整数型，则表示整数型向量 $\{j,j+d,\cdots,j+n*d\}$，其中 $n=(k-j)/d$；如果是实数型，则表示实数型向量 $\{j,j+d,\cdots,j+n*d\}$，其中 $n=\text{floor}((k-j)/d)$。

(3) 表达式 false:true 表示布尔类型向量{false,true}。

(4) 表达式 j:j 表示 $\{j\}$，j 可以是整数型、实数型、布尔类型或枚举类型。

(5) 表达式 E.ei:E.ej 表示枚举类型向量 $\{E.ei,\cdots,E.ej\}$，其中，$E.ej$ 和 $E.ei$ 均为枚举类型 E 中定义的元素，并且要求 $E.ej > E.ei$。

数组连接

B.2.3　数组连接

数组可以通过函数 cat(k,A,B,C,…)执行连接操作。

函数 cat(k,A,B,C,…)沿维数 k 连接数组 $A,B,C,\cdots$的规则如下。

(1) 数组 $A,B,C,\cdots$必须具有相同数目的维数，即 ndims(A)＝ndims(B)＝…

(2) 数组 $A,B,C,\cdots$必须类型等价。结果数组的数据类型是这些实参的最大扩展类型,并且最大扩展类型应该是等价的。Real 和 Integer 子类型可以混用,产生一个 Real 结果数组,其中 Integer 数值已被转换为 Real 数值。

(3) k 必须是(这些实参数组)存在的维数,即,$1 \leqslant k \leqslant$ ndims(A)＝ndims(B)＝ndims(C);k 应为整数。

(4) 大小匹配:除了第 k 维的大小之外,数组 $A,B,C,\cdots$ 必须具有相同的数组大小,即对于 $1 \leqslant j \leqslant$ ndims(A)且 $j \neq k$,size(A,j)＝size(B,j)。

有一种特殊的语法用于沿第一维和第二维的连接,即

(1) 沿第一维的连接:$[A;B;C;\cdots]$。

(2) 沿第二维的连接:$[A,B,C,\cdots]$。

(3) 这两种方式可以混用。"$[\cdots,\cdots]$"优先级高于"$[\cdots;\cdots]$",例如 $[a,b;c,d]$ 解析为 $[[a,b];[c,d]]$。

需要注意的是,在执行沿第一维或第二维的数组连接之前,将所有元素提升为矩阵,这样矩阵可通过标量或者向量来构造。

B.2.4　数组索引与切片

数组索引
与切片

数组索引操作符"$[\cdots]$"用来访问数组元素的值。通过索引既可以访问相应数组元素的值,也可以修改它们的值。数组索引操作所耗费的时间为常量,跟数组大小无关。

索引表达式可以是整数型标量,也可以是整数型向量表达式。索引还可以是布尔类型和枚举类型。标量索引表达式用来访问单个数组元素,向量索引表达式则用来访问数组的某个划分,故称之为"切片"操作。切片操作能够挑选出向量、矩阵和数组中选定的行、列和元素。冒号用于表示某一维所有下标。表达式 end 只能出现于数组下标中,如果用于数组表达式 A 的第 i 个下标,假设 A 的下标为 Integer 子类型,那么它等价于 size(A,i);如果用于嵌套的数组下标中,则指向最近的嵌套数组。如果下标是向量,赋值按向量下标给定的顺序进行。

在前提假设为 x[n,m]、v[j]、z[i,n,m]已声明的情况下,表 B-5 说明了数组切片后的结果类型:

表 B-5　数组切片后的结果类型示例

表　达　式	维数	结　果　类　型
x[1,1]	0	标量
x[:,1]	1	n 维向量
x[1,:]	1	m 维向量
v[1:p]	1	p 维向量
x[1:p,:]	2	$p \times m$ 矩阵
x[1:1,:]	2	$1 \times m$"行"矩阵
x[{1,3,5},:]	2	$3 \times m$ 矩阵

表　达　式	维数	结　果　类　型
x[:,v]	2	$n \times k$ 矩阵
z[:,3,:]	2	$i \times p$ 矩阵
x[{1},:]	2	$1 \times m$ "行"矩阵

数组运算

B.2.5　数组运算

数组运算时,在所有需要 Real 子类型表达式的上下文中,Integer 子类型的表达式也可以使用;Integer 表达式被自动转换为 Real 类型。若无特别说明,下文中的数值类型指 Real 或 Integer 类型的子类型。

1. 等式与赋值

标量、向量、矩阵和数组的等式"$a=b$"与赋值"$a:=b$"是基于元素定义的,并且要求两个对象具有相同的维数和相匹配的维数长度,且操作符要求类型等价。具体表述如表 B-6 所示。

表 B-6　数组等式与赋值规则

a 的类型	b 的类型	$a=b$ 的结果	操作($j=1:n,k=1:m$)
Scalar	Scalar	Scalar	a＝b
Vector[n]	Vector[n]	Vector[n]	a[j]＝b[j]
Matrix[n,m]	Matrix[n,m]	Matrix[n,m]	a[j,k]＝b[j,k]
Array[n,m,…]	Array[n,m,…]	Array[n,m,…]	a[j,k,…]＝b[j,k,…]

2. 加减

数值标量、向量、矩阵和数组的加"$a+b$"与减"$a-b$"是基于元素定义的,并要求 size(a)＝size(b),其中 a 和 b 的类型均为数值。

字符串标量、向量、矩阵和数组的加"$a+b$"定义为从 $a \sim b$ 的对应元素逐个字符串连接,并要求 size(a)＝size(b),字符串类型的减法未定义。数组加减运算的规则表述如表 B-7 所示。

表 B-7　数组加减运算规则

a 的类型	b 的类型	$a+/-b$ 的结果	操作 $c:=a+/-b(j=1:n,k=1:m)$
Scalar	Scalar	Scalar	c:=a+/−b
Vector[n]	Vector[n]	Vector[n]	c[j]:=a[j]+/−b[j]
Matrix[n,m]	Matrix[n,m]	Matrix[n,m]	c[j,k]:=a[j,k]+/−b[j,k]
Array[n,m,…]	Array[n,m,…]	Array[n,m,…]	c[j,k,…]:=a[j,k,…]+/−b[j,k,…]

3．乘法

数值标量 s 与数值标量、向量、矩阵或数组 a 的标量乘法"$s \times a$"或"$a \times s$"是基于元素定义的，规则如表 B-8 所示。

表 B-8　数值标量与数组之间的乘法运算规则

s 的类型	a 的类型	$s \times a$ 和 $a \times s$ 的类型	操作 $c := s * a$ 或 $c := a * s (j = 1 : n, k = 1 : m)$
Scalar	Scalar	Scalar	c := s * a
Scalar	Vector[n]	Vector[n]	c[j] := s * a[j]
Scalar	Matrix[n,m]	Matrix[n,m]	c[j,k] := s * a[j,k]
Scalar	Array[n,m,…]	Array[n,m,…]	c[j,k,…] := s * a[j,k,…]

数值向量和矩阵的乘法"$a \times b$"只针对下列组合定义，规则如表 B-9 所示。

表 B-9　数值向量和矩阵的乘法运算规则

a 的类型	b 的类型	$a \times b$ 的类型	操作 $c := a * b$
Vector[n]	Vector[n]	Scalar	c := sumk(a[k] * b[k]), k = 1 : n
Vector[n]	Matrix[n,m]	Vector[m]	c[j] := sumk(a[k] * b[k,j]) j = 1 : m, k = 1 : n
Matrix[n,m]	Vector[m]	Vector[n]	c[j] := sumk(a[j,k] * b[k])
Matrix[n,m]	Matrix[m,p]	Matrix[n,p]	c[i,j] = sumk(a[i,k] * b[k,j]) i = 1 : n, k = 1 : m, j = 1 : p

4．除法

数值标量、向量、矩阵或数组 a 与数值标量 s 的除法"$a \sim s$"是基于元素定义的，具体运算规则见表 B-10，其结果总是 Real 类型。如果要得到带有截断的整数除法，可使用函数 div()。

表 B-10　数组与数值标量的除法运算规则

a 的类型	b 的类型	a/s 的结果	操作 $c := a/s (j = 1 : n, k = 1 : m)$
Scalar	Scalar	Scalar	c := a/s
Vector[n]	Scalar	Vector[n]	c[k] := a[k]/s
Matrix[n,m]	Scalar	Matrix[n,m]	c[j,k] := a[j,k]/s
Array[n,m,…]	Scalar	Array[n,m,…]	c[j,k,…] := a[j,k,…]/s

5．内置函数

Modelica 中提供了多个用于数组操作的内置函数，见表 B-11 和表 B-12。

表 B-11　数组内置函数（1）

分　类	函 数 名 称	说　　明
数组维和维长度的操作函数	ndims(A)	返回数组的维数
	size(A,i)	返回数组 A 的第 i 维的长度
	size(A)	返回数组 A 各维长度的向量
维转换函数	scalar(A)	返回数组的单个元素,数组各维长度均为1
	vector(A)	返回包含数组所有元素的向量
	matrix(A)	返回数组前两维的元素组成的矩阵
特殊的数组构造函数	identity(n)	返回 $n\times n$ 单位阵
	diagonal(v)	返回向量 v 作为对角元素的对角阵
	zeros(n1,n2,n3,…)	返回所有元素为 0 的 $n_1\times n_2\times n_3\times$…整数型数组
	ones(n1,n2,n3,…)	返回所有元素为 1 的 $n_1\times n_2\times n_3\times$…整数型数组
	fill(s,n1,n2,n3,…)	返回所有元素为 s 的 $n_1\times n_2\times n_3\times$…数组
	linspace(x1,x2,n)	返回具有 n 个等距元素的实型向量

表 B-12　数组内置函数（2）

分　类	函 数 名 称	说　　明
归约函数	min(A)	返回所有元素中的最小值
	max(A)	返回所有元素中的最大值
	sum(A)	返回所有元素的和
	product(A)	返回所有元素的积
矩阵和矢量的代数函数	transpose(A)	返回 A 的转置矩阵
	outerProduct(v1,v2)	返回向量的外积
	cross(v1,v2)	返回长度为 3 的向量 x、y 的叉积
	symmetric(A)	返回 A 的对称阵
	skew(v)	返回与 v 关联的斜对称矩阵
	cat(n,A,B,…)	返回几个数组连接后的数组

B.3　模型行为描述

模型行为描述

Modelica 中提供两种方式来描述模型的行为,即方程和算法。

B.3.1　方程

方程

　　方程以陈述式的方式表达约束和关系,不指定数据流向和控制流。按方程所在的区域又可分为声明区域方程、方程区域方程。声明区域方程有两种:声明方程和变型方程。方程区域以"equation"关键字开始,终止于类定义结束或者public、protected、algorithm、equation、initial algorithm、initial equation 关键字之一。

方程区域方程按语法结构分为如下几种类型。

(1) 声明方程：在变量声明的同时给定变量的约束。

(2) 变形方程：在实例化模型的同时修改类的属性。

(3) 初始方程(initial equation)：定义变量的初始化值。

(4) 等式方程(=)：定义各变量之间的约束关系。

(5) 连接方程(connect)：表示数组之间的接口连接。

(6) 循环方程(for)：使循环变量在一定范围内变化,对结构形式相同的方程进行迭代计算。

(7) 条件方程(if、when)：根据条件变量选择触发执行的语句。其中,if 方程只要分支的条件成立,其中的方程就作为模型的方程进行计算；when 方程仅在条件变为 true 的瞬时才进行计算。

(8) 其他方程(reinit、assert、terminate)：reinit 用于重新初始化状态变量,只能用于 when 方程中；assert 用于模型的检查和校验；terminate 用于正常结束仿真程序。

B.3.2　算法

算法

算法是由一系列语句组成的计算过程,是过程式建模的重要组成部分。算法只能出现在算法区域,由一系列算法语句组成。算法区域以 algorithm 关键字开始,终止于类定义结束或 equation、public、protected、algorithm、initial 关键字之一。

算法区域作为一个整体,会用到算法区域外变量的值,这些变量称为算法的输入。同时,在算法中会对一些变量赋值,这些被赋值的变量称为算法的输出。从外部来看,有 n 个输出变量的算法区域可以看作是有 n 个方程的子系统,这 n 个方程通过算法来表达 n 个输出变量之间的约束关系。

算法区域中的语句分为如下几种类型。

(1) 赋值语句(:=)：定义各变量之间的约束关系,具有一定的赋值方向,由右边赋值给左边。

(2) 循环语句(for、while)：使循环变量在一定范围内变化。其中,for 语句用于已知迭代次数的迭代计算,while 语句用于具有约束条件的迭代计算。

(3) 条件语句(if、when)：与条件方程中用法一致。

(4) 其他语句(break、return、reinit、assert、terminate)：break 语句终止执行包含该语句的最内层 while/for 循环,继续执行 while/for 之后的语句；return 语句终止函数调用,输出变量的当前值作为函数调用的结果返回；reinit 语句、assert 语句、terminate 语句与方程中用法一致。

B.4　连接与连接器

Modelica 语言提供了功能强大的软件组件模型,其具有与硬件组件系统同等的灵活性和重用性。基于方程的 Modelica 类是软件组件模型得以提高重用性的关键。Modelica 的软件组件模型主要包含 3 个概念:组件、连接机制和组件构架。组件通过连接机制进行交互连接。组件构架实现组件和连接,确保由连接维持的约束和通信工作稳定可靠。图 B-2 描述了这 3 个概念之间的关系。

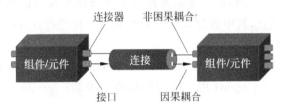

图 B-2　组件构架内的组件连接示意图

在 Modelica 语言中,组件的接口称作连接器,建立在组件连接器上的耦合关系称作连接。如果连接表达的是因果耦合关系,则称其为因果连接;如果连接表达的是非因果耦合关系,则称其为非因果连接。

在 Modelica 类库环境中,组件指的是 Modelica 类。在构建特定 Modelica 模型时,组件就是 Modelica 类的实例。类必须有明确的接口,即连接器,用于实现组件与外界的通信。组件类应该定义为环境无关的,这是组件可重用的关键所在。这意味着在类定义中只能包含方程,只使用局部变量与连接器变量,并要求组件与外界的通信必须通过组件连接器。组件可以由其他相互连接的组件构成,也就是层次建模。

复杂系统通常由大量相互关联的组件构成,其中的大部分组件又可以分解为更小的组件,这样的分解通常可以在多个不同层次上执行。为了能够清晰地表达这种复杂性,组件和连接的图示表示就显得十分重要。

Modelica 将模型与外界的通信接口定义为连接器,并用一种称作连接器类(connector)的特化类来描述。Modelica 连接建立在相同类型的两个连接器之上,表达的是组件之间的耦合关系,这种耦合关系在语义上通过连接方程实现。故 Modelica 连接在模型编译时会转化为方程。

Modelica 中根据功能不同提供了 4 种连接器,分别为:因果连接器、非因果连接器、可扩展连接器、隐式连接器。

B.4.1　因果连接器

因果连接器又称信号流连接器,是具有固定的数据流方向的连接器。数据流的流向为:input 到 output,所以在连接中至少有一个连接器使用 input 和 output

关键字定义了数据的流向。

两个因果连接器进行连接时会自动生成 connect(connector1,connector2)方程,其含义为:输入接口的值均等于连接的输出接口的值(connector1 = connector2)。

B.4.2　非因果连接器

非因果
连接器

非因果连接器又称能量流连接器,是无固定数据流向的连接器。非因果连接器之间传递能量,根据广义基尔霍夫定律,不同专业领域的连接器中定义的变量均可划分为两种类型,如表 B-13 所示。其中,流变量是一种"通过"型变量,如电流、力、力矩等,由关键字 flow 限定;势变量是一种"跨越"型变量,如电压、位移、角度等。

表 B-13　不同领域的流变量和势变量

领　　域	势　变　量		流　变　量	
平移机械	s	位移	f	力
转动机械	φ	角度	τ	转矩
电子	v	电压	i	电流
液压	p	压力	$\dot{V}$	流速
热力学	T	温度	$\dot{Q}$	熵流
化学	μ	化学势	$\dot{N}$	粒子流

Modelica 连接建立在相同类型的两个连接器之上,表达的是组件之间的耦合关系,这种耦合关系在语义上通过方程实现。故 Modelica 连接在模型编译时会转化为方程。具体来说,流变量之间的耦合关系由"和零"形式的方程表示,即连接交汇点的流变量之和为零。势变量之间的耦合关系由"等值"形式的方程表示,即连接交汇点的势变量值相等。连接方程反映了实际物理连接点上的功率平衡、动量平衡或者质量平衡。假设存在连接 connect(P1,P2),其中,P1 和 P2 为连接类 Pin 的两个实例。该连接等价于以下两个方程:

$$
\begin{cases}
P1.v = P2.v \\
P1.i + P2.i = 0
\end{cases}
\tag{B.1}
$$

由此可见,Modelica 方程可以直接定义,也可以由连接产生。方程的非因果特性使得 Modelica 模型也是非因果的。

B.4.3　可扩展连接器

可扩展
连接器

如果在连接器定义中出现 expandable 前缀,则该连接器的所有实例均可作为可扩展连接器使用。

可扩展连接器可以用来连接各种不同类型的组件以实现组件间的通信。当不同的组件通过不同的接口连入可扩展连接器时，如果组件接口中的一个变量及其类型在可扩展连接器中没有被定义，那么可扩展连接器中会自动扩展定义出这些元素，以满足连接语义的要求。

此外，当两个可扩展连接器相连时，只在一个连接器中声明的变量将被扩展至另一个连接器中，这个过程反复执行，直到两个连接器中的变量相互匹配，即单个连接器中定义的变量被扩展至两个连接器中变量定义的总集。如果一个可扩展连接器中有一个输入变量，那么在与之相连的所有其他可扩展连接器中，至少有一个连接器里该变量是非输入变量。

B.4.4　隐式连接器

目前为止，我们关注的都是连接器间的显式连接，即每个连接均通过连接方程或者连接线条表示。但是，当建立诸如由许多组件交联的大型模型时，使用显式连接有时会显得复杂。对于多个交联的情况，Modelica 提供了一种取代大量显式连接的机制，即通过 inner/outer 声明前缀为一个对象及 n 个组件创建隐式连接。

inner/outer 作为 Modelica 语言的高级特征之一，提供了一种外层变量或外层类型的引用机制。在元素前面使用"inner"前缀修饰，定义了一个被引用的外层元素；在元素前面使用"outer"前缀修饰，该元素引用相匹配的外层 inner 元素；对于一个 outer 元素，至少应存在一个相应的 inner 元素声明。inner/outer 相当于定义了一个全局接口或变量，可以在嵌套的所有实例层次中被访问。

B.5　函数

函数用来实现特定的计算任务，是 Modelica 实现过程式建模的重要工具。Modelica 中的函数是数学意义上的纯函数，也就是说相同的输入总是具有相同的输出，并且调用顺序与调用次数不改变所在模型的仿真状态。

B.5.1　函数声明

函数是以"function"关键字定义的特化类，遵循 Modelica 类定义的语法形式。函数体是以"algorithm"开始的算法区域，或者是外部函数声明，作为函数调用时的执行系列。函数的输入形参以变量声明的形式定义，并有"input"前缀，输出形参也是以变量声明的形式定义，但前缀是"output"。

函数中使用的临时变量（局部变量）在"protected"区域中定义，并且不带"input"和"output"前缀。函数的形参可以使用声明赋值的形式定义默认参数。

函数作为一种特化类除了遵循 Modelica 类定义的通用语法外，还有如下一些限制和增强的特性：

（1）public 区域的变量声明是函数的形参，必须有"input"或"output"前缀；protected 区域的变量声明是函数的临时变量，不能有"input"和"output"前缀。

（2）函数中输入形参赋值只是给输入形参一个默认值。输入形参是只读的，也就是说在函数体中不能给输入形参赋值。

（3）函数不能用于连接，不能有"方程 equation"和"初始算法 initial algorithm"，至多有一个"算法 algorithm"区域或外部函数接口。

（4）函数中输出形参数组和临时数组变量的长度必须能由输入形参或函数中的参数、常量确定。

（5）函数中不能调用 der、initial、terminal、sample、pre、edge、change、delay、cardinality、reinit 等内置操作符和函数，也不能使用 when 语句。

（6）函数中使用"return"语句退出函数调用，返回值取输出形参的当前值。

函数是数学意义上的纯函数，也就是说相同的输入总是具有相同的输出，并且调用顺序与调用次数不改变所在模型的仿真状态。

B.5.2　函数调用

函数调用

按输入参数的传递形式，函数调用有 3 种形式。

（1）按位置传参：按位置传参时，实参与形参的声明顺序一一对应。

（2）按形参名字传参：实参与指定名字的形参对应。

（3）按位置和形参名字混合传参，但按形参名字传递的实参必须放在按位置传参的实参之后。

并不是所有的形参都要有对应的实参，如果形参有默认值就可以不传递实参而使用默认值。

函数调用时，输出形参只能位于等式的右端或赋值符号的右端。

单个输出形参的函数调用形式为：out＝函数路径（）。

多个输出形参的函数调用形式为：（out1，out2，out3，…）＝函数路径（），其中 out1、out2、out3 等均是变量，不能是表达式或常量，结果变量与函数输出形参按位置一一对应。结果变量省略时，相应的输出形参值被丢弃。

B.5.3　内置函数

内置函数

Modelica 中除了支持用户自定义函数来调用外，还提供了丰富的内置函数，无需定义就可以直接调用。内置函数有 4 类：

（1）数学函数和转换函数，具体见表 B-14。

（2）求导和特殊用途函数，具体见表 B-15。

（3）事件相关的函数，具体见 B.7 节。

（4）数组函数，具体见 B.2 节。

表 B-14　数学函数和转换函数

分　类	函 数 名 称	说　明
数值函数	abs(a)	返回标量绝对值
	sign(a)	返回标量符号
	sqrt(a)	返回标量平方根
转换函数	Integer(e)	返回枚举型序数
	String(a,＜options＞)	将一个标量表达式转为字符串表示
事件触发数学函数	div(x,y)	返回 x/y 的商且丢弃小数部分
	mod(x,y)	返回 x/y 的整数模,即 $x-\mathrm{floor}(x/y)\times y$
	rem(x,y)	返回 x/y 整除的余数
	ceil(x)	返回不小于 x 的最小整数
	floor(x)	返回不大于 x 的最大整数
	integer(x)	返回不大于 x 的最大整数,结果必为整型
数学函数	sin(x)	正弦函数
	cos(x)	余弦函数
	tan(x)	正切函数
	asin(x)	反正弦函数
	acos(x)	反余弦函数
	atan(x)	反正切函数
	atan2(x,y)	四象限反向切值
	sinh(x)	双曲正弦函数
	cosh(x)	双曲余弦函数
	tanh(x)	双曲正切函数
	exp(x)	自然指数函数
	ln(x)	自然对数(e 为底), $x＞0$
	log10(x)	10 为底的对数, $x＞0$

表 B-15　求导和特殊用途函数

分　类	函 数 名 称	说　明
求导和特殊用途函数	der(expr)	结果是表达式 expr 对时间(time)求导
	delay (expr, delayTime, delayMax) delay(expr,delayTime)	若 time＞time. start＋delayTime,结果为 expr(time-delayTime); 若 time<＝time. start＋delayTime,结果为 expr(time. start)
	semiLinear(x, positiveSlope, negativeSlope)	若 $x\geqslant 0$,结果为 positiveSlope $\times x$,否则结果为 negativeSlope $\times x$

B.5.4　记录构造函数

记录构造函数（record constructor function）针对特化类记录（record），是创建并返回记录的函数。记录构造函数并不需要用户显式定义，如果定义了一个记录类型就等同于隐式定义了一个与记录同名并且作用域相同的记录构造函数；记录中所有可以修改的成员作为记录构造函数的输入形参，不能修改（如有 constant 和 final 前缀）的参数作为 protected 区域中的临时变量；输出形参是与记录相同类型的变量，所有输入形参的值用来设置输出形参的值。

B.5.5　函数微分注解声明

当 der 作用于函数时，就要对函数求导，对于内置函数（例如 sin(x)）能够推导出导函数，但是自定义函数不能推导出导函数，自定义函数的导函数要求在函数定义时显式声明。

自定义函数的导函数通过导数（derivative）注解在函数中显式声明，形式为：annotation(derivative(order＝n)＝导函数路径)，其中 order 表示求导的阶数，默认情况取 1。导函数的输入形参根据原函数构造，首先是原函数的所有输入形参，然后是原函数所有实数型（Real）输入形参的导数（noDerivative 和 zeroDerivative 声明忽略的形参除外）。导函数的输出形参是原函数所有实数型输出形参的导数。

B.5.6　外部函数调用

模型中除了可以调用使用 Modelica 语言编写的函数外，还可以调用其他语言（目前支持 C、C++和 Fortran）编写的函数，这些其他语言编写的函数称为外部函数。Modelica 中调用外部函数通过 Modelica 函数进行，这种 Modelica 函数没有算法（algorithm）区域，取而代之的是外部函数接口声明语句"external"，用以表示调用的是外部函数。

MWORKS. Sysplorer 中支持以下 3 种方式调用外部函数：

（1）调用头文件。其中需要头文件名称、头文件位置、输入输出量、函数包装语句。

（2）调用链接库文件。其中需要指定链接库名、链接库文件位置、输入输出量、函数包装语句。

（3）无外部文件。其中需要 C 语言源码、输入输出量、函数包装语句。

B.6　注解

注解是与 Modelica 模型相关的附加信息，可以理解为包含 Modelica 模型中一些元素相关信息的属性或者特性，这些附加信息被 Modelica 环境使用，例如支持图标或图形模型编辑。

　　大多数注解对仿真执行没有影响，即如果注解被删除，仍然能得到相同的结果，但是也有例外。注解的一般形式为：annotation（annotation_elements），其中annotation_elements 是用逗号隔开的注解元素列表。

　　注解一般有以下使用场景：组件参数框设计、图标设计、模型帮助文档设计、动态显示设计、文本其他注解。

参数框
设计

B.6.1　参数框设计

　　当一个模型有很多参数的时候，为了让使用者能够迅速在参数面板中定位所需修改的参数，此时就需要对模型中的参数根据功能的不同进行分组和分类。Modelica 中可以使用对应的注解语句对参数进行分类。以带圆环节流孔的滑阀芯为例（图 B-3、图 B-4）：

```
model AnnularOrificeSpool "带有圆环节流孔的滑阀芯"
  //参数
  import SI = Modelica.SIunits;
  parameter SI.Length ds(displayUnit = "mm") = 0.01 "筒径"
    annotation (Dialog(group = "结构参数"));
  parameter SI.Length dr(displayUnit = "mm") = 0.005 "杆径"
    annotation (Dialog(group = "结构参数"));
  parameter SI.Length len0(displayUnit = "mm") = 0 "初始压力腔长度"
    annotation (Dialog(group = "结构参数"));
  parameter SI.Position underlap0(displayUnit = "mm") = 0 "零开口压力腔长"
    annotation (Dialog(group = "结构参数"));
  parameter SI.Position xmin(displayUnit = "mm") = 0 "最小位移限制"
    annotation (Dialog(group = "结构限制"));
  parameter SI.Position xmax(displayUnit = "mm") = 1e27 "最大位移限制"
    annotation (Dialog(group = "结构限制"));
  parameter SI.Volume v0(displayUnit = "ml") = 0 "死区容积"
    annotation (Dialog(group = "高级"));
  parameter Boolean UseJetForce = false "若为true，则考虑液动力，否则不考虑液动力"
    annotation (Dialog(tab = "高级", group = "流体参数"));
  parameter Real Cqmax = 0.7 "最大流量系数"
    annotation (Dialog(tab = "高级", group = "流体参数"));
  parameter Real lambda_crit = 100 "临界流量数"
    annotation (Dialog(tab = "高级", group = "流体参数"));
end AnnularOrificeSpool;
```

图 B-3　带圆环节流孔的滑阀芯参数代码

　　注解还可以给参数增加下拉赋值的选项，即给参数提供推荐参数值并可以通过下拉框直接选取推荐参数值，使用形式为：annotation（choices（choice＝n1，choice＝n2））。

组件参数				
常规　高级				
▼ 结构参数				
ds	10		mm	筒径
dr	5		mm	杆径
len0	0		mm	初始压力腔长度
underlap0	0		mm	零开口压力腔长
▼ 结构限制				
xmin	0		mm	最小位移限制
xmax	1e30		mm	最大位移限制
▼ 高级				
v0	0		ml	死区容积

组件参数			
常规　高级			
▼ 流体参数			
UseJetForce	false		若为true，则考虑液动力，否则不考虑液动力
Cqmax	0.7		最大流量系数
lambda_crit	100		临界流量数

图 B-4　带圆环节流孔的滑阀芯参数面板

B.6.2　图标设计

在 MWORKS. Sysplorer 的图标视图和图形视图上均可进行图层设计和可视化绘图，其中基本可视化绘图包括：线条、矩形、椭圆、多边形、文本和图片，这些图层设置和可视化绘图均会在文本视图中自动生成 Modelica 代码，形式为：annotation(Diagram(),Icon())，其中 Diagram() 中代表图形视图图层设置和可视化图形，Icon() 中代表图标视图图层设计和可视化图形。

图标设计

在实例化模型时，需要在图形层显示组件名称或者关键参数，这时可以在设计模型图标时写入特殊文字。比如，若需要生成实例化组件名，则需要在文字绘制时写入：％name。其他特殊文字代码及作用如表 B-16 所示。

表 B-16　特殊文字代码及作用

字 符 代 码	作　　用
％参数名	显示对应的参数值
％name	显示实例化组件名
％class	显示类名
％％	显示"％"

B.6.3　帮助文档设计

帮助文档设计

为了便于模型库的使用，开发者在开发模型库的同时需要撰写模型的帮助文档。MWORKS. Sysplorer 中提供了编写帮助文档的可视化界面，即文档视图的编辑界面，MWORKS. Sysplorer 会将写入的帮助文档自动翻译生成标准 HTML 代码并集成至模型代码中，形式为：annotation(Documentation(info＝"HLML 代码"))。

B.6.4　动态显示设计

为了直观地查看仿真结果,MWORKS. Sysplorer 提供了 3 种结果查看方式: 曲线窗口、2D 动画示意、3D 动画窗口。

其中,2D 动画即通过将图标中量与仿真结果变量相关联,实现仿真结果变量驱动图标变化。

在 Modelica 中支持 3 种方式实现动态显示设计。

(1) DynamicSelect 动态函数,使用形式为:DynamicSelect(x,expr),其中 x 为默认初始值,即图标默认状态,expr 为仿真过程中图标实时赋值,达到动态效果。

(2) 动态文本,使用形式为:％变量名。

(3) 动态属性语句,使用形式为:动态属性＝变量值,其中具体支持的动态属性如表 B-17 所示。

表 B-17　动态属性列表及作用

动态属性	作　用	使用对象
dynamicFillColorR	填充颜色 R 分量的动态值,有效取值范围为 0～255	fillColor
dynamicFillColorG	填充颜色 G 分量的动态值,有效取值范围为 0～255	
dynamicFillColorB	填充颜色 B 分量的动态值,有效取值范围为 0～255	
dynamicFillPattern	填充方式的动态值,取值为枚举值	fillPattern
dynamicLineColorR	线条颜色 R 分量的动态值,有效取值范围为 0～255	lineColor
dynamicLineColorG	线条颜色 G 分量的动态值,有效取值范围为 0～255	
dynamicLineColorB	线条颜色 B 分量的动态值,有效取值范围为 0～255	
dynamicLinePattern	线条样式的动态值,取值为枚举值	linePattern
dynamicWidth	矩形、椭圆等图形宽度的动态值	extent
dynamicHeight	矩形、椭圆等图形高度的动态值	
dynamicRotation	旋转角度的动态值	rotation
dynamicStartAngle	扇形起始角度的动态值,仅用于椭圆	startAngle

B.6.5　文本其他注解

Modelica 中的注解除了以上功能,还具有以下用法:

(1) 声明模型库所依赖的其他模型库,并在打开模型库时自动打开依赖的其他模型库,使用方式:annotation(uses(模型库(vesion＝版本)))。

(2) 可在模型中为模型设置合适仿真区间、输出步长和积分算法等,使用方式:annotation(experiment(仿真设置))。

(3) 实例化时自动添加组件默认属性和名称,使用方式:annotation(defaultComponentName＝"组件默认名称",defaultComponentPrefixes＝"组件默

认属性")。

（4）自动关联自定义函数的导函数，使用方式：annotation(derivative(order＝n)＝导函数路径），其中 order 表示求导的阶数，默认情况取 1。

B.7　事件

B.7.1　事件概念

自然界中的物理系统的变化，通常都是遵照物理定律进行连续变化的，如同一个关于时间的连续函数，例如液压管路中的流体运动，电气系统中电压电流的变化，等等。

离散行为是指系统变量值只在特定的时间点上发生瞬时、不连续的变化，在很多仿真的情况，可以将实际物理系统中变化非常快的行为近似成离散行为。例如，动力学的刚性碰撞问题，一个弹跳小球几乎瞬时改变了运动方向；电路中的开关能够极快地改变电流的通断。系统建模时进行离散近似，能够有效地简化数学模型，使模型求解易于收敛，从而大大提高计算效率。

为此，Modelica 支持定义具有离散时间可变性的变量，即变量只在特定的时间点（也称为事件）才改变其值，在事件之间它们的值保持不变。事件定义如图 B-5所示。

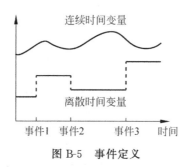

图 B-5　事件定义

根据事件产生的原因，可以将事件分为时间事件和状态事件。

（1）时间事件：由时间变量引起，事件点是可预知的。

（2）状态事件：由表达系统状态的变量引起，不同系统对应的状态变量选择不同，所以不可避免地要去搜索事件点，事件点是未知的。

B.7.2　事件触发语句及函数

只要一个实型元素的关系式（如"$x > 2$"）的值改变了，就停止积分并产生一个事件。

Modelica 语言提供如下两种结构用于表达混合模型：

（1）用条件表达式或条件方程来描述分段模型。

（2）用 when 方程来表达只在离散点时有效的方程。

在 Modelica 的内置函数中，有一类函数如果在 when 子句之外使用，也将触发状态事件，具体函数如表 B-18 所示。

表 B-18 事件触发函数列表及说明

类　　型	函　　数	说　　明
事件触发函数	div(x,y)	返回 x/y 的商且丢弃小数部分
	mod(x,y)	返回 x/y 的整数模，即 $x-\text{floor}(x/y)\times y$
	rem(x,y)	返回 x/y 整除的余数
	ceil(x)	返回不小于 x 的最小整数
	floor(x)	返回不大于 x 的最大整数
	integer(x)	返回不大于 x 的最大整数,结果必为整数型

B.7.3　事件相关函数

Modelica 中还提供了支持函数形式的事件相关函数，具体函数如表 B-19 所示。

表 B-19 事件相关函数列表及说明

类　　型	函　数　名　称	说　　明
事件相关函数	initial()	在初始化阶段结果为 true,否则为 false
	terminal()	在成功分析的结尾返回 true
	sample(start,interval)	在时刻 start $+i*$ interval$(i=0,1,\cdots)$ 结果为 true 并触发事件,否则为 false
	pre(y)	结果为变量 $y(t)$ 在 t 时刻的左极限 $y(\text{tpre})$
	edge(b)	等价于"(b and not pre(b))",b 为布尔类型
	change(v)	等价于"(v<>pre(v))"
	reinit(x,expr)	仅在 when 结构中使用,在事件时刻以 expr 初始化状态变量 x

事件处理
函数

B.7.4　事件处理函数

在某些情况下，关系表达式值的变化不会产生非连续点，不会引起变量值的跳跃，这时需要对事件进行处理，以加快模型的求解，因为时间检测具有一定的时间开销。Modelica 中提供了两种事件处理函数。

（1）smooth(p,expr)：如果 $p\geqslant0$,smooth(p,expr)返回 expr,表明 expr 是 p 次连续可微的，即 expr 对表达式中的所有实型变量都是连续的，且对所有的实型

变量存在直到 p 阶偏导数。

（2）noEvent(expr)：可以使用 noEvent 显式地抑制 expr 中的状态事件,使 expr 不激发事件,而是按照字面意义进行计算。

B.8　模型重用

模型重用

"重用"是面向对象语言的最大特点之一。Modelica 作为面向对象建模语言,提供继承(extends)、实例化(modification)和重声明(redeclaration)等机制,能够方便地支持模型重用。继承是对已有类型的重用,结合变型与重声明,实现对基类的定制与扩展。本节介绍如何利用这些机制来建立可重用的模型。

B.8.1　继承重用

继承重用

面向对象的一个主要优势就是可以基于已有类来扩展类的属性和行为。原有的类称为父类或基类,通过父类扩展创建的更专用的类,称为子类或派生类。

在创建子类的过程中,父类的变量声明、方程定义和其他内容被复制到子类,也称继承。在继承一个类的同时可以对类型中的某些元素进行变型。

B.8.2　实例化重用

实例化
重用

1. 对参数进行变型,用一个类型构造不同的实例

假定某电路模型需要连接两个电阻值大小不同的电阻器,不必由于电阻值的不同就建立两个电阻模型,而只需建立一个电阻模型,并将电阻值作为该模型的参数,然后用该模型声明两个不同的电阻组件,在声明电阻组件的同时对电阻值进行变型即可得到不同电阻值的电阻器组件。

参数在模型仿真期间是保持不变的,也就是说尽管不同模型之间或两次仿真之间参数可以被修改,但对于某个模型的一次特定仿真来说参数是保持不变的。比如电阻模型中的电阻值、电容器模型中的电容值等对于特定电阻器、电容器来说必然是恒定的。

目前遇到的所有示例中,被变型的组件属性都是参数。尽管 Modelica 规范中没有明确禁止对变量、常量等进行变型,但鉴于 Modelica 参数的设计意图,在此强烈建议仅对模型中的参数进行变型。

2. 对数组的变型

变型除应用于标量外,还可以应用于数组。可以对所有数组元素的某个共同属性进行变型,也可以对整个数组进行变型。为防止参差数组的出现,不可以对单个数组元素进行变型。如果要对所有数组元素中的某个属性赋相同的值,可以采用"each"关键字。

B.8.3 重声明重用

除了继承与变型之外，Modelica 还提供了另外一种重用机制——重声明。相比继承机制的代码重用，变型机制的参数化功能，重声明机制能够有效地支持衍生设计。

重声明语句以"redeclare"前缀予以标识。变型中的 redeclare 结构使用另一个声明替换变型元素中局部类或组件的声明。重声明既可以针对组件，也可以针对类型。无论哪种方式，都使得类型作为模型的参数，从而让抽象模型更具柔性。

重声明具有两种用法：对组件进行重声明；对类型进行重声明。

重声明作为一种重要的重用机制，实质是将类型作为模型参数，在使用模型时对参数化的类型进行重声明，从而重用已有框架，支持衍生设计。replaceable 关键字标识了哪些类型可以被替换，从而限定了重声明的范围，防止类型替换不当。

Modelica工程应用

C.1 机械系统建模仿真应用

机械系统
建模仿真
应用

机械是一种人为的实物构件的组合。机械各部分之间具有确定的相对运动。机器除具备机构的特征外,还必须把施加的能量转变为最有用的形式,或转变为有效的机械功,即能代替人类的劳动以完成有用的机械功或转换机械能,故机器是能转换机械能或完成有用的机械功的机构。从结构和运动的观点来看,机构和机器并无区别,泛称为机械。

机械专业仿真的应用领域众多,包括卫星的轨道动力学仿真、帆板展开刚柔耦合分析、航天器的 GNC 仿真分析、飞机的飞行动力学仿真、起落架收放仿真以及汽车的动力学仿真等。除以上领域,还有其他很多领域涉及机械建模与仿真。

鉴于机械模型库的广泛应用,Modelica 针对机械模型提供了相应的模型库 Mechanics,如表 C-1 所示,包含多体模型库(三维)、一维转动模型库和一维平动模型库 3 类。多体模型库主要包含零部件、连接头、弹簧、阻尼、位置传感器、速度传感器、可视化工具等模型;一维转动模型库主要包含齿轮箱、离合器、刹车片、角度传感器、扭矩传感器、位置边界条件、速度边界条件和扭矩边界条件等模型;一维平动模型库主要包含齿轮箱、离合器、刹车片、角度传感器、扭矩传感器等模型。

表 C-1 机械模型库 Mechanics 的构成

组件类别	名 称	描 述
MultiBody（多体模型库（三维））	UsersGuide	多体模型库的用户指导,提供多体模型的概述、版本信息、参考文献及联系方式等
	World	提供重力边界
	Examples	示例库,提供多体模型的应用示例,帮助用户快速掌握模型库的使用方法
	Forces	力学库,包含转矩、力、弹簧及阻尼等
	Frames	设计库,包含多体机械模型的函数及算法等
	Interfaces	模型接口库,包含复合型机械输入和输出接口
	Joints	多体连接库,包含棱柱、旋转件和车轮等

续表

组 件 类 别	名　称	描　　述
MultiBody（多体模型库）（三维）	Parts	零部件库,包含固定件、杆件和旋转件等
	Sensors	传感器模型库,包含速度、转矩等传感器
	Visualizers	可视化模型库,包含杆件、地面等组件
	Types	多体机械库的派生类型库,包含颜色、选项等
	Icons	图标库,包含电机及曲面图标
Rotational（一维转动模型库）	UsersGuide	一维转动模型库的用户指导,提供转动模型的概述、版本信息、参考文献及联系方式等
	Examples	示例库,提供一维转动模型的应用示例,帮助用户快速掌握模型库的使用方法
	Components	一维转动组件库,包含刹车闸片、离合器和弹簧阻尼等
	Sensors	传感器模型库,包含速度、转矩、功率等传感器
	Sources	输入源模型库,包含速度、转矩、位置等输入信息
	Interfaces	模型接口库,包含旋转的输入和输出接口
	Icons	图标库,包含齿轮、齿轮箱及离合器图标
Translational（一维平动模型库）	UsersGuide	一维平动模型库的用户指导,提供平动模型的概述、版本信息、参考文献及联系方式等
	Examples	示例库,提供一维平动模型的应用示例,帮助用户快速掌握模型库的使用方法
	Components	一维平动组件库,包含质量块、摩擦受力和弹簧阻尼等
	Sensors	传感器模型库,包含速度、转矩、功率等传感器
	Sources	输入源模型库,包含速度、力、位置等输入信息
	Interfaces	模型接口库,包含旋转的输入和输出接口

案例 1：双摆模型仿真

以一个双摆模型案例进行机械系统仿真建模说明。该案例主要是针对双摆运动状态进行模拟。在标准库中拖入重力模型、转动副、阻尼和摆进行适当排布后进行搭建,如图 C-1 所示。其中重力模型模拟双摆受重力状态,转动副及摆对于双摆

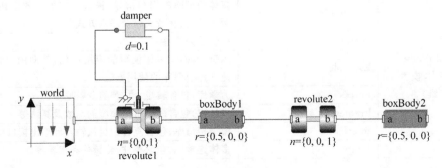

图 C-1　双摆仿真模型

运动过程中的姿态进行模拟,阻尼件对双摆在运动过程中的阻力情况进行模拟,设置各个组件的参数,包含阻尼系数和摆长,这样双摆系统模型就完成了,然后进行仿真配置就能够对双摆运动状态进行模拟并输出摆的运动参数,包括转速、转矩、角度和角加速度等。

C.2　热力系统建模仿真应用

热力系统
建模仿真
应用

　　热力系统是指人为分割出来的用作热力学分析的对象。分析对象的周围物体统称为外界。系统和外界之间的分界面叫作边界。热动力装置的工作就是工作物质(简称工质)从高温热源吸取热能,将其中一部分转化为机械能而做功,并把余下的另一部分传给低温热源的过程。热力系统如果和外界只有热或功的能量交换而无物质的变换,则称为闭口系统,闭口系统内的质量保持恒定不变;如果热力系统和外界不仅有能量交换而且有物质的交换,则称为开口系统;若热力系统和外界既无能量交换又无物质的交换,则称为孤立系统;当热力系统和外界间的作用仅限于无热量的交换时,则称为绝热系统。

　　热力系统建模的应用领域众多,包含航天器的环热控系统、卫星的主动和被动热控系统、飞机的液压系统、家用电器的散热系统等都会涉及热力建模和仿真的问题。除了以上领域,还有其他很多领域涉及热力系统建模与仿真。

　　针对热力系统,Modelica 提供了相应的热力模型库 Thermal,如表 C-2 所示,包含热流体和热交换两类库。热流体库主要包含管路、阀门、介质、压力传感器、温度传感器、压力边界、流量边界等模型;热交换库主要包含热容、热传导、热对流、热流传感器、温度边界、热流边界等模型。

表 C-2　热力模型库 Thermal 的构成

组件类别	名称	描述
FluidHeatFlow（热流体库）	Examples	热流体示例库,提供热流体模型的应用示例,帮助客户快速掌握模型库的使用方式
	Components	热流体组件库,包括管路、阀门等
	Media	热流体介质库,包含空气、水等
	Sensors	热流体传感器库,包含压力、温度、质量流量、体积流量等传感器
	Sources	热流体边界源库,包含常用的压力边界和流量边界等模型
	Interfaces	热流体接口库,包含热流体输入接口和输出接口
HeatTransfer（热交换库）	Examples	热交换示例库,提供热交换模型的应用示例,帮助用户快速掌握模型库的使用方式
	Components	热交换组件库,包含热容、热传导、热对流等组件

续表

组件类别	名　称	描　述
HeatTransfer （热交换库）	Sensors	热交换传感器库,包含温度、热流传感器
	Sources	热交换边界源库,包含温度边界和热流边界组件
	Celsius	摄氏度输入或输出的组件库
	Fahrenheit	华氏度输入或输出的组件库
	Rankine	兰氏度输入或输出的组件库
	Interfaces	热交换接口库,包含热交换输入和输出接口

案例 2：电机热模型仿真

电机热模型是针对电机绕组和转子的热传导以及与环境的热对流进行模拟。其中电机绕组和转子的热损耗使用 Thermal 库中的可变热流量模型进行模拟,绕组和转子的导热使用 Thermal 库中的热导模型进行模拟,电机与环境的热对流使用 Thermal 库中的热对流模型进行模拟,用 Thermal 库中固定温度模型模拟环境温度。在搭建好电机热模型后,设置各个组件的参数,包含热导率、对流换热系数,这样热力系统模型就完成了,如图 C-2 所示。最后进行仿真配置,就能够对电机的绕组和转子的热传导以及与环境的热对流进行模拟并输出绕组和电机的温度,辅助电机的热设计。

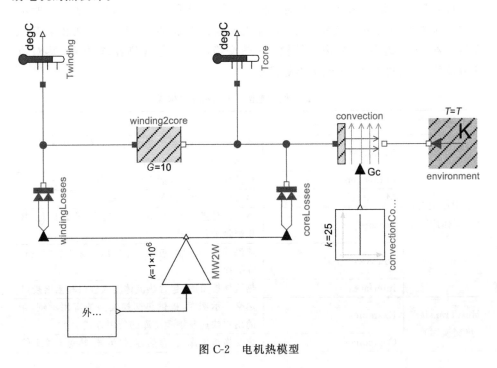

图 C-2　电机热模型

C.3　通信系统建模仿真应用

通信指通过媒介将信息从一个地方传递到另一个地方。人类社会需要信息交流，通信也推动着人类社会文明进步和发展。通信是由一系列设备来实现的，而完成信息传输所需的一切技术设备及传输媒介的总和被称为通信系统。当今社会主要的通信系统包括电缆通信、微波中继通信、光纤通信、卫星通信、移动通信、短波通信等系统。

随着社会步入信息时代，现代通信系统需要满足更多的要求：能处理更大的数据量、能抵抗任何复杂的电磁环境干扰、能随时随地实现低时延的通信等。通信系统的任务是传递消息，因此对于通信系统的设计来说，消息传递的有效和可靠是最基本的要求。为了在通信设备生产出来之前验证其设计方案的有效性，仿真是必不可少的一环，根据通信系统仿真需求，苏州同元软控信息技术有限公司（以下简称同元）基于 Modelica 构建了一套同元信息平衡模型库，如表 C-3 所示。

表 C-3　同元信息平衡模型库的构成

名　　称	描　　述
Functions	函数包，提供字符串转换为数字的函数
BasicModels	基础模块包，提供一些组件模型的基础模块，例如指令计算机的指令表模块
Computers	指令计算机包，提供两种指令计算机模型
Devices	设备包，提供两种 RT 模型
GroudStation	地面站包，提供 TL 地面站模型和 DF 地面站模型
Icons	模型库图标包，提供常用包或者模型的图标
Interfaces	接口包，提供两种总线接口模型
Links	链路模型包，提供多种链路模型
StorageUnits	存储单元包，提供多种存储单元模型
Systems	系统包
Tests	测试模型包，提供多个工况测试模型
Types	数据类型包，提供数据传输的主要单位
Importmark	进出站模型包，提供两种进出站标志模型

通信领域的仿真主要涉及通信路由策略模拟、通信链路质量计算、通信系统性能仿真、滤波器设计、信息平衡计算以及信息流模拟。

案例 3：信息平衡系统仿真

信息平衡系统仿真指的是在通信系统内对数据管理、采集、处理、传输进行建模仿真，从而实现通信带宽资源占用状态的评估，并根据评估结果，结合实际的数据交换需求和优先级,对各类数据通信任务进行统筹,给出最优的通信任务规划,实现通信系统内部数据的高效运转。信息平衡系统仿真模型如图 C-3 所示,ctu 设备内置飞行程序,通过设备间接口将指令和地址传递给 32 台 rt,控制 rt 的开关机。rt 设备在开机的情况下会周期性地产生一定量的数据并通过星上链路传输到存储器进行存储。进出站标志模块会根据航天器的轨道与地面站的坐标计算地面站对航天器的覆盖情况,当航天器进入某站覆盖范围时,存储器内积累的数据通过星地链路传递给地面站。通过仿真计算整个过程中的数据产生、存储、下行的动态变化是否满足要求。

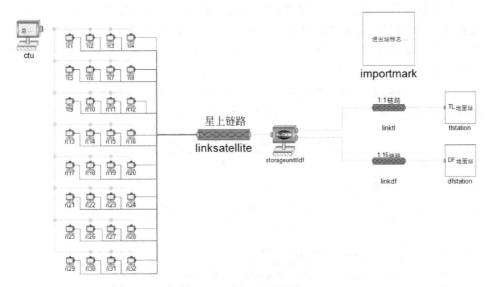

图 C-3　信息平衡系统仿真模型

C.4　控制系统建模仿真应用

控制系统是由相互关联的元件按一定的结构构成的,它能够提供预期的系统响应。控制系统的设计则是为了达到特定的目的,构思或创建系统的结构、部件和技术细节的过程,由此发展出的经典控制理论和现代控制理论为控制系统提供了诸多分析和设计方法。针对控制系统的设计效果,可以通过很多方式进行验证,其中基于模型的仿真则是一种相对快捷、低成本的验证方式。

基于 Modelica 语言可以很容易实现模型的构建与仿真,Modelica.Blocks 提供了控制系统建模所需的大量模型库,包括信号源,用例,连续系统模型,离散系统模型,数学计算模型,整数计算模型,布尔、噪声等多个类别的组件模型,其具体类别及功能如表 C-4 所示。

表 C-4　控制模型库构成

名　称	描　述
Examples	示例包,提供模型的应用示例,帮助用户快速掌握模型库的使用方式
Continuous	连续控制模型,提供带有内部状态的连续控制模型,如积分器、微分、一阶传递函数、二阶传递函数、PID 控制器、状态空间模型等
Discrete	离散控制模型,提供固定采样步长的离散控制模型,如采样模块、延迟模块、触发模块等
Interation	动画模型包,提供带有交互式动画的模型,可以显示数字、状态等
Interfaces	接口模型包,提供输入输出接口模型,包括实数型、布尔型、整数型,标量、数组型输入,以及接口基类模型
Logical	逻辑模型包,提供输入/输出信号的逻辑运算模块
Math	数学模型包,提供数学运算模块
MathInteger	整数型数学模型包,提供输入/输出为整数型的数学运算模块
MathBoolean	布尔型数学模型包,提供输入/输出为布尔型的数学运算模块
Nonlinear	非线性控制模块,提供不连续的控制模块,如限制模块、速率限制模块、延时模块、滞环模块
Routing	信号路由模型包,用于组合和提取信号的模型
Sources	信号源模型包,提供各种类型的信号源,如实数型、布尔型、整数型,标量、数组的信号源
Tables	插值表模型包,提供一维、二维插值表模型
Types	类型包,提供各种变量型的类型和自定义的类型
Icons	图标模型包,提供模型库需要的模型图标

案例 4:简单减振系统建模

　　基于 Modelica 语言多学科统一建模的优势,MWORKS. Sysplorer 能够对控制系统被控对象建立起全面、准确的机理模型,从而更好地支持控制律设计。被控对象是由质量块、弹簧、阻尼构成的一个简单减振系统,如图 C-4 所示。假定其系统参数并忽略接触面摩擦,构建该系统的机理模型,最后完成控制律设计。

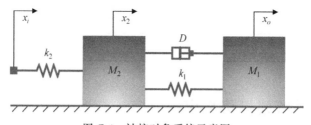

图 C-4　被控对象系统示意图

　　针对上述被控对象通过 MWORKS 拖拽搭建被控对象系统示意图如图 C-5 所示。

　　以被控对象为基础,增加控制器模型,构建控制回路,即可进行控制回路的仿

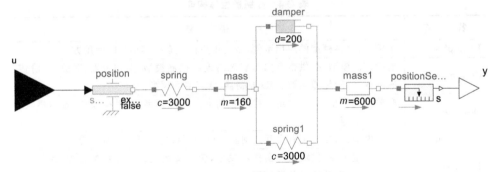

图 C-5　MWORKS搭建被控对象系统示意图

真分析。完成模型参数定义和初始设定后,即可建立控制系统模型,将被控对象模型与控制器模型相集成,完成控制系统闭环模型,开展控制系统仿真与设计工作。通过从模型树中拖拽增益、积分、微分和加法模型,构建控制器模块,并与反馈组件、被控系统组件和阶跃信号进行关联,即可创建新的控制系统模型,如图 C-6所示。

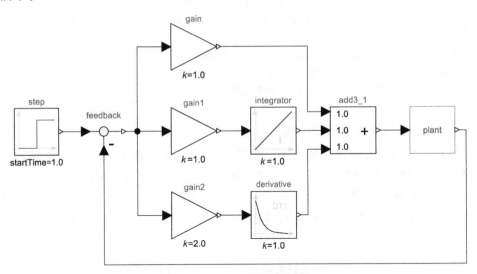

图 C-6　简单减振闭环系统模型

电气系统
建模仿真
应用

C.5　电气系统建模仿真应用

电气系统是指人为分割出来的用作电学分析的对象。根据电气应用的不同,又分为电子、电力、电路、机电、电磁等不同的方向。

电气系统建模的应用领域众多,包含航天器的供配电系统、电力传输中的电力变换、设备的电控系统等,它们都会涉及电气的建模和仿真问题。除了以上领域,还有其他很多领域涉及电气的建模与仿真。

　　针对电气系统,Modelica 提供了相应的模型库 Electrical,包含模拟、数字、机电、多相、功率变换、准稳态、Spice 3 等 7 类库。其中,常用的分库有模拟库,主要包含基本元器件、理想器件、接口、线缆、半导体、传感器、电源等子模型;数字库,主要包含基本逻辑器件、门器件、延时器、寄存器、三态器件、存储器、多工器等模型;机电库,主要包含基本电机、传感器、空间向量、损耗、电机热模型等;多相库,主要包含基本多相元器件、理想多相元器件、多相源、多相传感器等;功率变化库,主要包含 ACDC、DCAC、DCDC 等模型。

　　表 C-5 列出了模型库和数字库的构成。

表 C-5　电学模拟库 Electrical 的构成示例

组件类别	名　称	描　述
Analog（模型库）	Examples	电学模拟库应用示例,帮助用户快速掌握模型库的使用方法
	Basic	基本模拟元器件库,包含电阻、电容和电感等
	Ideal	理想模拟元器件库,包含理想二极管、运放、开关和 AD/DA 等
	Interfaces	电学模型接口库,包含电学基本正负接口
	Lines	线缆库,包含有损传输线等
	Semiconductors	半导体库,包含二极管、MOS 管和 BJT 管等
	Sensors	传感器库,包含电流传感器、电压传感器等
	Sources	电源库,包含各类电流源、电压源
Digital（数字库）	UsersGuide	电学数字库用户指引,包括建库方式、基本定义等
	Examples	电学模拟库应用示例,帮助用户快速掌握模型库的使用方法
	Interfaces	电学数字库的接口库,包含电学基本逻辑接口等
	Tables	真值表库,包含数字逻辑下的各类真值表
	Delay	延时器
	Basic	基本数字器件模型,包括与或非逻辑等
	Gates	基本门器件,包括与或非等
	Sources	源器件模型,包括各类数字源
	Converters	转换模型,包括逻辑转 X01、逻辑转 X01Z 等
	Registers	寄存器模型
	Tristates	三态器件模型
	Memories	存储器模型
	Multiplexers	多工器模型

案例 5:对称式晶体管差分放大电路建模

　　以一个典型的对称式晶体管差分放大电路为例。该案例主要是针对给定的电信号进行差分和放大,由各类电压源、电流源、电阻、电容、晶体管、地基础元器件组成,得到左端和右端的差分信号,如图 C-7 所示。此电路原理:R1 左端接电压源和 R3 右端接地,存在电压差,电路将此压差(即 V1 的电压)进行放大,放大后的电压为 R2 负端、R4 负端的电压差。查看此 R2 负端、R4 负端的电压曲线，然后将两条曲线做差，即可得到对应的放大后的电压。

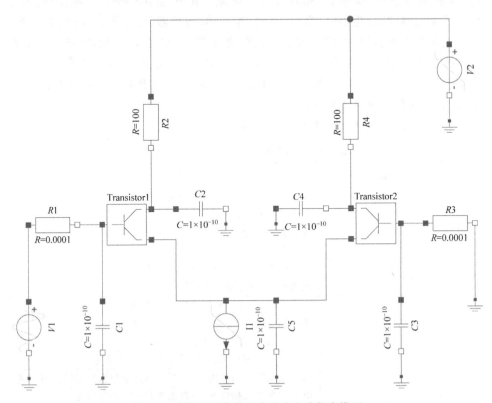

图 C-7　对称式晶体管差分放大电路仿真模型

C.6　流体系统建模仿真应用

　　流体是与固体相对应的一种物体形态，是液体和气体的总称。流体与其他物质一样具有质量、密度、状态等属性，且有一定的可压缩性。流体会根据压力、温度等边界条件的改变，对应改变其属性。流体一般作为传动机构的介质，为传动机构提供能量，驱动传动机构进行运动。

　　基于流体的运动特性，流体在许多工业领域都有应用，比如供热通风、燃气工程、给排水工程、建筑及土建工程、市政工程和城市防洪工程等，除了在工程应用中发挥作用，其在液压及气压传动研究应用中也占据重要位置。

　　针对流体的应用特性，在 Modelica 标准库中提供了 Fluid 流体库，其中包括了外界环境、容器、管道、动力机械、阀门、管道附件、边界条件、传感器等 8 大类组件模型，具体类型及功能描述如表 C-6 所示。

表 C-6   流体模型库 Fluid 的构成示例

组件类别	名　称	描　述
Fluid	UsersGuide	流体模型库的用户指导,提供流体模型的概述、版本信息、参考文献及联系方式等
	Examples	示例库,提供流体模型的应用示例,帮助用户快速掌握模型库的使用方法
	System	系统库,包含流体介质
	Vessels	容器库,包含闭式容腔和开式油箱
	Pipes	管道库,包含静态管道和动态管道
	Machines	动力机械库,包含泵、控制泵和定量泵等
	Valves	阀门库,包含不可压缩阀门、汽化阀门、可压缩阀门、离散阀门等
	Fittings	配件库,包含弯管、节流孔和通用流阻件等
	Sources	边界库,包含固定边界、质量流边界、压力温度边界等
	Sensors	传感器模型库,包含压力、温度和密度传感器等
	Interfaces	接口库,包含流体接口、多接口和热接口等
	Types	流体库的派生类型库,包含流阻单位、动力单位等
	Dissipation	耗散库,包含热传导和压力损失等
	Utilities	公用库,包含流体计算中常用到的函数
	Icons	图标库,包含变体库及基础库图标

案例 6:简单流体回路系统建模

利用 Modelica 流体库,通过拖拽式方法构建由管路和阀组成的简单流体回路系统,其模型搭建形式如图 C-8 所示。管道的一端给定压力边界,阀门的出口也给定压力边界,阀门在仿真开始时完全打开,0.5s 后完全关闭。可以根据此模型的仿真结果查看系统中流体在管道和阀中的动态特性。

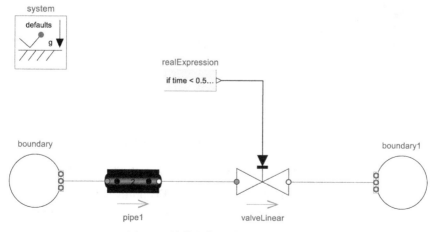

图 C-8   简单流体回路系统仿真模型

C.7 车辆系统仿真应用

目前车辆行业的仿真体系存在以下几个问题：多专业多领域多工具、仿真工具之间存在壁垒、企业积累的知识容易被商用软件捆绑（如 MATLAB/Simulink）。Modelica 是一种公开开源、面向对象、基于方程、多领域统一的建模语言。Modelica 语言包含了机电液控热等多领域的基础模型库，可应用于构建车辆悬架、底盘、转向、动力、控制策略等系统模型。借助 Modelica 语言的商业软件（如同元的 MWORKS），覆盖研发流程中的方案论证概念设计、详细设计、集成和测试，如 MIL、HIL、SIL 等，软件支持将模型导出符合协议标准的 C 代码或其他类型模型，例如生成符合 FMI 标准的 FMU，生成 NI、VxWorks 等实时机的模型代码。

同元车辆 TA 系列模型库是使用同元自主研发的系统仿真验证软件 MWORKS. Sysplorer 建立的 Modelica 车辆模型库（图 C-9）。同元车辆 TA 系列模型库囊括了整车仿真应用的方方面面，包括整车动力性经济性、整车动力学特性、整车低压能耗、整车动力系统、整车热管理、发动机热管理、电池包充放电、电池续航里程等，适用于不同动力方式（传统燃油车、电动车、混动车）、不同车辆类型（乘用车、商用车、赛车、特种车辆）的多层次多领域多机型应用仿真场景。同元车辆 TA 系列模型库满足整车以及关键 ECU 在 MIL/SIL/HIL 阶段所需要的物理模型。

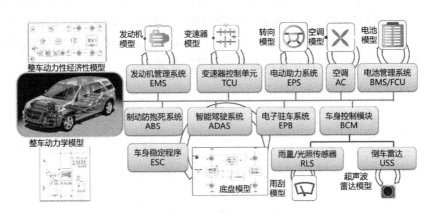

图 C-9 车辆 TA 系列模型库覆盖范围

车辆 TA 系列模型库按照功能和系统共划分为 6 个模型库，车辆动力学模型库（TADynamics）、车辆动力性经济性模型库（TAEconomy）、车辆热管理系统模型库（TAThermalSystem）、车辆电子模型库（TAElectronic）、车辆电池模型库（TABattery）、车辆发动机模型库（TAEngine）（图 C-10）。

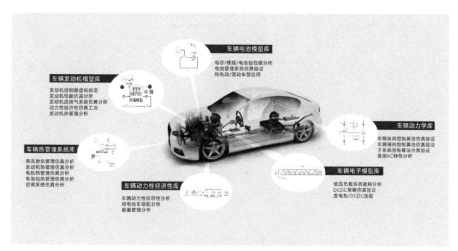

图 C-10 车辆 TA 系列模型库

C.7.1 车辆电池模型库

车辆电池模型库(TABattery)包括电芯模型、电池模组模型、电池包模型等模型,电芯模型分为电学模块和热学模块。可根据实际需求搭建所需不同层级模型(如电芯/电池模组/电池包模型)。

车辆电池模型库可与整车模型/热管理系统模型组合,可应用于纯电动/混动车型的各类工况或热管理仿真分析。

案例 7:电池包充放电系统建模

电池包充放电系统建模

基于实际电池包充放电系统原理搭建仿真模型如图 C-11 所示。电池包以脉冲周期信号进行充放电,电流幅值为 33A,周期为 50s,即一个周期 50s 内电池包在前 25s 以 33A 电流进行充电,在后 25s 以 33A 电流进行放电;同时对电池包单侧以 100W 功率进行散热。仿真结果可通过电池包总线获取电池包相关信息,如电池包平均 SOC 和电池包内某模组内电芯温度曲线。

C.7.2 车辆发动机模型库

车辆发动机模型库(TAEngine)包括发动机、进气系统、排气系统、供油系统等模型,可根据实际需求搭建所需的不同的模型,例如发动机可以分为传统发动机、涡轮增压发动机。

车辆发动机模型库可应用于发动机控制器虚拟标定、发动机热管理分析、发动机进排气系统仿真分析、发动机开发设计验证、整车动力性经济性分析等。

案例 8:发动机系统建模

发动机系统建模

发动机模型常用于控制策略标定,控制策略控制发动机节气门开度、进排气门开闭等,并将这些信号发送至发动机总线接口,发动机节气门、进排气系统根据从

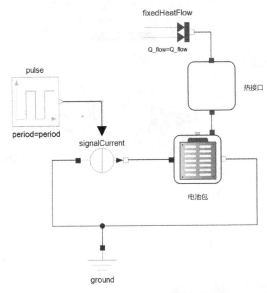

图 C-11　电池包充放电系统仿真模型

总线上获取的信号计算进排气量以及喷油器模型根据喷油脉宽计算喷油量,从而实现对发动机输出扭矩的控制(图 C-12)。

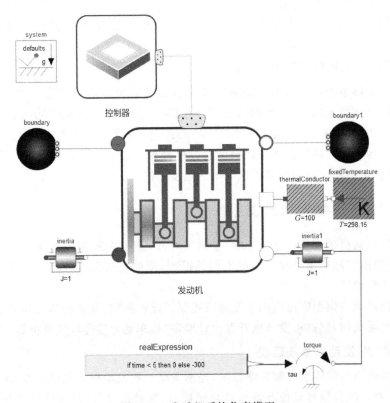

图 C-12　发动机系统仿真模型

C.7.3　车辆电子模型库

车辆电子模型库(TAElectronic)包括照明/风暖系统、行车系统和舒乐系统。可根据实际需求开发自己的电器元件模型,从而开发自己的低压电器系统模型。

车辆电子模型库可根据实际工况,与整车模型进行结合,应用于不同道路、发动机转速、天气工况下的产品设计、验证和 DCDC 控制策略虚拟标定。

案例 9：电压负载系统建模

对于混动和纯电动车型来说,车载负载的能耗至关重要,若负载能耗太高,则会导致电池馈电,从而使得车辆无法正常启动,因此对整车电子电器系统分析很有必要。图 C-13 为某车辆电压负载系统模型,其应用工况包括大灯、鼓风机、车窗、除霜器、雨刮器、燃油泵等,通过总线能够控制各个负载工作状态,如切换雨刮器挡位、控制大灯开和关,仿真分析电源端口的电流变化和能耗。

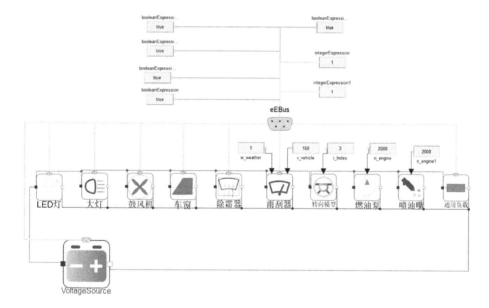

图 C-13　电压负载系统模型

C.7.4　车辆热管理系统模型库

车辆热管理系统模型库(TAThermalSystem)包括阀类、换热器、管道、压缩机、泵源、加热器、储液箱等模型。可根据实际需求搭建整车热管理模型。同时模型库提供不同颗粒度的子系统模型,能够满足用户对各车辆子系统的热管理控制算法开发需求,可集成整车其他子系统热管理系统模型。

车辆热管理系统库可以对整车热管理系统进行仿真,通过集成空调系统和电驱动系统的热管理回路,验证不同的整车热管理算法对整车制冷采暖的影响。模型可以提供不同形式的整车热管理拓扑结构,并对空调系统的控制算法进行仿真分析,分析组件参数对空调系统的制冷与制热影响。

案例 10：乘员舱热管理系统建模

车辆热管理对子系统性能和乘员舒适性有较大的影响,搭建整车多模式热管理系统,通过切换电驱动部件回路和电池回路的串并联关系,模拟电动车的不同热管理工况,实现冷启动电池快速升温,电驱动废热利用于空调采暖等实际工况仿真效果(图 C-14)。本案例为乘员舱热管理系统,乘员舱内温度在空调冷却回路作用下,从起始的 34℃降低至 27℃左右。

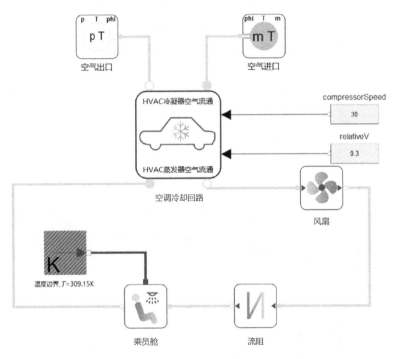

图 C-14   乘员舱热管理系统仿真模型

C.7.5   车辆动力性经济性模型库

车辆动力性经济性模型库(TAEconomy)包括制动模型、线性轮胎模型、驾驶员模型、车身模型、变速器模型、发动机模型、电机模型、电池模型、控制器模型和驾驶舱模型。可根据实际需求搭建所需的驾驶员工况模型,与整车模型进行组合。

车辆动力性经济性模型库可应用于发动机控制策略设计、变速器换挡策略设计、DCDC 策略设计、循环驾驶工况经济性仿真分析和车辆百公里加速性能分析。

案例 11：传统燃油整车系统建模

参考传统燃油 DCT 车型架构，集成变速器模型、发动机模型、车身模型、制动和轮胎模型，驾驶员模型采用循环工况模型，根据设定 NEDC 循环工况速度曲线，对发动机、制动灯进行控制，从而使得速度与设定的速度曲线一致，完成车辆经济性仿真分析与验证（图 C-15）。

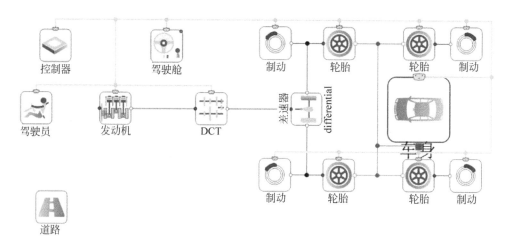

图 C-15　传统燃油整车系统仿真模型

C.7.6　车辆动力学模型库

车辆动力学模型库（TADynamics）包括驾驶员模型、道路模型、制动系统模型、转向系统模型、传动/驱动系统模型、悬架系统模型、车身模型。可根据实际需求搭建驾驶员控制模型，与整车动力学模型进行组合。

车辆动力学模型库可应用于驾驶员控制算法设计、车辆纵向和横向控制算法开发、悬架 KC 特性分析和车辆子系统控制算法设计。

案例 12：整车动力学模型建模

车辆的底盘性能影响车辆行驶过程中的舒适性和安全性，如平顺性决定了车辆行驶过程中的用户体验，操稳性决定了车辆横向稳定性，因此在车辆研制阶段对车辆的动力学性能进行研究是不可或缺的环节（图 C-16）。使用车辆动力学模型库搭建前悬架系统为麦弗逊悬架，后悬架为多连杆悬架，采用四轮驱动的整车模型，驾驶员模型采用双移线工况驾驶员模型，根据车身质心侧偏角、车轮垂向力等仿真结果，评估车辆横向稳定性，为车辆横向控制优化提供参考（图 C-17）。

驾驶员模型　　　　　　　　　　　车辆模型

图 C-16　整车动力学系统

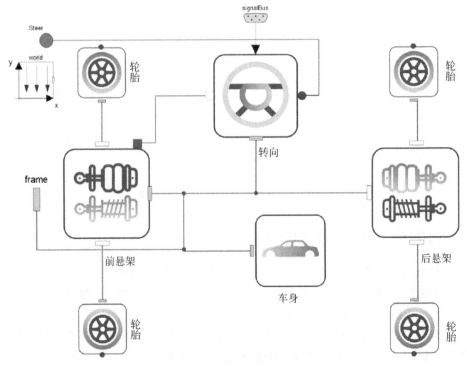

图 C-17　整车动力学子系统

半物理
仿真应用

C.8　半物理仿真应用

　　半物理仿真是利用仿真模型替代物理实物，并与其他实物构成实时回路的一种系统实时仿真方法。这种方法可以缩短研制周期、降低试验成本、减少试验危险，早期主要应用在武器的研发和验证方面。随着计算机控制技术的发展及仿真系统的广泛集成，半物理仿真的应用越来越受到企业单位的重视，在航天、航空、能源、汽车、机器人、核动力等多个领域获得广泛认可(图 C-18)。

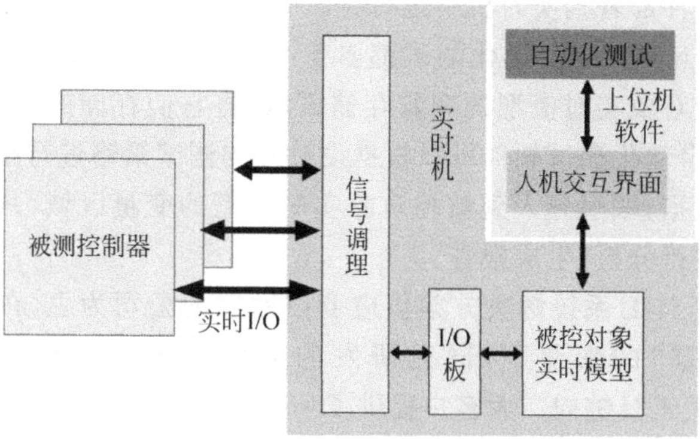

图 C-18　半物理仿真系统构成图

现实生活中产品的控制系统包含控制器和被控对象两个部分,如驻车制动控制器与卡钳总成、电机控制器与电机、自动驾驶域控制器与汽车等。在研发控制器时,存在两种典型的半物理仿真系统的情况:

(1) 新型控制器产品的软件研发一般都是基于模型设计,软件的研发迭代速度一般快于硬件,初版软件设计完毕后,硬件尚未就绪,这时需要一个高性能、多资源的实时机来模拟控制器硬件,运行控制器模型生成的代码,使软件能够作用于实际被控对象,这样来做早期快速控制原型验证,以进行早期软件迭代来提高研发工作效率。该方案是半物理仿真系统的一种应用,称为快速控制原型(rapid control prototype,RCP)。

(2) 控制器研发历经模型在环、软件在环、处理器在环等非实时验证环节之后,进入到实时验证阶段,为了验证控制系统功能与性能,如果直接拿实际被控对象做试验,很可能因为控制器软件尚不完善(如存在功能缺陷)导致被控对象失控,从而造成财产损失甚至人员伤亡。通过对被控对象进行物理建模,并将其生成实时代码运行在高性能实时机上,作为虚拟被控对象与实际控制器形成闭环进行验证。该方案是半物理仿真系统的另一种应用,称为硬件在环(hardware in the loop,HIL)。

硬件在环系统(简称 HIL 系统)是一种由"被测控制器＋实时机＋被控对象实时模型＋上位机软件"以及其他配件组成的半物理仿真系统,以实时机运行被控对象实时模型来模拟被控对象的运行状态,将被测控制器与实时机连接,对被测控制器进行基于需求的、系统性的测试。

(1) 被测控制器与实时机之间通过 I/O 板相连,根据验证环境需要,可能需要增加调整电气特性的信号调理设备作为中继,对信号调理后,通过实时 I/O 与被测控制器间的数字、模拟和 CAN 总线等类型信号的双向传递。

(2) 实时机系统中包含信号调理模块、I/O 板等辅助设备,通过信号调理模块调节模拟现实工况中需要的信号。

（3）被控对象实时模型是被控对象的实时模型,通常需要生成 C 代码并将其编译为可执行文件部署到实时机中运行。

（4）人机交互界面与自动化测试都属于上位机软件,可以通过 API 访问实时机中运行的被控对象实时模型的变量存储区域,将它们存储的数值通过组态界面可视化。此外,自动化测试软件可以根据设计好的测试策略进行批量化测试,将不同的测试用例数据,顺序导入到被控对象实时模型的变量区域,并驱动模型仿真,获取测试结果进行分析、生成报告。

目前市面上 HIL 系统解决方案供应商以欧美的公司为主,在响应"国产替代化"和"国家强基"的形势下,同元研发的多领域统一建模平台 MWORKS.Sysplorer 及相关工具链向广大客户提供了一套软件国产化方案。

EPB 是 Electronic Parking Brake（电子驻车制动）的缩写,本案例基于"控制器＋实时机"搭建 EPB HIL 系统,展示同元的半物理仿真系统方案的应用场景（图 C-19）。

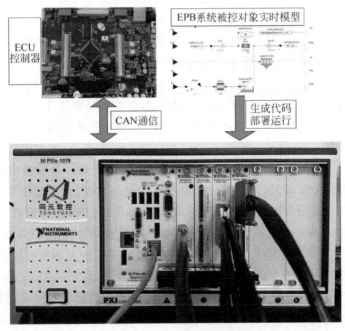

图 C-19　EPB HIL 系统框图

电子驻车制动系统以卡钳式 EPB 最具代表性,被广泛用于乘用车中（图 C-20）。它利用线控技术将行车过程中的临时性制动（auto hold）功能和停车后的长时性制动（parking brake）功能整合在一起,并由电子控制方式实现停车制动。EPB 系统去除了普通机械式驻车制动系统的手柄或踏板等机械装置,通过一个 EPB 控制器开关（即电子驻车按钮,通常设计为按钮 P）对驻车制动器进行控制,实现了驻车制动的电子化控制。

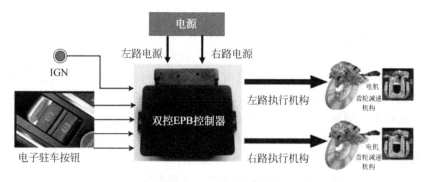

图 C-20　EPB 系统

　　EPB 系统的功能主要通过电力传动来实现,通过自带控制器发出指令来驱动卡钳进行相关动作(图 C-21)。其主要信号交互由电子驻车按钮、双控 EPB 控制器、加速度传感器(控制器内部)、轮速传感器(汽车车轮内附)和执行机构(电机、制动卡钳等)组成。轮速传感器负责采集车轮速度进而经过控制器计算后得到车速,加速度传感器传出的加速度信号经过控制器计算得到车辆所在路面的坡度。在制动过程中,电子驻车制动控制单元在接收到电子驻车按钮传来的驻车信号后,将车速和坡度输入到相应的控制策略,计算并输出相应信号到执行机构以完成制动动作。

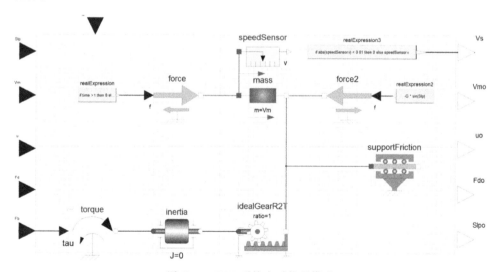

图 C-21　EPB 系统实时物理模型

　　同元自主研发的多领域统一建模软件 MWORKS. Sysplorer 擅长做被控对象建模与仿真工作,它具备以下优点:

　　(1) 所建立的模型具有“所见即所得”的特点,可读性好,模型拓扑接近现实物理结构。

（2）具有图形化与文本同步建模能力，不仅支持模块组件拖拽与连接，还支持 Modelica 文本语言建模，建模中编辑图形化界面与文本内容时，两者时刻保持同步。

（3）对物理模型进行机理建模时，可以直接对非因果隐式微分代数方程 (DAE)进行高精度求解，求解常微分方程(ODE)更不在话下；目前同元所研发的求解器已应用于国际知名工业软件公司里卡多的仿真软件 IGNITE 中。

（4）支持物理模型"高效实时代码生成"，生成的代码可运行在多种实时机和多种操作系统中。

（5）所建立物理模型在模型在环(MIL)以及硬件在环(HIL)环境下具有一致性功能表现。

参 考 文 献

[1] LAW A M. Simulation modeling and analysis[M]. 4th ed. 北京：清华大学出版社,2009.

[2] SCHWARZ P. Physically Oriented Modeling of Heterogeneous Systems[J]. Mathematics and Computers in Simulation,2000,53：333-344.

[3] FRITZSON P. Principles of object-oriented modeling and simulation with modelica 2. 1 [M]. Piscataway：Wiley-IEEE Press,2004.

[4] SILVA P S,TRIGO A,VARAJÃO J,et al. Simulation-concepts and applications[C]//LYTRAS M D,et al. WSKS 2010,Part II,CCIS 112. Berlin：Springer-Verlag,2010：429-434.

[5] ÅSTRÖM K,ELMQVIST H,MATTSSON S. Evolution of continuous-time modeling and simulation[C]//Proceedings of 12th European Simulation Multiconference 1998. San Diego：SCS,1998：9-18.

[6] SINHA R,LIANG V C,PAREDIS C J J,et al. Modeling and simulation methods for design of engineering systems[J]. Journal of Computing and Information Science in Engineering, 2001,1：84-91.

[7] 豪格. 机械系统的计算机辅助运动学和动力学：第 1 卷[M]. 刘兴祥,李吉蓉,林梅,等译. 北京：高等教育出版社,1996.

[8] BAE D S,KIM H W,YOO H H. A decoupling solution method for implicit numerical integration of constrained mechanical systems[J]. Mechanics of Structures and Machines, 1999,27(2)：129-141.

[9] BAE D S,HAN J M,YOO H H. A generalized recursive formulation for constrained mechanical system dynamics[J]. Mechanics of Structures and Machines,1999,27(3)：293-315.

[10] SCHIEHLEN W. Multibody system dynamics：roots and perspectives[J]. Multibody System Dynamics,1997,1(2)：149-188.

[11] SHABANA A. Flexible multibody dynamics：review of past and recent developments[J]. Multibody System Dynamics,1997,1(2)：189-222.

[12] RICHARD M J,GOSSELIN C M. A survey of simulation programs for the analysis of mechanical systems[J]. Mathematics and Computers in Simulation,1993,35(2)：103-121.

[13] SCHWERIN V. Multibody system simulation：numerical methods，algorithms，and software[M]. Berlin：Springer-Verlag,1999.

[14] 洪嘉振. 计算多体系统动力学[M]. 北京：高等教育出版社,1999.

[15] PARKINS J D,SARGENT R W H. SPEEDUP：A computer program for steady-state and dynamic simulation and design of chemical processes[C]//Selected Topics in Computer-Aided Process Design and Analysis. New York：AIChE,1982.

[16] BARTON P I,PANTELIDES C C. Modeling of combined discrete/continuous processes [J]. AIChE Journal,1994,40(6)：966-979.

[17] STRAUSS J C. The SCi continuous system simulation language(CSSL)[J]. Simulation, 1967,9：281-303.

[18] MITCHELL E E L,GAUTHIER J S. Advanced Continuous Simulation Language(ACSL) [J]. Simulation,1976,26(3)：72-78.

[19]　GAUTHIER J S. The advanced continuous simulation language(ACSL)[C]//Proceedings of the 1988 Conferences：Tools for the Simulationist and Simulation Software. San Diego：SCS,1988：125-128.

[20]　ELMQVIST H. A Structured Model Language for Large Continuous Systems[D]. Sweden：Lund Institute of Technology,1978.

[21]　PIELA P C, EPPERLY T G, WESTERBERG K M. ASCEND：An object-oriented computer environment for modeling and analysis：the modeling language[J]. Computers and Chemical Engineering,1991,15(1)：53-72.

[22]　MATTSSON S E, ANDERSSON M, ÅSTRÖM K J. Object-oriented modelling and simulation[C]//Linkens. CAD for Control Systems. New York：Marcel Dekker Inc,1993：31-69.

[23]　FRITZSON P,VIKLUND L,HERBER O J,et al. High-level mathematical modeling and programming[J]. IEEE Software,1995,12(4)：77-87.

[24]　KLOAS M,FRIESEN V,SIMONS M. Smile-a simulation environment for energy systems [C]//Sydow. Proceedings of the 5th International IMACS Symposium on Systems Analysis and Simulation (SAS'95), Systems Analysis Modelling Simulation, 18-19. Switzerland：Gordon and Breach Publishers,1995：503-506.

[25]　SAHLIN P,BRING A,SOWELL E F. The neutral model format for building simulation, Version 3. 02[C]//Technical Report. Department of Building Sciences,the Royal Institute of Technology. Stockholm,Sweden,1996.

[26]　JEANDEL A,BOUDAUD F,RAVIER P,et al. U. L. M：Un Langage de Modélisation,a modelling language[C]//Proceedings of the CESA'96 IMACS Multiconference. Lille,France：IMACS,1996.

[27]　BREUNESE A P J,BROENINK J F. Modeling mechatronic systems using the SIDOPS＋ language[C]//Proceedings of 1997 International Conference on Bond Graph Modeling and Simulation. San Deigo,CA,USA：SCS,1997：301-306.

[28]　ELMQVIST H,MATTSSON S E,OTTER M. Modelica-the new object-oriented modeling language[C]//Simulation：Past, Present and Future. 12th European Simulation Multiconference 1998 (ESM'98). San Diego：SCS,1998：127-131.

[29]　MATTSSON S E,ELMQVIST H,OTTER M. Physical system modeling with Modelica [J]. Control Engineering Practice,1998,6(4)：501-510.

[30]　IEEE. 1076. 1-1999 IEEE Standard VHDL Analog and Mixed-Signal Extensions[S/OL]. (1999-12-23)[2020-03-20]. https://ieeexplore. ieee. org/document/808837.

[31]　李斌茂,钱志博,程洪杰,等. AUV 发动机的 ADAMS/MATLAB 联合仿真研究[J]. 系统仿真学报,2010,22(7)：1668-1673.

[32]　DE CUYPER J,FURMANN M,KADING D,et al. Vehicle dynamics with LMS virtual lab motion[J]. Vehicle System Dynamics,2007：199-206.

[33]　FREDERICK K. Create computer simulation systems：an introduction to the high level architecture. Upper Saddle River：Prentice Hall PTR,2000.

[34]　陈晓波,熊光楞,郭斌,等. 基于 HLA 的多领域建模研究[J]. 系统仿真学报,2003,15(11)：1537-1542.

[35]　BLOCHWITZ T,OTTER M,ARNOLD M. The Functional Mockup Interface for Tool

independent Exchange of Simulation Models[C]//Proceedings of the 8th International Modelica Conference. Dresden,Germany,2011.

[36] MODELISAR. Functional mock-up interface for model exchange[EB/OL]. (2010-01-26) [2020-03-20]. http://functional-mockup-interface. org/specifications/FMI_for_ModelExchange_ v1. 0. pdf.

[37] MODELISAR. Functional Mock-up Interface for Co-Simulation[EB/OL]. (2010-10-12) [2020-03-20]. http://functional-mockup-interface. org/specifications/FMI_for_CoSimulation_ v1. 0. pdf.

[38] MODELISAR. FMI PLM Interface[EB/OL]. (2011-11-17)[2020-03-20]. http://functional-mockup-interface. org/specifications/FMI_for_PLM_v1. 0. pdf. 2011.

[39] SHAH S C,FLOYD M A,LEHMAN L L. MATRIXx: Control design and model building CAE capability[C]//Jamshidi, Herget. Computer-Aided Control Systems Engineering. Amsterdam,Netherland: Elsevier Science Publishers B. V,1985: 181-207.

[40] GRACE A C W. SIMULAB,an integrated environment for simulation and control[C]// Proceedings of the American Control Conference. Green Valley, AZ, United States: American Automatic Control Council,1991: 1015-1020.

[41] PAYNTER H M. Analysis and Design of Engineering Systems[M]. Cambridge: MIP Press, 1961.

[42] KARNOPP D C,ROSENBERG R C. Analysis and simulation of multiport systems—the bond graph approach to physical system dynamics[M]. Cambridge,MA,US: MIT Press, 1968.

[43] KARNOPP D C,MARGOLIS D L,ROSENBERG R C. System dynamics: modeling and simulation of mechatronic systems[M]. 4th ed. New York: Wiley and Sons,2006.

[44] 于涛. 面向对象的多领域复杂机电系统键合图建模和仿真的研究[D]. 北京: 北京机电研究所,2006.

[45] SASS L, MCPHEE J, SCHMITKE C, et al. A comparison of different methods for modelling electromechanical multibody systems[J]. Multibody System Dynamics,2004, 12(3): 209-250.

[46] ORBAK A Y,TURKAY O S,ESKINAT E. Model reduction in the physical domain[C]// Proceedings of the Institution of Mechanical Engineers, Part I (Journal of Systems and Control Engineering). UK: Mech. Eng. Publications for IMechE,2003: 481-496.

[47] 王中双. 基于键合图理论的多体系统耦合动力学建模方法的研究[D]. 哈尔滨: 哈尔滨工业大学,2007.

[48] BROENINK J F. Modelling,simulation and analysis with 20-Sim[J]. Journal A,1997,38(3): 22-25.

[49] GRANDA J J. Computer aided modeling of multiport elements and large bond graph models with CAMP-G[C]//Proceedings of 1997 International Conference on Bond Graph Modeling and Simulation. San Deigo,CA,USA: SCS,1993: 339-344.

[50] TRENT H M. Isomorphisms between oriented linear graphs and lumped physical systems [J]. The Journal of the Acoustical Society of America,1955,27: 500-527.

[51] BRANIN F H. The algebraic-topological basis for network analogies and the vector calculus[C]//Symposium on Generalized Networks. New York: 1966: 453-491.

［52］ MCPHEE J J,ISHAC M G,ANDREWS G C. Wittenburg's formulation of multibody dynamics equations from a graph-theoretic perspective［J］. Mechanism and Machine Theory,1996,31(2)：201-213.

［53］ MCPHEE J J. On the use of linear graph theory in multibody system dynamics［J］. Nonlinear Dynamics,1996,9(1-2)：73-90.

［54］ MCPHEE J J. Automatic generation of motion equations for planar mechanical systems using the new set of "branch coordinates"［J］. Mechanism and Machine Theory,1998, 33(6)：805-823.

［55］ MCPHEE J J,SHI P,PIEDBOEUF J C. Dynamics of multibody systems using virtual work and symbolic programming［J］. Mathematical and Computer Modelling of Dynamical Systems,2002,8(2)：137-155.

［56］ MCPHEE J J, SCHMITKE C, REDMOND S. Dynamic modelling of mechatronic multibody systems with symbolic computing and linear graph theory［J］. Mathematical and Computer Modelling of Dynamical Systems,2004,10(1)：1-23.

［57］ 李颖哲. 基于线性图理论的可扩展单元复合仿真方法［D］. 上海：上海交通大学,2008.

［58］ GORDON L. MapleSim 3 for mathematical analyses［J］. Machine Design,2010,82(7)：64-66.

［59］ CHRISTEN E,BAKALAR K. VHDL-AMS-A hardware description language for analog and mixed-signal applications［J］. IEEE Transactions on Circuits and Systems II：Analog and Digital Signal Processing,1999,46(10)：1263-1272.

［60］ ASHENDEN P,PETERSON G D,TEEGARDEN D A. The system designer's guide to VHDL-AMS analog mixed-signal and mixed-tedndor modeling［M］. San Francisco,CA：Morgan Kaufman,2002.

［61］ FREY P, NELLAYAPPAN K, SHANMUGASUNDARAM V. SEAMS：simulation environment for VHDL-AMS［C］//Proceedings of the 1998 Winter Simulation Conference. Piscataway,NJ,USA：IEEE,1998：539-546.

［62］ MATHWORKS. Simscape User's Guide［EB/OL］.［2020-03-20］. http://www. mathworks. com /help/pdf_doc/physmod/simscape/simscape_ug. pdf.

［63］ MATHWORKS. Simscape Language Guide［EB/OL］.［2020-03-20］. http://www. mathworks. com/help/pdf_doc/physmod/simscape/simscape_lang. pdf. .

［64］ MODELICA ASSOCIATION. Modelica Language Specification［EB/OL］.［2020-03-20］. https://www. modelica. org/documents/ModelicaSpec32. pdf.

［65］ MODELICA ASSOCIATION. Modelica Standard Library［EB/OL］.［2020-03-20］. https://www. modelica. org/libraries/Modelica.

［66］ DEURING A,GERL J,WILHELM H. Multi-domain vehicle dynamics simulation in dymola［C］//Proceedings of the 8th International Modelica Conference. Linköping,Sweden：Linköping University Electronic Press,2011：13-17.

［67］ ANDREASSON J. The vehicle dynamics library：new concepts and new fields of application［C］//Proceedings of the 8th International Modelica Conference. Linköping,Sweden：Linköping University Electronic Press,2011：414-420.

［68］ LOOYE G. The new DLR flight dynamics library［C］//Proceedings of the 6th International Modelica Conference. Bielefeld,Germany：The Modelica Association,2008：193-202.

［69］ VERZICHELLI G. Development of an aircraft and landing gears model with steering system in modelica-dymola[C]//Proceedings of the 6th International Modelica Conference. Bielefeld,Germany: The Modelica Association,2008: 181-191.

[70] GALL L,LINK K,STEUER H. Modeling of gas-particle-flow and Heat Radiation in Steam Power Plants[C]//Proceedings of the 8th International Modelica Conference. Linköping, Sweden: Linköping University Electronic Press,2011: 610-615.

[71] BADER A,BAUERSFELD S,BRUNHUBER C,et al. Modelling of a chemical reactor for simulation of a methanisation plant[C]//Proceedings of the 8th International Modelica Conference. Linköping,Sweden: Linköping University Electronic Press,2011: 572-578.

[72] El HEFNI B,BOUSKELA D, LEBRETON G. Dynamic modelling of a combined cycle power plant with ThermoSysPro[C]//Proceedings of the 8th International Modelica Conference. Linköping,Sweden: Linköping University Electronic Press,2011: 365-375.

[73] CHILARD O,TAVELLA J P,DEVAUX O. Use of Modelica language to model an MV compensated electrical network and its protection equipment: comparison with EMTP [C]//Proceedings of the 8th International Modelica Conference. Linköping, Sweden: Linköping University Electronic Press,2011: 406-413.

[74] KRAL C, HAUMER A. The new fundamental wave library for modeling rotating electrical three phase machines[C]//Proceedings of the 8th International Modelica Conference. Linköping,Sweden: Linköping University Electronic Press,2011: 170-179.

[75] EINHORN M,CONTE F V,KRAL C. A Modelica library for simulation of electric energy storages[C]//Proceedings of the 8th International Modelica Conference. Linköping,Sweden: Linköping University Electronic Press,2011: 436-445.

[76] DRESSLER I,SCHIFFER J,ROBERTSSON A. Modeling and control of a parallel robot using Modelica[C]//Proceedings of the 7th International Modelica Conference. Linköping, Sweden: Linköping University Electronic Press,2009: 261-269.

[77] LINDEN F L J,VAZQUES P H, SILVA S. Modelling and simulating the efficiency and elasticity of gearboxes[C]//Proceedings of the 7th International Modelica Conference. Linköping, Sweden: Linköping University Electronic Press,2009: 270-277.

[78] CELLIER F E, GREIFENEDER J. Modeling chemical reactions in modelica by use of chemo-bonds[C]//Proceedings of the 7th International Modelica Conference. Linköping, Sweden: Linköping University Electronic Press,2009: 142-150.

[79] ANDERSSON D,ÅBERG E,EBORN J. Dynamic modeling of a solid oxide fuel cell system in Modelica[C]//Proceedings of the 8th International Modelica Conference. Linköping,Sweden: Linköping University Electronic Press,2011: 593-602.

[80] BAUR M,OTTER M,THIELE B. Modelica libraries for linear control systems[C]//Proceedings of the 7th International Modelica Conference. Linköping, Sweden: Linköping University Electronic Press,2009: 593-602.

[81] POLAND J,ISAKSSON A J. Building and solving nonlinear optimal control and estimation problems[C]//Proceedings of the 7th International Modelica Conference. Linköping,Sweden: Linköping University Electronic Press,2009: 39-46.

[82] VIEL A. Strong coupling of modelica system-level models with detailed CFD models for transient simulation of hydraulic components in their surrounding environment[C]//Proceedings of the 8th International Modelica Conference. Linköping, Sweden: Linköping University

Electronic Press,2011：256-265.

[83] CASELLA F,SIELEMANNY M,SAVOLDELLI L. Steady-state initialization of object-oriented thermo-fluid models by homotopy methods[C]//Proceedings of the 8th International Modelica Conference. Linköping,Sweden：Linköping University Electronic Press,2011：86-96.

[84] 任志彬,孟光,王廷兴,等.基于 Modelica 和 Dymola 的航空发动机燃气发生器的建模与性能仿真[J].航空发动机,2006,32(4)：36-39.

[85] 郭甲生,秦朝葵,Gerhard Schmitz.基于 Modelica 的生物质燃气内燃机性能模拟研究[J].工程设计学报,2011,18(1)：28-33.

[86] 陈琼忠,孟光,莫雨峰,等.开关磁阻电机的非线性解析模型及其在航空系统仿真中的应用[J].上海交通大学学报,2008,42(12)：2041-2046.

[87] 何义,姚锡凡.基于 Modelica/Dymola 的二相混合式步进电动机建模与仿真[J].机械设计与制造,2010,6：74-76.

[88] 张洪昌,陈立平,张云清.基于 Modelica 的 ABS 电磁阀多领域建模仿真分析[J].系统仿真学报,2009,21(23)：7629-7633.

[89] JIANG M,ZHOU J G,CHEN W. Modeling and Simulation of AMT with MWORKS [C]//Proceedings of the 8th International Modelica Conference. Linköping,Sweden：Linköping University Electronic Press,2011：829-836.

[90] SUN Y,CHEN W,ZHANG Y Q,et al. Modeling and simulation of heavy truck with MWORKS[C]//Proceedings of the 8th International Modelica Conference. Linköping,Sweden：Linköping University Electronic Press,2011：725-729.

[91] MODELICA. Modelica Tools[EB/OL]. (2011-05-10)[2020-03-20]. https://www. modelica. org/tools.

[92] AHO A V,LAM M S, SETHI R,et al. Compilers：Principles,Techniques,and Tools [M]. (Second Edition). Addisonwesley,2007.

[93] 李文生.编译原理与技术[M].北京：清华大学出版社,2009.

[94] LESK M E. Lex-a Lexical Analyzer Generator[J]. Computing Science Technical Report 39, Bell Laboratories, Murray Hill, NJ, 1975. http://dinosaur. compilertools. net/lex/index. html.

[95] FREE SOFTWARE FOUNDATION. Flex Home Page[EB/OL]. [2020-03-20]. http://www. gnu. org/software/flex/.

[96] JOHNSON S C. Yacc：Yet Another Compiler Compiler[M]. Computing Science Technical Report 32,Bell Laboratories,Murray Hill,NJ,1975.

[97] DONNELLY C,STALLMAN R. Bison：The YACC-compatible Parser Generator[J]. Available at http://www. gnu. org/software/bison/manual/.

[98] Terence Parr. ANTLR[EB/OL]. (2014-01-10)[2020-03-20]. http://www. antlr. org/.

[99] BROMAN D,FRITZSON P,FURIC S. Types in the Modelica Language[C]//Proceedings of the 5th International Modelica Conference. Vienna,Austria,2006：303-315.

[100] KAGEDAL D,FRITZSON P. Generating a Modelica compiler from natural semantics specifications[C]//Proceedings of Summer Computer Simulation Conference(SCSC'98). San Diego,CA,USA：SCS,1998：299-307.

[101] HEDIN G,MAGNUSSON E. JastAdd-an aspect-oriented compiler construction system [J]. Science of Computer Programming,2003,47(1): 37-58.

[102] ÅKESSON J,EKMAN T,HEDIN G. Development of a Modelica compiler using JastAdd [J]. Electronic Notes in Theoretical Computer Science,2008,203(2): 117-131.

[103] ÅKESSON J,EKMAN T,HEDIN G. Implementation of a Modelica compiler using JastAdd attribute grammars[J],2010,75(1-2): 21-38.

[104] 丁建完. 陈述式仿真模型相容性分析与约简方法研究[D]. 武汉：华中科技大学,2006.

[105] DULMAGE A L,MENDELSOHN N S. Coverings of bipartite graphs[J]. Canadian Journal of Mathematics,1958,10: 517-534.

[106] DUFF I S,REID J K. On algorithms for obtaining a maximum transversal[J]. ACM Transactions on Mathematical Software(TOMS),1981,7(3): 315-330.

[107] DUFF I S,REID J K. Algorithm 575: Permutations for a zero-free diagonal[J]. ACM Transactions on Mathematical Software(TOMS),1981,7(3): 387-390.

[108] DUFF I S,REID J K. An implementation of Tarjan's algorithm for the block triangularization of a matrix[J]. ACM Transactions on Mathematical Software(TOMS),1978,4(2): 137-147.

[109] DUFF I S,REID J K. Algorithm 529: Permutations to block triangular form[J]. ACM Transactions on Mathematical Software(TOMS),1978,4(2): 189-192.

[110] 王桂平,王衍,任嘉辰. 图论算法理论、实现及应用[M]. 北京：北京大学出版社,2011.

[111] TARJAN R. Depth first search and linear graph algorithms[J]. SIAM Journal of Computting,1972,1: 146-160.

[112] DUFF I S,ERISMAN A M,REID J K. Direct methods for sparse matrices[M]. Oxford: Clarendon Press,1986.

[113] BUNUS P. Debugging and structural analysis of declarative equation-based languages [D]. Linköping,Sweden: Linköping University,2002.

[114] BRENAN K F,CAMPBELL S L,PETZOLD L R. Numerical solution of initial-value problems in differential-algebraic equations[M]. Amsterdam: North-Holland,1995.

[115] PETZOLD L. Differential/algebraic equations are not ODE's[J]. SIAM Journal of Scientific and Statistical Computing,1982,3(3): 367-384.

[116] GEAR C W,PETZOLD L R. ODE methods for the solution of differential/algebraic systems[J]. SIAM Journal on Numerical Analysis,1984,21: 716-728.

[117] GEAR C W. Differential-algebraic equation index transformations[J]. SIAM Journal on scientific and statistical computing,1988,9(1): 39-47.

[118] PANTELIDES C C. The consistent initialization of differential-algebraic systems[J]. SIAM Journal on scientific and statistical computing,1988,9(2): 213-231.

[119] MATTSSON S E,SÖDERLIND G. Index reduction in differential-algebraic equations using dummy derivatives[J]. SIAM Journal on scientific and statistical computing,1993, 14(3): 677-692.

[120] UNGER J,KRONER K,MAROUARDT W. Structural analysis of differential-algebraic equation systems-theory and applications[J]. Computers and Chemical Engineering,1995, 19(8): 867-882.

[121] BAUMGARTE J. Stabilization of constraints and numerical solutions to higher index

linear variable coefficient DAE systems[J]. Journal of Computational and Applied Mathematics, 1990,31: 305-330.

[122] POTRA F A. Implementation of linear multistep methods for solving constrained equations of motion[J]. SIAM Journal on Numerical Analysis,1993,30(3): 774-789.

[123] BAE D S,KIM H W,YOO H H. A decoupling solution method for implicit numerical integration of constrained mechanical systems[J]. Mechanics of Structures and Machines,1999,27(2): 129-141.

[124] 周凡利,陈立平,彭小波. 约束机械系统动力学的一类完全解耦方法[J]. 华中科技大学学报,2001,32(6): 79-81.

[125] FEEHERY W F,BARTON P I. A differentiation-based approach to dynamic simulation and optimization with high-index differential-algebraic equations[C]//Proceedings of 2nd International Workshop on Computational Differentiation. Philadelphia, PA, USA: SIAM,1996: 239-252.

[126] VAN BEEK D A,BOS V,ROODA J E. Declaration of unknowns in DAE-based hybrid system specification[J]. ACM Transactions on Modeling and Computer Simulation, 2003,13(1): 39-61.

[127] MATTSSON S E,OLSSON H,ELMQVIST H. Dynamic selection of states in dymola [C]//Modelica Workshop 2000. Lund,Sweden,2000: 61-67.

[128] LEIMKULER B, PETZOLD L R, GEAR C W. Approximation methods for the consistent initialization of differential-algebraic equations[J]. SIAM Journal of Numerical Analysis,1991,28(1): 205-226.

[129] KRÖNER A,MARQUARDT W,GILLES E D. Computing consistent initial conditions for differential-algebraic equations[J]. Computers & Chemical Engineering, 1992, 16: 131-138.

[130] CARVER M B. Efficient integration over discontinuities in ordinary differential equation simulations[J]. Mathematics and Computers in Simulation,1978,20(3): 190-196.

[131] ELLISON D. Efficient automatic integration of ordinary differential equations with discontinuities[J]. Mathematics and Computers in Simulation,1981,23(1): 12-20.

[132] JOGLEKAR G S, REKLAITIS G V. A simulator for batch and semi-continuous processes[J]. Computers and Chemical Engineering,1984,8(6): 315-327.

[133] PRESTON A J,BERZINS M. Algorithms for the location of discontinuities in dynamic simulation problems[J]. Computers and Chemical Engineering,1991,15(10): 701-713.

[134] BRENAN K E,CAMPBELL S L,PETZOLD L R. Numerical solution of initial-value problems in differential-algebraic equations[M]. New York: Elsevier Science,1995.

[135] PARK T,BARTON P I. State event location in differential-algebraic models[J]. ACM Transactions on Modeling and Computer Simulation,1996,6(2): 137-165.

[136] MAO G,PETZOLD L R. Efficient integration over discontinuities for differential-algebraic systems[J]. Computers and Mathematics with Applications, 2002, 43 (1-2): 65-79.

[137] PETZOLD L R,HINDMARCH A C,BROWN P N. Using Krylov methods in the solution of large-scale differential-algebraic systems[J]. SIAM Journal of Scientific and Statistical Computing,1994,15(6): 1467-1488.

[138] HAIRER E,WANNER G. Solving Ordinary Differential Equations II[M]. 2nd ed. Berlin：Springer-Verlaig,1996.

[139] BROMAN D,FRITZSON P,FURIC S. Types in the modelica language[C]//KRAL C. Proceedings of the 5th International Modelica Conference. Vienna，Austria，2006：303-315.

[140] MITCHELL J C. Concepts in Programming Languages[M]. New York：Cambridge University Press,2003.

[141] ASRATIAN A S, DENLEY T M J, HÄGGKVIST R. Bipartite graphs and their applications[M]. Cambridge：Cambridge University Press,1998.

[142] HOPCROFT J E,KARP R M. An n5/2 algorithm for maximum matchings in bipartite graphs[J]. SIAM Journal of Computing,1973,2(4)：225-231.

[143] UNO T. Algorithms for enumerating all perfect,maximum and maximal matchings in bipartite graphs [C]//Proceedings of Eighth Annual International Symposium on Algorithms and Computation(ISAAC'97). Singapore,1997.

[144] UNO T. A Fast Algorithm for Enumerating Bipartite Perfect Matchings[C]// Proceeding of Twelfth Annual International Symposium on Algorithms and Computation (ISAAC2001). Berlin：Springer-Verlag,2001：367-379.

[145] BUNUS P,FRITZSON P. Automated static analysis of equation-based components[J]. Simulation,2004,80(7-8)：321-345.

[146] FEEHERY W F, BARTON P L. Dynamic optimization with state variable path constraints[J]. Computers in Chemical Engineering,1998,22(9)：1241-1256.

[147] FÁBIÁN G,VAN BEEK D A,ROODA J E. Index reduction and discontinuity handling using substitute equations[J]. Mathematical and Computer Modelling of Dynamical Systems, 2001,7(2)：173-187.

[148] VAN BEEK D A,ROODA J E. Languages and applications in hybrid modelling and simulation：positioning of Chi[J]. Control Engineering Practice,2000,8(1)：81-91.

[149] 周凡利. 约束机械系统动力学积分方法研究与系统实现[D]. 武汉：华中科技大学,2001.

[150] MUROTA K. Matrices and matroids for system analysis[M]. Berlin：Springer Verlag,2000.

[151] BRENAN K E,CAMPBELL S L, PETZOLD L R. Numerical Solution of Initial-Value Problems in Differential-Algebraic Equations[M]. 2nd ed. Philadelphia：SIAM,1995.

[152] BROWN P N, HINDMARSH A C, PETZOLD L R. Consistent initial condition calculation for differential-algebraic systems[J]. SIAM Journal on Scientific Computing, 1998,19(5)：1495-1512.

[153] VIEIRA R C,BISCAIA E C. An overview of initialization approaches for differential algebraic equations[J]. Latin American Applied Research,2000,30：303-313.

[154] NAJAFI M, NIKOUKHAH R, CAMPBELL S L. Computation of consistent initial conditions for multi-mode DAEs：Application to Scicos[C]//2004 IEEE International Symposium on Computer Aided Contool Systems Design. Taipei,Taiwan,2004：131-136.

[155] ELMQVIST H,OTTER M. Methods for tearing systems of equations in object-oriented modeling[C]//Proceedings of the European Simulation Multiconference. Barcelona,

Spain,1994.

[156] MAFFEZZONI C, GIRELLI R, LLUKA P. Generating efficient computational procedures from declarative models[J]. Simulation Practice and Theory,1996,4(5): 303-317.

[157] HINDMARSH A C,BROWN P N,GRANT K E. SUNDIALS: suite of nonlinear and differential/algebraic equation solvers[J]. ACM Transactions on Mathematical Software, 2005,31(3): 363-396.

[158] HEROUX M A,BARTLETT R A, HOWLE V E, et al. An overview of the trilinos project[J]. ACM Transactions on Mathematical Software,2005,31(3): 397-423.

[159] MORE J J, COSNARD M Y. Numerical solution of nonlinear equations[J]. ACM Transactions on Mathematical Software,1979,5(1): 64-85.

[160] PALOSCHI J R. A hybrid continuation algorithm to solve algebraic nonlinear equations [J]. Computers & Chemical Engineering,1994,18: S201-209.

[161] ANDERSON E,BAI Z,DONGARRA J. LAPACK: A portable linear algebra library for high-performance computers[C]//Proceedings of Supercomputing'90. Piscataway,NJ,United States: IEEE,1990.

[162] PETZOLD L R. DASRT Fortran source code[EB/OL]. http://www. netlib. org/ode/ ddasrt. f.

[163] 丁建完. 多领域仿真中连续离散混合模型的规划与求解[R]. 武汉: 华中科技大学,2008.

[164] MATHWORKS. Simulink7 Developing S-Functions[EB/OL]. (2012-10-19)[2020-03-20]. http://www. mathworks. com /help/pdf_doc/simulink/sfunctions. pdf.

[165] 洪嘉振. 计算多体系统动力学[M]. 北京: 高等教育出版社,1999.

[166] OTTER M,ELMQVIST H,MATTSSON S E. The New Modelica MultiBody Library [C]//Proceedings of the 3th International Modelica Conference. Linköping, Sweden, 2003: 311-330.

[167] OTTER M,MALMHEDEN M,ELMQVIST H,et al. A new formalism for modeling of reactive and hybrid systems[C]//Proceedings of the 7th International Modelica Conference. Linköping,Sweden: Linköping University Electronic Press,2009: 364-377.

[168] HILLER M,WOERNLE C. A systematic approach for solving the inverse kinematic problem of robot manipulators[C]//Theory of Machines and Mechanisms. Proceedings of the 7th World Congress. Oxford,UK: Pergamon,1987. V2: 1135-1139.

[169] ZHOU F L,CHEN L P,WU Y Z,et al. MWORKS: a Modern IDE for Modeling and Simulation of Multidomain Physical Systems Based on Modelica[C]//Proceedings of the 5th International Modelica Conference,Vienna,Austria,2006: 725-732.

[170] DULMAGE A L,MENDELSOHN N S. Coverings of bipartite graphs[J]. Canadian Journal of Mathematics,1958,10: 517-534.

[171] 蒋鲲,高小山,岳晶岩. 参数化模型欠、过和完整约束的判定算法[J]. 软件学报,2003, 14(12): 2092-2097.

[172] POP A, FRITZSON P. A portable debugger for algorithmic Modelica code[C]// Proceedings of 4th International Modelica Conference,Hamburg,Germany,2005.

[173] ASRATIAN A S, DENLEY T M J, HAGGKVIST R. Bipartite graphs and their

applications[M]. Cambridge: Cambridge University Press,1998.

[174] FLANNERY L M,GONZALEZ A J. Detecting anomalies in constraint-based systems [J]. Engineering Applications of Artificial Intelligence,1997,10(3): 257-268.

[175] ESKO N,ELJAS S S. On finding the strongly connected components in a directed graph [J]. Information Processing Letters,1994,49(1): 9-14.

[176] TARJAN R. Depth first search and linear graph algorithms[J]. SIAM Journal of Computing,1972,1(2): 146-160.

[177] BUNUS P,FRITZSON P. Semi-automatic fault localization and behavior verification for physical system simulation models[C]//Proceedings of the 18th IEEE International Conference on Automated Software Engineering,Montreal,Canada,2003.

[178] ELMQVIST H,OTTER M,CELLIER F E. Inline integration: a new mixed symbolic/ numeric approach for solving differential-algebraic equation systems[C]//Proceedings of the European Simulation Multi-conference. Prague,Czech,1995.

[179] UNGER J,KRONER A,MAROUARDT W. Structural analysis of differential-algebraic equation systems-theory and applications[J]. Computers and Chemical Engineering, 1995,19(8): 867-882.

[180] GEAR C W. Differential-algebraic equations index transformations[J]. SIAM Journal on scientific and statistical computing,1988,9(1): 39-47.

[181] HALL P. On representatives of subsets[J]. Journal of the London Mathematical Society, 1934,10: 26-30.

[182] BENVENISTE A, BERRY G. The synchronous approach to reactive and real-time systems[J]. Proceedings of the IEEE,1991,79(9): 1270-1282.

[183] BUCK J T,HA S,LEE E A,et al. Ptolemy: A framework for simulating and prototyping heterogeneous systems[J]. International Journal of computer Simulation,1994.

[184] BERRY G,GONTHIER G. The Esterel synchronous programming language, design, semantics,implementation[J]. Science of Computer Programming,1992: 19(2): 87-152.

[185] HALBWACHS N,CASPI P,RAYMOND P,et al. The synchronous data flow programming language LUSTRE[C]//Proceedings of the IEEE,1991: 79(9): 1305-1320.

[186] BENVENISTE A,LEGUERNIC P,JACCQUEMOT C. Synchronous programming with events and relations: the SIGNAL language and its semantics[J]. Science of Computer Programming,1991: 16: 103-149.

[187] HAREL D,PNUELI A. On the development of reactive systems: logics and models of concurrent systems[C]//Proceedings NATO Advanced Study Institute on Logics and Models for Verification and Specification of Concurrent Systems,1985: 477-498.

[188] POTOP-BUTUCARU D,CAILLAUD B,BENVENISTE A. Concurrency in synchronous systems[J]. Formal Methods in System Design,2006: 28(2),111-130.